世界の都市地図
500年史

METROPOLIS
Mapping the City

世界の都市地図 500年史

METROPOLIS
Mapping the City

ジェレミー・ブラック 著
Jeremy Black

野中邦子／高橋早苗 訳

河出書房新社

METROPOLIS : Mapping the City
by Jeremy Black

Copyright © Conway 2015
First published in Great Britain in 2015 by Conway
An imprint of Pavilion Books Company Limited,
1 Gower Street, London, WC1E 6HD

Japanese translation published by arrangement with Pavilion
Books Company Ltd. through The English Agency (Japan) Ltd.

大きな喜びをもって、本書をジーニー・フォーブスに捧げる。
愛をこめて、サラと私より。

謝辞

「まえがき」で述べたように、都市は地図製作の重要な対象であり、また主題となってきた。また、さまざまな描写を試みる挑戦でもあった。より広い歴史、地理、文化の観点からも都市は重要な存在である。都市は世界の歴史にとって大きな構成要素のひとつであり、したがってそれらを調査し、執筆するのはとても楽しかった。その機会を与えてくれたアリソン・モスとジョン・リーに感謝する。挿画にかんしては、他の誰よりもジェニファー・ビールの協力にお礼をいいたい。本書の構想から執筆のあいだ、私は幸いにも、バーミンガム、ブラティスラヴァ、ブリュッセル、ブカレスト、ブダペスト、チャールストン、チェンナイ、シカゴ、コーチン、ケルン、コロンボ、コペンハーゲン、ハバナ、京都、ロンドン、マインツ、モントリオール、ニューヨーク、パリ、フィラデルフィア、ケベック、シンガポール、東京、トロント、ウィーン、ワシントンを訪れるチャンスを得た。2011年、マーク・フィッチ講座でのロンドンの歴史にかんする講演は、私たちのアイデアを検証するうえで最も有益だった。

[p.2] ワシントンDC、1884年 アドルフ・ザクセ作、1883−1884年のワシントンのパノラマ（部分）。全体図は152−153ページ。左下の隅にホワイトハウスが見える。

[p.6-7] アイルランドの都市 アイルランドの4都市、ゴールウェイ、ダブリン、リムリック、コークを組みあわせた地図。16世紀後期、ゲオルク・ブラウンとフランス・ホーヘンベルフ作『世界都市図集成』より。

[p.8-9] 長崎 彩色木版による長崎港の地図。1801年、大和屋製。

目次

まえがき　10
  古代文明　12
  通商と戦争　13
  地球規模の現象としての都市　15
  重要な場所　19
  科学技術とその効用　25
  変貌する場所　26
  テノチティトラン──埋め立て地に築かれた都市　28

第1章　ルネサンスの都市　1450－1600年　30
  西洋の出現　32
  起業精神と技術革新　32
  新たな視野、新しい正確さ　34
  絵画と形式　38
  ヴェネチア──ラグーンの宝石　48
  コンスタンティノープル──西と東が出会うところ　54

第2章　新たな地平と新しい世界　1600－1700年　58
  新世界の植民地　60
  都市圏の発展　60
  都市と国家　62
  パリとロンドンの都市計画　65
  アムステルダム──運河にかこまれた都市　74

第3章　帝国の時代　1700－1800年　82
  都市圏と経済成長　84
  権力の場　84
  新世界の新しい都市　86
  通商の中心とコスモポリタン主義　89
  地図と現実　90
  エディンバラ──2つの町が共存する都市　102

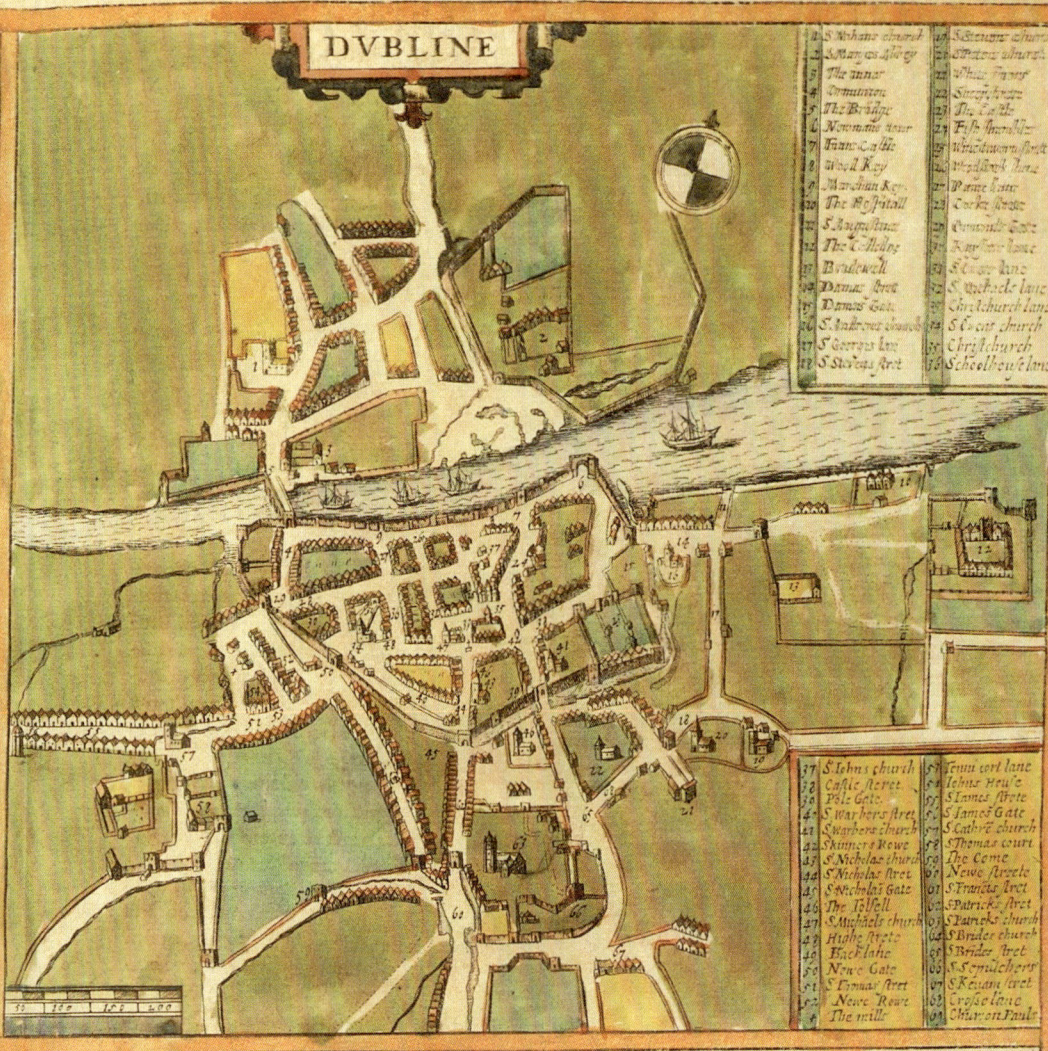

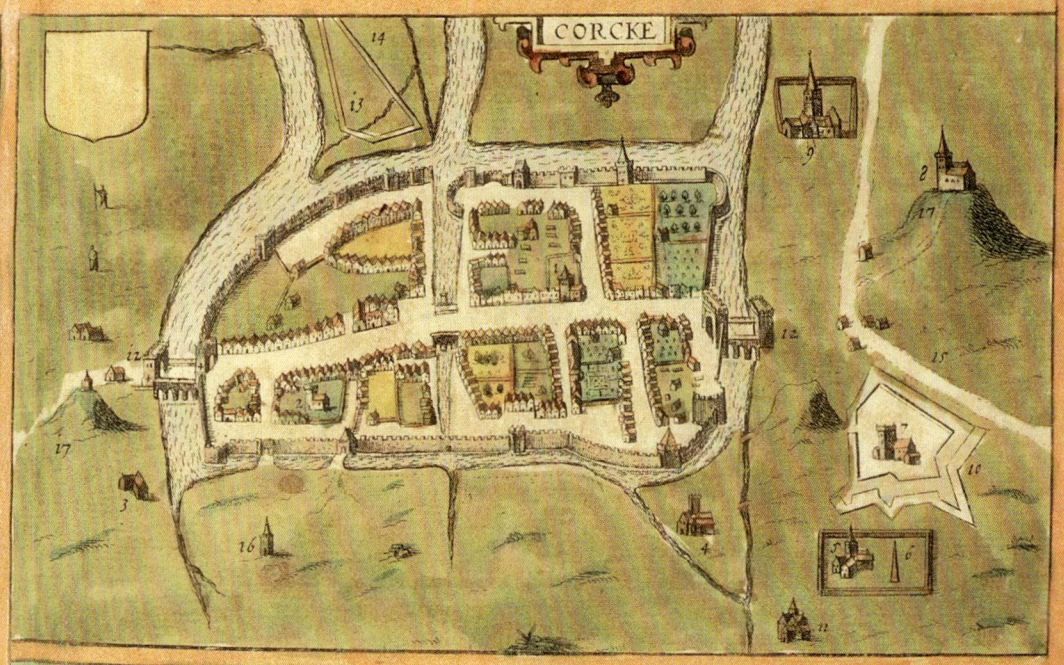

第4章　新機軸の温床　1800－1900年　112

産業と人口　114
幹線交通網　114
発展を支えるインフラ　114
地図作りと科学技術　116
情報化時代　120
変わりゆく都市世界　121
社会を地図化する——科学の時代　130

第5章　グローバル化の時代　1900年－2000年代　166

世界的な傾向　168
メガシティ　168
都市の憂鬱——公衆衛生から犯罪まで　170
都市と国家のアイデンティティ　171
居住空間を求めて　176
開発のかたち　177
重心の移動　178
変化する都市景観　178
新しい科学技術　181
データと飽くなき欲求　181
ブラジリア——モニュメントからモダニズムへ　194

第6章　活版からピクセルへ——未来に向けて　204

独裁主義の視点　206
模範的な都市景観　206
心の地図（メンタル・マップ）と都市計画図　210
エコシティ——汚れのかわりに緑を　216

地図のリスト　218
索　引　221
図版出典　224

まえがき

[前頁] **清明上河図に描かれた虹橋、1126年頃** 製作年は定かではなく、正確な出所も不明だが、多くの学者たちによれば、この有名な清明上河図が製作されたのは北宋の皇帝徽宗（在位1100-1126年）の治世であり、作者は張澤端と伝えられている。この図は、中国の北宋の首都で、当時最も洗練された大都会と見なされていた開封市の情景を詳細に描いたものといわれてきた。しかし、特定の場所ではなく、理想の都市を描いたものではないかと考える人びともいる。清明とは大きな祭をさす言葉だが、また「平和と穏やかさ」をも意味し、これは都会生活の理想である。虹橋はこの図に描かれた主要なランドマークである。開封市にはじっさいに虹橋があるとはいえ、北部の他の都市にも同じ地名が見られる。どこか現実ばなれした牧歌的な情景はきわめて中国的な婉曲表現だという説もあり、正反対のことを遠回しに述べているのだという人もいる。真相はともあれ、この図からは都会のにぎわいと12世紀中国の活気が伝わってくる。旅館や料理屋が立ち並び、川岸はせわしなく、小売店や卸売商、群れ集う住人たちや行商人の一団が見られる。

都市は希望と夢の場所、展望と秩序の場所であり、その一方で、破壊と衝突の中心でもある。都市は近代になって生まれたものではないが、にもかかわらず、多くの人びとにとって、現代人の暮らしに欠かせない大事なものとみなされている。今日、世界の人口の大半は都市圏に住んでおり、それらの都市は商業、科学技術、輸送、社交生活の中心となっている。私たちが暮らす共同社会はときとして、さまざまに異なる文化をもつ。ほんの100年前には、都市に住む人口の割合は、全人類のおよそ10％だったのに、いまでは人口の大部分が都会に暮らしている。世界経済の発展は、たえまなく成長をつづける大都市（メトロポリス）の激しい、そして往々にして際限のない拡張が特徴である。

世界的に見れば、都市は進歩、成功、成長といったイメージと分かちがたく結びついているが、個人にとっては社交や経済活動を意味する。大都会こそ、なにかが「起こる」場所なのだ。じっさい、歴史をふりかえっても昔からそうだった。人類が文明を築くうえで、都市はどうしても欠かせない存在だった。

人間の営みとして最も古い歴史をもつといわれる2つの行為は通商と宗教である。この2つの分野において、複雑に絡みあった人間関係を構築しやすくするために、都市は誕生し、成長してきた。その痕跡は何世紀にもわたって残り、私たちが住んでいる都市の形や特徴としていまも見られる。商品を売り買いするための場所や、物質を越えたより高尚なものを求めて人びとが集まるための場所である。やがて文明が発展し、人間が環境を制御したり変更したりすることができなくなり、管理不能になるにつれて、自分たちの住む場所やその周囲の環境を測り、記録し、理解し、移動し、計画を立て、保護するために、地図製作法や地図作りの工夫の必要性が生まれた。精神のよりどころ、経済の中心、政治的な権力の中枢である都市は地図製作に欠かせない要素となったが、同時に都市は地図製作者を惹きつける大きな主題ともなった。

現存する地図を見るかぎり、都市地図はとりわけ人気が高く、また古くから作られていたということもわかる。しかし、古い地図が破損せずに残る割合はとても低く、せいぜいここ500年のものしかない。古代の地図は断片でしかない。文字どおり、割れてしまっていることもあるが、それは私たちの知識不足のせいでもある。その地図を作った文化についての理解が不十分なため、断片的にしか理解できないのだ。それでも、その地図に描かれた世界が彼らの文化の中心であったことは、はっきりとわかる。ひとつの文明に存在意義や価値を与えるものとして、地図は現実の場所と同じくらい大きな重みをもつのである。

古代文明

農耕社会への転換によって定期的に十分な量の食糧が確保できるようになると、他の仕事に従事できる余裕が生まれた。都市の発展は、十分な数の人口を養える農業制度のうえに成り立った。そこで、最初の都市は肥沃な土地をもつ峡谷に生まれた。たとえば、メソポタミア（イラク）のユーフラテス川、のちにティグリス川、エジプトのナイル川などの流域、それに今日のパキスタンにあたるインダス峡谷などである。現在のペルーにあたる南米のアンデス地方では、中央アンデスの太平洋沿岸に流れる川の峡谷に巨大な寺院ピラミッドが作られた。紀元前2500年にさかのぼるスーペ渓谷の遺跡などがその一例である。東アジアでは、紀元前1900年頃、黄河流域に二里頭文化が誕生し、中国最古の都市が築かれた。

メソポタミアでは紀元前3500年頃、都市国家のウルクが発展した。日干しレンガを積み上げて作られたジッグラト寺院群を含む神聖な領域の存在は、古代メソポタミア都市の大きな特徴である。神官たちが聖なる力を行使しただけでなく、寺院が市の土地の多くを管理し、神官たちの仕事には農産物と貯蔵品の記録をとることも含まれた。

紀元前3300年頃には、エジプト先王朝時代のナイル川流域に壁をめぐらした町が誕生した。ネケン（別名ヒエラコンポリス）やナカダがごく初期の例である。紀元前3100年頃、第1王朝の創始者とされるナルメル王はエジプト統一をはたすと、首都メンフィスを築いた。その場所はナイル川西岸、デルタ地帯の南で、現在のカイロからさほど遠くない。

紀元前2500年頃、インダス峡谷の大きな都市では壁に囲まれた居住地が見られるようになった。代表的な存在はハラッパーとモヘンジョダロである。面積60ha（ヘクタール）にわたって広がるモヘンジョダロにはおよそ5万人が

【左】テラコッタの破片、ニップル、紀元前1250年頃　メソポタミアの神聖な都市ニップルを描いたこのユニークな地図は、カッシート朝（バビロン第2王朝）の時代までさかのぼる。この時代、灌漑用運河の建設によってニップルは活気をとりもどしていた。ユーフラテス川（現在はイラクに流れる）の沿岸にあったニップルは、シュメールの神々のうちでも最高神とされるエンリル崇拝の中心地だった。ニップルに初めて建設されたエンリル神殿は紀元前2100年頃のもので、都市国家ウルの王に献じられた。左端の2本の平行線はユーフラテス川をあらわす。右上の隅から発する線は都市をめぐる運河で、このテラコッタの破片を縦に2分している。上部の川や運河と平行して走り、同じく上から下へと縦断する線は堀とニップルの市壁を示しており、6か所以上の門が見られる（門は楔形文字で示される）。南西の隅（左下）には公園があり、その右側にはエクルと呼ばれるジッグラト寺院群（エンリル神をまつる神域）がある。運河をはさんだ反対側には豊穣の女神であるイナンナ（イシュタール）をまつるエクルが見られる。これらの寺院群はこの都市の主要な建物だった。紀元前5000年頃に初めて築かれたニップルは紀元800年頃まで存続した。その頃までに、キリスト教の主教座がおかれるようになっていて、エンリル神が姿を消したあとも宗教の中心地として長くつづいた。

住んでいたと思われ、都会生活に欠かせない便利な下水溝など、インフラも整備されていたようだ。

通商と戦争

　これら古代の都市文明において通商はきわめて重要な側面であり、海上および陸上に長距離の商業網が発展した。その一環として、ビブロス（レバノン）の港は紀元前3100年頃に築かれた。また、ディルムン（バーレーン）やラス・アル・ジュネーズ（オマーン）などの港も、東洋の海上貿易の拠点や商業都市とのつながりができた。現アフガニスタン北部、アムダリヤ川（オクソス川）沿いには紀元前2500年頃にショルトガイが築かれたが、そのような南アジアの内陸地の町とも通商の道が開けた。

　利害をめぐる競争が激しくなり、自分たちの町の支配と安全を保たなければならないという危機感が生じた結果、大規模な争いに備えて町の周囲に壁をめぐらすようになった。西アジアの最初の帝国が誕生したのは紀元前2300年頃だった。サルゴン王はシュメール（メソポタミア南部）の都市国家を統一し、近隣諸国を征服した。つづいて、ウルを拠点とする帝国が支配権を握った。

　ぐるりとめぐらした壁と要塞で防御を固めた都市国家ウルは、運河によってユーフラテス川とつながっていた。運河も都市国家同士の通商用の輸送網として機能した。やがて、ハンムラビ王のバビロニア帝国が興った（治世紀元前1790－1750年）。都市国家バビロンのような場所が増えるにつれ、都市は学問、文化、法律、人材管理、環境管理とのつながりをより強めるようになった。

　バビロニアで発掘された紀元前600年頃の粘土板には、現存する最古の世界地図と思われるものが描かれていたが、その用途はわかっていない。この世界地図の中心にはメソポタミアがあり、バビロンが細長い四角形であらわされていた。画面を縦断する平行線はユーフラテス川だと思われる。これらの図形はすべて円形のなかに描かれており、円の外側は海である。この地図が文化的な自信のあらわれだ

【右】11世紀イラク北部の都市の位置

この地図にはディジュラ川とフォラト川（ティグリス川とユーフラテス川）が描かれ、2つの川に沿った重要な都市や町が示されている。バグダード、モースル、ラッカ、サミサット、アミド、ベレドなどはアル＝ジャジーラと呼ばれる地域（イラク北部にあたる）に含まれ、それぞれの都市のあいだは徒歩で数日の距離がある。バルヒ様式と呼ばれる形式で描かれたこの地図は、10世紀にアブ・イスハク・イブラヒム・アル＝イスタクリによって編纂され、11世紀に完成したアラビア語の地図帳『諸国と道のりの書』に収められたもので、重要な地点は角張ったクーフィー体の金文字で記されている。バグダードが陥落した1055年には、この地域はセルジューク朝トルコの支配下におかれるようになっていた。セルジューク朝トルコはもともと中央アジアで誕生した。1071年、セルジューク朝は東ローマ帝国皇帝ロマノス4世ディオゲネスを打ち負かし、1086年にはこの一帯を支配していたクルド系のマルワニド朝からアミドを奪った。12世紀までに、セルジューク朝のもと、アッバース朝のかつての領地はすべて再統合された。この地図はバグダードの政府による郵政事業にもとづいてアッバース朝の領地から諸外国に至る陸地および海洋のルートが描かれたものであり、インド、マラヤ、インドネシア、中国などの主要な海洋都市も含まれている。

【左】フォルマ・ウルビス・ロマエの断片、3世紀 ローマを描いたこのセウェルス帝の大理石の地図は203年から211年（セプティミウス・セウェルス在位193-211年の治世）に彫られ、平和の神殿内にあった壁の全面を占めていた。この神殿は192年に火災で損傷を受けたため、この壁も修復され、そのさいにさらに古いものに置き換えられたとも考えられる。およそ18×13mの大きさで、150枚の大理石の薄板が11列に並べられている。縮尺は240分の1（ローマ時代の地図製作では標準）だったので、ローマの建築的な特徴のほとんどがかなり詳しく描かれている。浴場、大競技場、庭園、フォルムなど大きな広場を備えた公共の建物、小さな店が立ち並ぶ通り、路地、中庭、戸口が描かれ、さらにはこの大都市に住む人びとの家の階段さえも見ることができる。政治的な境界線や地理的な特徴は描かれず、テヴェレ川や、ローマの中心部を定める境界線のポメリウムも見られない。この図は約1200の断片しか残存しておらず、その全部を合わせてもオリジナルの1割にすぎない。製作の意図は不明だが、実用だったとは思えない。なぜなら、地図に欠かせないはずの土地台帳（土地所有者）にかんする注記がないからである。おそらく、ローマの偉大さを誇示するための飾りだったのだろう。この壁に囲まれた部屋に実物の土地台帳が保管されていたのかもしれない。

と解釈するなら、領土拡大のための戦争を進める帝国が都市の征服に重きをおくのも偶然ではなかった。それによって都市文明の影響力を広め、お手本としての型を与えられるからだった。

アッシリア帝国（紀元前950年頃-612年）の首都だったニネヴェから出土した石のレリーフ（浅浮彫）には、ニネヴェ包囲の情景が描かれている。やがて、ネブカドネザル2世の新バビロニア王国がパレスティナまで支配下におき、紀元前587年にはエルサレムも征服した。バビロニア王国は紀元前539年、ペルシャによって滅ぼされた。

地球規模の現象としての都市

現在と同じく当時も世界最大の人口をもち、経済的に強かった古代中国はキビ、アワ、米といった穀物の生産を基盤にして発展し、さらに巧妙に組み立てられた行政機構のおかげもあって都市圏に住む大勢の人びとを養うことが可能になった。商王朝（殷）（紀元前1800年頃-1027年）の時代にはいくつかの都があり、二里頭や安陽が知られている。つづく周王朝（紀元前1027-403年）にも複数の都があった。この周王朝の時代の遺跡から、最初の都市地図が出土した。周王朝時代の都市設計は碁盤の目状の街路が基本となっており、この特徴が近代にいたるまで引き継がれている。こうした形状は、宇宙論、占星術、土占い、数霊術などの混交から生まれた神聖な方陣だった。

秦王朝（紀元前221-206年）の時代には、帝国の首都咸陽のもとにいくつかの行政を司る都市があった。こうした形は漢王朝（紀元前206-紀元220年）にも引き継がれて長安および洛陽に都がおかれ、海沿いにある福州のような海洋都市も繁栄した。のちの唐王朝（618-970年）では長安（現在の西安）が首都となり、8世紀にはその（市壁の内外合わせて）人口は200万をかぞえた。長安の都は整然とした左右対称をなしていたが、それは土地の機能を特化させ、秩序を保たせるためだった。これは中国の社会に深く根づいていた風水の考え方にもとづいていた。空間の配置とバランスをよくすることによって精神の働きも活性化するという考えである。こうした考え方は、程度の差はあれ、東アジア一帯に溶けこんだ。古代中国ではこのように都市化が進んだため、唐王朝の時代には人口30万を超える都市が10か所以上もあった。宋王朝（960-1279年）の後期、通商の要だった大都市の杭州では人口が100万以上になっ

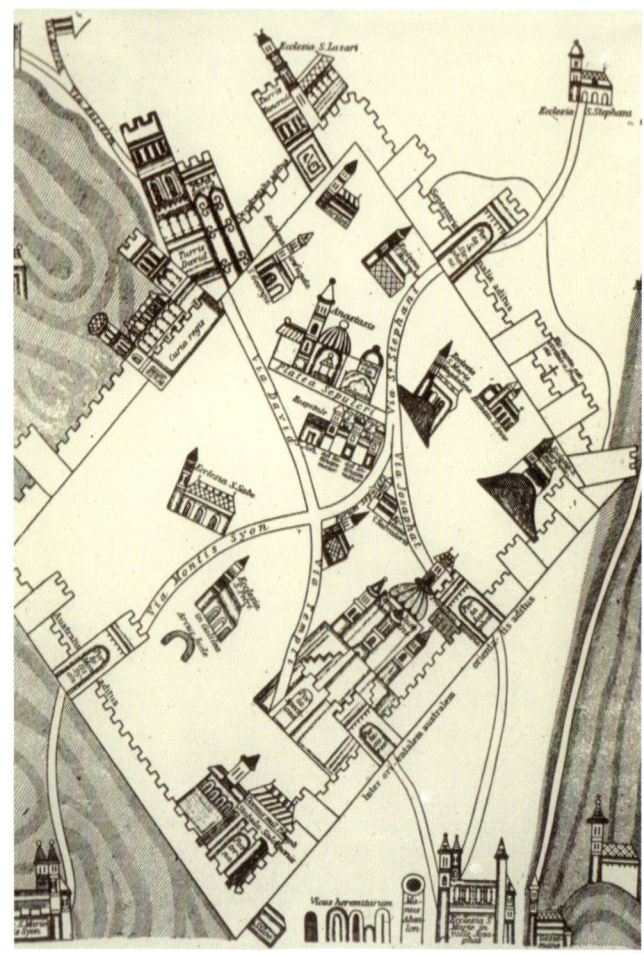

[右] エルサレムの地図、1167年以前
フランドル派によりベラム（羊皮紙）に描かれたこの地図には、聖地エルサレムの主要な建物、門、通りが名称とともに描かれている。おもに聖地巡礼の旅人用として、このような地図の人気が高かったと思われ、ヨーロッパ在住のキリスト教徒の生活や思想の中心にいぜんとしてエルサレムがあったことを示唆している。わずか20年後の1187年10月、十字軍国家が支配していたエルサレムはサラーフッディーン（サラディン）によって陥落した。さかのぼる同年7月に、サラーフッディーンはヒッティーンの戦でエルサレム王ギー・ド・リュジニャンの軍勢を破っていた。この図に見られる銃眼付の城壁は、理想化された円形地図にくらべて、より正確である。しかし、後年のマシュー・パリスは「ヨハネの黙示録」に記された天上の新しいエルサレムのイメージを喚起するため、わざと四角形の城壁都市という形で描いた。

ていたが、同時期のロンドンの人口は1万5000ほどだった。中国の北東部に位置する北宋時代の首都開封は、大運河のおかげで通商が盛んになり、そのにぎわいは張澤端作『清明上河図』に美しく描かれた。この時期のヨーロッパのどんな都市も、開封と肩を並べることはできなかった。

新世界アメリカでも、ヨーロッパ人が到来するずっと前から、都市は発展していた。たとえば、紀元前500年頃にオアハカ盆地（メキシコ南部）中央の丘の上に築かれたサポテカ族の都市モンテ・アルバン、または紀元前250年頃に作られたマヤ文明初期の最大の都市エル・ミラドールなどである。その西、メキシコ中央部のテオティワカンは、頂上に寺院をおいたピラミッドを中心に据えて格子状の道路が走る都市であり、紀元500年頃には12万5000から20万の住民がいた。南米では、現在のボリビアのティティカカ湖畔にあって、宗教行事の中心地だったティワナク（ティアワナコ）には4万人ほどが住んでいた。

都市国家であるローマの場合、都市の役割は明確かつきわめて重要だった。それは、力の誇示である。大縮尺のローマ市街地図『フォルマ・ウルビス・ロマエ（都市ローマの形）』は、誰でも見ることができるよう壁に描かれた。ユリウス・カエサルやその他の皇帝は、帝国の拡大にあたってローマがいかに使命を果たしているかを世間に示すため、しばしば地図を展示した。ローマの隆盛がきっかけとなり、都市国家の長たちのあいだでより広い世界への関心が高まった。その結果、紀元前150年頃のローマでは、ギリシャの学者マロスのクラテスの手で最古の地球儀が作られた。

多くの人口を抱える都市は、うまく組織され、適切に管理されたインフラストラクチャーによって維持しなければならなかった。そのため、地図が必要となった。地図があれば有用な情報を目に見える形で記録できる。紀元2世紀には、ローマの人口がほぼ100万に達していた。それだけの人数を支える物資を供給するのは経済や政治の面でも、また兵站という点でも大変な仕事だった。とりわけ、シチリア、チュニジア、エジプトから送られてくる穀物を集散拠点のアレクサンドリア経由で効率よく国内に供給することは大事だった。ローマの南東、テヴェレ川沿いに並んだ大きな倉庫は通商の重要さを証明するものである。また、飲料水を運ぶ水道橋の配備もローマにとって欠かせないものだった。

ローマ文明は都市の文化や組織を基盤にして繁栄した。とくに軍事基地、通商の拠点、行政の中心という立場を確立することで、古代ローマ世界の都市は発展した。ケルンからヨークまで、多くの都市がこのようにして誕生した。ローマ帝国の後期になると、帝国の首都としてのローマの地位の一部は他の都市に譲られるようになった。たとえば、コンスタンティノープル、ミラノ、トリーアなどである。

ローマの都は誇らしげに地図を見せびらかしていたかもしれないが、地図製作の知識に大きな進歩があったのは別の場所だった。エジプトにあったアレクサンドリア図書館の館長を務めたギリシャの天文学者エラトステネス（紀元前276年頃－194年）は、地球の大きさをかなり正確に測定した。アレクサンドリアは当時ローマ帝国の一部で、学術の一大センターだったが、そのアレクサンドリアで、クラウディオス・プトレマイオス（紀元90年頃－168年頃）は世界地図を描きあげ、そこには経緯線が用いられていた。

まえがき

【左】中世のエルサレムの地図　サン・レミ大修道院長だったフランス人ランスのロベール・ル・モワンが所蔵していた地図。ロベールは第1回十字軍による1099年のエルサレム攻城に同行し、のちに『十字軍年代記』を著した。エルサレム市街や教会などの基本的な配置は670年というごく早い時期のアルクルフによる巡礼記にしたがっている。エルサレムの地図が盛んにつくられるようになるのは第1回十字軍が聖地奪還に成功してからのことである。中世の地図はふつう、空間を表現する枠組みのなかにきわめて基本的な情報だけが収められていた。その枠組みも地理的な事実を伝えるものではなく、また盛り込まれた情報も特定のグループ向けの限られたものだった。たとえば、巡礼用の地図には礼拝の場所やホテルが記されていた。エルサレムの地図のほとんどは様式化されており、円形に描かれた都市のまわりを文様のような市壁がとりまき、その内部は交差する道路で十字形に分けられる。つまり、正確さよりも宗教的な象徴主義が勝っていたのである。この地図にはおもな宗教施設が描かれているが、その多くは教会である。ロベールの地図は、この時期につくられたマッパ・ムンディ（世界地図）によく見られた典型的なT-O型の地図、つまり地理学と神学の混交によって世界を描きだしたものではないが、それでもキリスト教の象徴主義の影響は明らかに残っている。この地図には教会だけでなく、寺院やモスクのような建物も見られる。

【右】旅程図の一部、ロンドンからボーヴェーまで、『アングリア人の歴史』（1200年頃-1259年）より　セント・オールバンズにあったベネディクト派修道院の修道士マシュー・パリスは、この時代を代表する地図製作者であり、年代記作者としても重要だった。この本が作られた当時、パリスは編集者、執筆者、素材をまとめる編纂者、挿画家のすべてを兼ね、ほかに例を見ない存在だった。1217年に修道院に入ったパリスは、ヘンリー3世（在位1216-72年）の治世に作品を世に送りだした。都市はその時代の経済成長によって基盤がつくられ、さらに発展した。『アングリア人の歴史』には、ロンドンからフランスとアプーリアを経由してエルサレムにいたる旅程の詳細な図が載っている。ここにあげた図は最初の区間である。1日分の旅程が縦列にまとめられ、途中のおもな特徴が図で示されている。ロンドンからの道筋は、ロチェスター、カンタベリー、ドーヴァー、ヴィッサン、ブーローニュ、モントルイユ、サン＝ヴァレリー＝シュル＝ソンム、アブヴィル、サン＝リキエ、ボワ＝ド＝ピカルディを通ってボーヴェーに達する。このような旅程図の内容は正確にちがいないと類推する学者たちもいるが、じっさいの旅は信仰上のものであり、いつか巡礼の旅に出たいと願う人びとや修道院を介してパリスと近しかった人びとが、この地図を手がかりにして聖都に思いをはせたのだろう。目的地であるエルサレムの地図も7ページ目（おそらく神学上の理由から）に載っている。

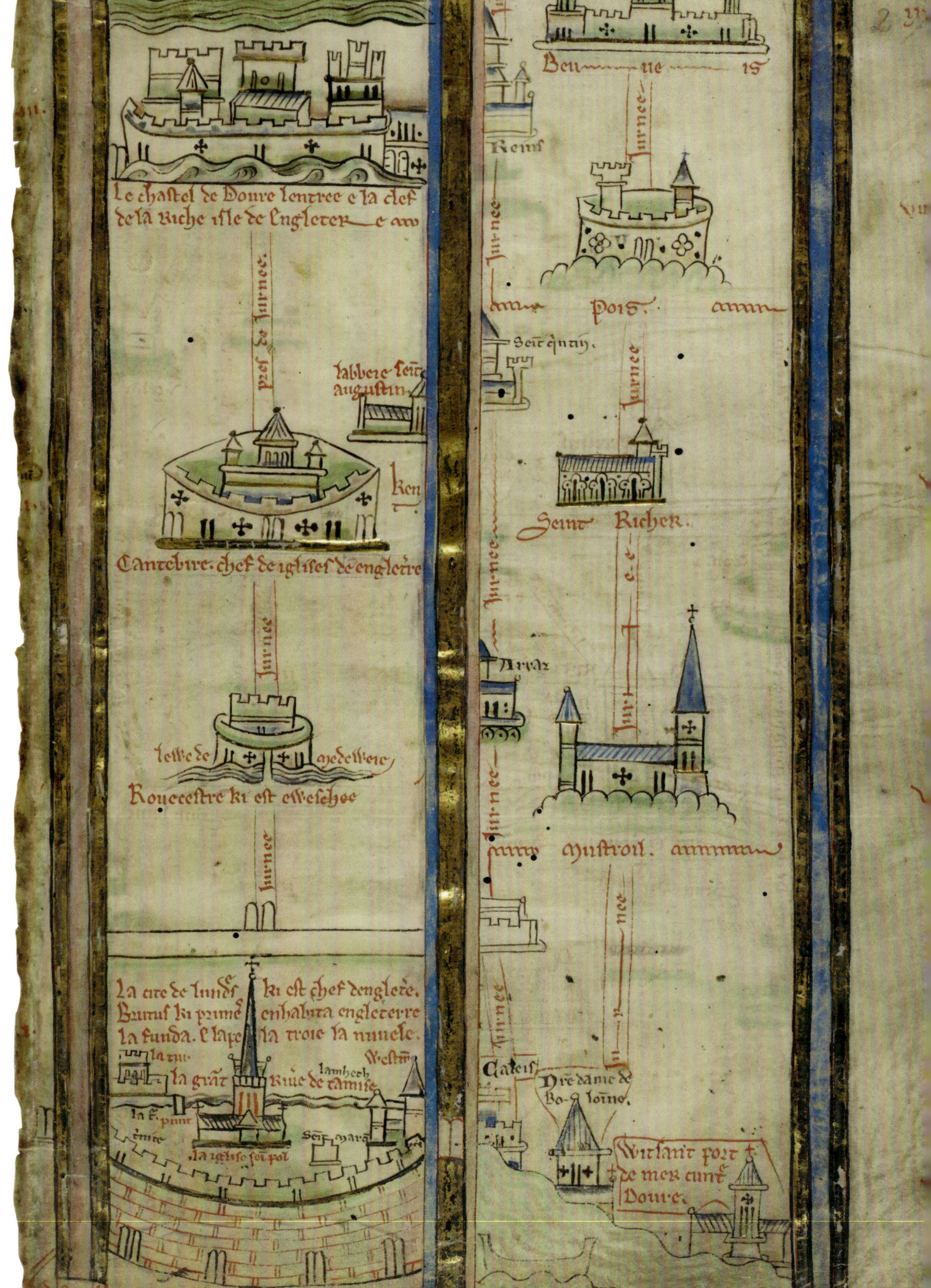

『ポイティンガー図』は紀元335年から366年にかけて作成されたが、現存するのは12世紀に作られた模写だけである。この地図では、都市はスペースを埋めるための手段として用いられている。この地図には主要な幹線道路とおもだった都市が様式化された独特のスタイルで描かれており、その後何世紀ものあいだ便利に使われた。同じようなものとして、『ラヴェンナ地理学』にはローマ帝国の5000か所以上の地名リストが収められている。このリストは、紀元700年頃、西ローマ帝国最後の首都であるラヴェンナの姓名不詳の聖職者によって作成された。この人物は国家が編纂したさまざまな地図を参照したものと思われる。

科学技術をとりいれた近代的な考古学研究のおかげで、今日では、古代の地図を調べて得られるよりもはるかに多くの情報が得られるようになった。とりわけローマにかんする情報は多い。地図には多くの情報が含まれるが、どんな地図であれ、作成にあたってはなにかを削除するという決断がなされる。つまり、過去の地図を研究する場合には、歴史的な記述にかんして何が選択されたか、が問題になるのだ。2010年、筆者はローヌ渓谷の都市ヴィエンヌ（古代ローマの重要な植民地だった）にある印象的なガロ・ロマン文化博物館が奴隷の存在を認めていないことに気づいた。この地域にはフロニカ（縮絨機、紀元2年頃）の名残があるのに、それを動かす労働力についてはいっさい言及されていないのだ。地図からなにが除外されているかを考えるのに、このことはよいヒントになるだろう。

重要な場所

ローマ帝国が崩壊したあと、いわゆる中世の暗黒時代には都市を描いた地図がほとんどない。しかし、地図が少ないからといって、この時代に重要な場所が存在しなかったと結論づけるわけにはいかない。829年頃から836年のあいだに書かれたアインハルトの『カール大帝伝』によれば、カール大帝はローマ帝国の権威の中枢だったコンスタンティノープルおよびローマの地図が描かれた金と銀でできたテーブルをもっていたという。カール大帝は首都アーヘンを築くにあたって、これらの都市を参考にしたのだった。しかし、その地図は現存しない。

たいていの場合、過去の都会生活は、地図上の記録といっう点ではごく限られた影響しか残してこなかった。アフリカの場合も同様で、通商、政治、宗教はアフリカの都市の発展においても重要だった。アクスム（エチオピア北部）のような首都は、通商上の重要な拠点として繁栄した。この都市が栄えたのは紀元前100年頃から紀元600年頃までである。つづいて、西アフリカのサヘル地域と東アフリカの沿岸地帯にイスラム勢力が広がり、通商が盛んになって、都市の発展につながった。ジェンネ、トンブクトゥ、ガオなどニジェール川流域の都市、ナイジェリア北部のカノ、そしてインド洋沿岸のモガディシュ、マリンディ、モンバサ、キルワ、ソファラなどがその例である。アフリカの内陸部にも都市はあった。たとえば、7世紀のグレート・ジンバブエ、1630年代に栄えたエチオピアのゴンダールである。14世紀初めには、マリの王マンサ・ムーサがメッカへの巡礼に途方もない大金を費やして西アフリカの豊かさを世界に知らしめた。王の巡礼の一行がサハラを横断してカイロに達したことがきっかけで、スペインやドイツやイタリアの地図製作者たちがマリに注目するようになった。そればかりか、北アフリカの貪欲な支配者たちの興味も引いた。1330年代に作られた有名な地図にはマンサ・ムーサ王の姿が描かれている。

しかし、何度も地図の主題になる都市があった。エルサレムである。エルサレムは古くからキリスト教世界の中心であり、遠くはブリテン諸島からも巡礼が訪れる神聖な土地、またキリスト教徒の思想にとって力強いシンボルでもあった。エルサレムを描いた地図が広く流布し、人気をかちえただけでなく、『マッパ・ムンディ（世界地図）』は聖書の物語をおもな主題にしながら、現世の地図を示していた。これらの地図の典型は、TとOの組み合わせで3つの部分に分けられた。この3つの部分は、アジア、ヨーロッパ、アフリカの3大陸をあらわす。Oすなわち円形のなかにあるTの水平の棒は、アジアと他の2つの大陸を隔てるドン川とナイル川を、Tの縦棒は地中海をあらわした。またキリスト教の十字の意味もこめられていた。そして、世界の中心にはエルサレムがあった。文字どおりの意味ではなく、精神的な中心をあらわしていたのである。

エルサレムの重要性は、1090年代に始まった十字軍によってさらに強調された。聖書に書かれた物語やイエスの

【左】カタルーニャ図と呼ばれるポルトラーノ型地図、1375年 ヨーロッパの植民時代が到来するまで、アフリカのサハラ以南は地図にほとんど描かれなかった。しかし、通商路は何世紀も前からアフリカ大陸各地に広がっていた。イスラム勢力がアラビア半島から外へ出ていったのを契機に西アフリカの都市はさらに発展した。サハラ砂漠南端の乾燥地帯サヘル・ベルトを越えてインド洋、そしてアラビア半島への通商の道筋が確立し、イスラムがそのルートを支配すると、それらの道はメッカへの巡礼路として使われるようになった。14世紀半ばのカタルーニャの地図製作者はこれらの道を地図に載せるようになり、天然資源などその他の情報も加えられて、船乗り用のポルトラーノ図に似たものとなった（地理的な行程のラインがいたるところに通じている）。たとえばメッカなど、ムスリムの支配下にあるイスラムの重要な都市は三日月を描いた旗で示される。この時代、とくに有名だったのはマリのマンサ・ムーサ王である。王はガンビアおよびセネガルの豊かな金鉱からニジェール河畔のガオまでを支配した。アラゴンのペドロ4世の委嘱を受けた地図製作者アブラハム・クレスケが描いた王は黄金の冠を頭にのせ、右手に金塊、左手に金のフルール・ド・リスの紋章のついた笏をもっている。この長い通商路の東の端には、学問の中心地ティンブクトゥがあった。1324年のマンサ・ムーサの聖地巡礼はカイロでの派手な金遣いが評判を呼び、その噂がヨーロッパまで伝わった。

[右] シチリア島の地図、1220年頃−1320年　この地図はイスラムの宇宙観をあらわした彩色写本『珍奇の書』に収められたもの。11世紀に作られ、作者の名前は不明。プトレマイオスの『地理学』にもとづいて描かれたこの図は地中海沿岸に位置するイスラム世界の商業の中心地を示している。ここに描かれたシチリア島は当時アラブの支配下にあり、キリスト教徒のノルマン人からの襲撃にさらされていた。島の第一の都市であるパレルモを中心に、その後背地が描かれている。パレルモの旧市街は赤い円形の城壁にかこまれ、名前のついた10の門が見られる。壁の外のすぐ上には港と思われるくぼみがあり、港の両脇には塔が建っている。港の東側には武器庫が見える。王の宮殿（タマネギ型のドームをもつ）はさらに東寄りにある。パレルモの各地域には註釈がつけられ、壁にかこまれた「ヨーロッパ人居住区」や新しい「アル＝ジャファリャ地区」が見てとれる。水源となる場所も壁の外側に示されている。パレルモの郊外は、島のほとんどを占めるほどの大きさに描かれている。つまり、パレルモの大きさは比例として正確ではなく、筆者は島を実物より小さく描いているのである。このことから、パレルモの存在がシチリア島にとっていかに重要だったかがうかがえる。

死と関連性のある諸都市をキリスト教世界へ取り戻そうという動きだった。エルサレムや聖地の地図は、670年という早い時期からすでにガリアの司教アルクルフの巡礼の記録に添えられていたが、エルサレムの市街地図が次々と入手できるようになるのは第1回十字軍（1096−1099年）で聖地奪回に成功したあとだった。エルサレム征服に立ち会ったサン・レミ大修道院長ロベール・ル・モワン・ド・ランスの著作『十字軍年代記』にはエルサレムの地図が添えられていた。そのような地図の多くは図式化されていて、大ざっぱな円形の市壁のなかに十字の形をした道路が描かれていた。正確さよりも、象徴としての意味が優先されたのである。

1187年、エルサレムがふたたびイスラムの手に落ちると、ヨーロッパのキリスト教圏にとっての達成すべきゴールとして地図が描かれるようになった。1321年にマリノ・サヌードが聖地奪還のための十字軍派遣を求めて教皇ヨハネス22世へ贈った『十字信仰の秘密の書』は、聖なる土地を奪回するための十字軍を呼びかけるものだった。「回復の文学」と呼ばれるジャンルに属するものには、ジェノヴァ人の地図製作者ピエトロ・ヴェスコンテ作の世界地図もあり、そこには十字軍の目的地としてのエルサレムおよびアクレ（アッカ）の地図が含まれた。

このような初期の地図では、都市は絵画のように描かれた。たとえば、セント・オールバンズ修道院の修道士マシュー・パリスが1252年頃にロンドンからエルサレムまでの旅程を記した著作『アングリア人の歴史』に見られるロンドンの情景がよい例である。じっさいにこの地図をもって旅をした巡礼はわずかだったと思われ、むしろ敬虔な信徒が家にいながら聖地を思う信仰の道具として用いられた。

注目すべきは、この旅の出発地がロンドンだということだ。巡礼たちはウェストミンスター寺院のエドワード懺悔王の聖堂に立ち寄っただろう。その寺院は図の右側に描か

まえがき

【左】中国（キャセイ）の地図（部分）、フラ・マウロの『マッパ・ムンディ』より、1448−1453年　ヴェネチア近郊、ムラーノ島にあったサン・ミケーレ修道院の修道士フラ・マウロは中世にあたる1450年代に世界地図製作という偉業をなしとげた。注文主はポルトガルのアフォンソ5世と考えられている。フラ・マウロ作のこの地図は投影法を用いた正確な地図というより、むしろ説明的な絵地図だが、古典の原典をそのまま踏襲するのではなく、科学的な手法もとりいれようと努めた。たとえば、ポルトガルの海洋地図を参照したり、旅行者から情報を集めたりもしている。フラ・マウロは絵画的な表現を得意とし、ヴェネチアという土地の利を活かしてオリエントの知識も得ていた。東アジアについてはマルコ・ポーロの旅行記から情報を集めたらしく、『カタルーニャ地図』もマルコ・ポーロに依拠している。キャセイとは、中国北部をさす Catai の英語風の表記である。この地図はヨーロッパの伝統にしたがって描かれている（ただし、北が下になっている）。ヴェネチアのドージェの宮殿にはマルコ・ポーロの旅を描いた壁画があり、のちに火事で消失したといわれている。マウロにとってはその壁画がこの地図を描くさいのヒントになったのかもしれない。

れており、その左側にはロンドン塔のホワイトタワー、中央には中世の代表的な建築物であるセント・ポール大聖堂のごく初期の姿が描かれ、高い尖塔も見える。この地図が描かれたころ、大聖堂の最も目につく特徴はこの尖塔だった。この塔は木材で作られていたが、高さは158mもあり、高さ123mのソールズベリーの尖塔をはるかにしのいでいた。1964年にブリティッシュ・テレコム・タワーができるまで、ロンドン市内の最も高い建物として、これをしのぐものはなかった。当時、この塔は堂々とそびえたち、市内のどこからでも見ることができた。それは何よりの目印であると同時に、市民にとっての誇りでもあった。1561年、尖塔は落雷によって崩壊した。この挿画では、城郭風の壁も目につき、壁の基部に沿っていくつかの城門が描かれている。

キリスト教世界の聖地としてのエルサレムがその地位を失ったあとも、ヨーロッパには政治および経済的な理由で重んじられた都市が他にもたくさんあった。中世ヨーロッパでは、繊維産業の盛んな都市がとくに重要だった。たとえば、ミラノ、クレモナ、ヘント、ブルッヘ（ブルージュ）などは大きく発展する商業活動の中心であり、都市の建設と拡大に拍車をかけた。バルト海および地中海沿岸では、リューベック、リーガ、ヴェネチアなどの都市が発展した。バルト海のハンザ同盟は勢いのある都市同士が結びついたものであり、一方、ヴェネチアは、ジェノヴァと同様、海上貿易を基盤として広い領海を支配し、その点ではかつての古代アテナイとよく似ていた。ラテン・キリスト教文化圏で最も人口の多い都市はパリで、1300年には人口が20万を超えていたと思われる。西ヨーロッパで最も強力な国家フランスの首都だったパリは大学の名声も高く、そのおかげで知的活動の中心となった。東方教会の中心的な都市だったコンスタンティノープルは、早くも5世紀には50万もの人口をもつようになっていた。フィレンツェ人の旅行者クリスティフォロ・ブオンデルモンティは、15世紀初頭にこの東ローマ帝国の首都の図式化された鳥瞰図を描いている（1204年、第4回十字軍の破壊と略奪によって大きな傷を負っていた）。西ヨーロッパにおいて、コンスタンティノープルに匹敵する規模をもった都市はキリスト教圏にはなく、イベリア半島にあった。それはムスリムが支配するコルドバだった。

科学技術とその効用

科学の面でより進んでいたイスラム世界では、同じくギリシャ・ローマの伝統を受け継ぎながら、地図製作にも別の流れが見られた。9世紀には、アラブの地理学者とその庇護者たちによって、バグダード、カイロ、ダマスカスなどの大都市が地図製作の中心地へと成長していた。イスラム世界でそれらの都市が重要だったのは、政治の場であり、また商業が盛んだったからである。バグダードはアッバース朝の首都（762-1258年、ただし836年から892年まではティグリス川沿岸のサマラに移った）、カイロはトゥールン朝（868-905年）とファーティマ朝（909-1171年）の首都、ダマスカスはウマイヤ朝（661-750年）の首都、スペイン南部のコルドバはウマイヤ家から独立した後ウマイヤ朝（756-1031年）の首都だった。北アフリカのフェズはイドリース1世によって8世紀末に建設された。紀元前3世紀にカルタゴの商人たちの手で築かれ、一時期ローマ帝国の有力な属州だったヴォルビリスが狭くなったと感じたイドリース1世は新しい首都を欲したのだった。イスラム勢力がアラビア半島の中心部からしだいに東へと広がり、また南は南アジアへ、北は中央アジアをへてシルクロード一帯を支配下に収めるにつれ、イスファハーン、デリー、サマルカンドといった都市がイスラム国家の首都と同じくらい重要さを増していった。

中世の西洋と同様、イスラムの地図にはさまざまな種類があった。巡礼の目的地であり、エルサレムと並ぶ聖地とされたメッカを中心におく世界地図はもちろんのこと、信仰や商業において重要と見なされるさまざまな都市の鳥瞰図もあった。これらの地図には、じっさいの地形や地勢の細部を描くよりも、むしろ象徴的な意味合いに重点がおかれた。とはいえ、アラブ人の地図製作者は綿密な計算にもとづく数学的なデータを用いており、ヨーロッパの地図製作者よりも正確な地図を描くことができた。

東ローマ帝国（ビザンツ帝国）の領土、なかでもエジプトとシリアを失い、7世紀以降のイスラム勢力による征服と文化的な合同が進んだ結果、キリスト教世界は古代ギリシャの地理学にかんする情報や考え方という形での古典的な知識を失うことになった。イスラム世界は、プトレマイオスの文献や、バビロニアの天空神話から発展したギリシャ神話によって天文の知識を得ただけでなく、征服、通商、旅行などを通じて遠い土地からもたらされる大量の情報、発想、手法によって、地図製作の知識も大幅に増やした。キャラバン（隊商）の交易路はオリエントと中東を結びつけ、サハラ砂漠も越えて西アフリカに達した。アラブ商人は天文知識によって利を得ることができ、インド洋と地中海の航海にはスター・コンパスが役立った。アラブの船乗りと商人たちはモンスーン（季節風）にのってインド洋を東に向けて航海し、8世紀末には東アジアの通商の要である中国の広州市と交易するまでになった。

海に囲まれたこの地球では海洋貿易がきわめて重要だったので、世界各地に港湾都市が築かれた。大きな経済圏を

まえがき

【前頁】コンスタンティノープルの地図、クリスティフォロ・ブオンデルモンティ作、羊皮紙、15世紀初頭　フィレンツェの修道士ブオンデルモンティの本『諸島および群島の本』にはコンスタンティノープルの鳥瞰図が収められている。東方教会の中心だったこの都市は1453年5月にメフメト2世の率いるオスマン帝国軍によって陥落するが、この地図はそれ以前の姿をとどめた唯一のものである。ブオンデルモンティの手になるこの偉大なビザンチン帝国の首都の地図には、周囲にめぐらされた城塞のような市壁が正確に描かれ、412年から413年に築かれたテオドシウス2世の壁（左に向かう）、金角湾との水際に築かれた壁（北に向かう）、それにボスポラス海峡（右上隅）、マルマラ海（下）などが見られる。金角湾の北にはそびえたつガラタの塔とともに、ジェノヴァの商人たちが許可を得て使っていた通商用のペラの倉庫（現在のベイオール）が描かれている。ブオンデルモンティはペラに滞在していたと思われる。ここにはジェノヴァ人やヴェネチア人などをはじめとするイタリア商人が大勢いたことだろう。コンスタンティノープル市内には、コンスタンティノス大帝のために建設された堂々たるハギア・ソフィア大聖堂に接する古代ローマの競技場跡やユスティニアヌスの柱が見える。この柱は皇帝の宮殿に通じるメセ（大通り）の特徴のひとつだった。そのそばには市内へのおもな入口である黄金の門があり、そこで市壁は海に達する。

[上]清明上河図の細部、1126年頃 年代と来歴の正確さが確実なことから、この有名な清明上河図の部分は、中国の北宋王朝の庶民たちがどんな暮らしを送っていたかを見せる窓のようなものとなっている。大通りが描かれ、そこには立派な飲食店があり、商人や顧客が忙しそうに動きまわっている。荷を積んだラクダが市の門を通りすぎようとしており（右）、シルクロードの終点だった開封市のにぎわいがわかる。シルクロードのおかげで開封市は国際的な大都市になり、ペルシャのムスリムやインドのセファルディム系ユダヤ人の社会との結びつきができた。1163年には開封市にシナゴーグができていた。ラクダの上部には税関が見える。商人たちはここで税金を払う。左に向かって進んでいるのは木工の職人、大人数のワイン卸売商（その前方では2人の女性が輿(こし)で運ばれている）などであり、孫家のレストランなどもある。交差点では弁舌をふるう僧や老荘思想家のまわりに人が集まっている。その他、香を売る店、旅籠、家族経営の運送業者などの姿も見える。

結ぶ交易路に位置する港はとくに発展した。たとえば、1000年頃にはアデン、インド南部のクラム・マリ、マラッカ海峡の北端にあったカタハが栄え、さらにその500年後にもアデン、マラッカ、ブルネイなどが繁栄を見た。ヨーロッパ世界が大航海時代に突入すると、その成果がきわめて大きかったので、いわゆる「西洋の勝利」の時代が始まった。こうして、船乗りや探検家の求めに応じて地図製造業も大きく発展することになった。

地方の町や村を描いた地図、イギリスのゴフ・マップのような道路地図、ポルトラノ海図と呼ばれる航海用の海図など、ヨーロッパで作られた多くの地図には、重要な建築物が挿画として添えられることも多かった。これは絵文字のようなもので、紋章やコインに使われる記号に似ていた。地形についての正確な情報はまださほど重要な要素ではなかった。なぜなら、地形や地勢の特徴にどんな意味があるかという知識がなかったからであり、またそれらを表現する手段にも技術が不足していたからである。

変貌する場所

印刷は、ヨーロッパでは15世紀（中国ではその数世紀前）に考案されたが、印刷の時代が到来する前から地図はさまざまな方法で作られてきた。はかなく消え去るものもあったが、ほとんどの場合、手で彩色することが多かった。銅版画（エングレービング）や石版画（リトグラフ）の技法が開発されると、地図の耐久性が増し、長持ちするようになった。それまでよりもずっと簡単に、また正確に模写でき、配布も安上がりになった。彩色版画によって地図はさらに洗練された。そして、数量化や表現方法についての共通の理解が定着するにつれ、地図は広く世間に受け入れられるようになった。そのような進歩を経験する以前の地図（独特の投影法やそこに描かれた時間および空間の記録）を正しく理解するには、文化の違いを念頭において、慎重に見なければいけない。テノチティトランを2つの異なる視点から見ることがそのよい実例といえる。

都市は、地図製作にとって大きな主題であり、テーマであり、また効果的な表現を模索するための課題をも与えた。同時に、人びとにとっては出世の機会をつかむ場所でもあった。ただし、その機会は平等とはいえなかっただろう。過去2000年にわたる人口の推移を見るとき、都市への人口流入はけっして止まらなかった。このことからも、人を惹きつける都市の力がわかるはずだ。都市に移り住む人びとは、都市でならよい暮らしができるだろうと期待し、決意とともにやって来る。だが、多くの人にとって、その期待はむなしく、田舎の貧困が都会の貧困へと場所を変える

だけだった。それでも、世間の締め付けは都会のほうがゆるかった。締め付けようと思っても無理だからだ。都会の住民はかならずしも政治や信仰について急進的ではなかった。しかし、都会で暮らしていれば、エリートと大衆の別なく、新しいアイデアを進んで受け入れる覚悟が必要とされた。しかも、大勢の人びとには新しい経験をしたり、自分を変えたりするチャンスがあった。

本書はそれらのテーマをとりあげ、それを論じる過程で、都市の歴史と地図製作の歴史の両面に光を当てようとするものである。地図に描かれた都市という主題は重要であり、また興味を引かれる。なぜなら、その考察はきわめて広範囲にわたり、世界の人口の大多数が住んでいる場所の環境について述べることにもなるからである。しかも、都市には、政治、経済、学問、文化といった分野で決定をくだす立場にある人びとのほとんどが住んでいる。

都市地図のなかには、最初はたんに異国からの旅人を助けるものとして作られたものがある。だが、ただA to Zを探すより、もっと複雑で魅力的な問題をとりあげた地図は無数に存在する。それらの地図は、都市の成長と空間利用をあとづけ、人類が空間をどう捉え、どう表現していたかを理解するうえで、きわめて豊かな史料となる。地図は周囲の世界を知りたいという好奇心を満たしてくれるだけでなく、都会の発展にたいする考え方を明確にし、はっきりとかたちづくるための強力な媒体にもなりうる。別のいい方をすれば、私たちの住む都市を描いた地図は市街を空から鳥の目で見ただけのものにとどまらず、人を魅了してやまないのである。なぜなら、情報と絵画的表現を合わせもつ地図を通して、私たちは貧困、犯罪、疾病、民族の居住地といったさまざまなデータを過去および現在のパターンとしてまちがいなく読みとるからである。

本書は時代を追った５つの章に分かれている。そこでは過去500年のあいだに作成された多岐にわたる都市地図を見てゆく。アジアからアメリカまで、過去に長らくつづいた二次元の地図の時代から、GPSにもとづくデジタル化された仮想地図やこれまで実現不可能だったコンピューターによるインタラクティブな三次元地図の時代までをあとづける。過去の時代に理想の都市がどのように想起されてきたかを考察すると同時に、いまの私たちがエコロジーに即した存続可能な未来の都市をどのように計画し、建設しつつあるかを見る。これまで大勢の人びとが自分たちの住む都市の地図を描いてきたが、本書ではその魅力をできるかぎり伝えようと努めた。

テノチティトラン──埋め立て地に築かれた都市

　先住民の記録によれば、メシカ（アステカ族）の人びとの手で、テスココ湖に浮かぶ島の湿地が干拓され、運河と土手でできた都市が築かれたのは1325年だったという。しかし、この出来事を伝える絵は現実と神話が入り混ざっており、意味を読みとるには専門知識が必要だった。先住民の手になるこの都市の地図で、現存する唯一のものは、1535年から1550年までスペイン総督を務めたアントニオ・デ・メンドーサに捧げた1541年頃作成の写本に収められている。ヨーロッパの地図とちがって、アステカ族の描いた地図は空間よりも時間に重きをおいている。彼らの社会にとって特別な意味をもつ情報が盛りこまれているが、それらはシンボルによって表現されており、外部の人間には理解できない。

【左】『メンドーサ絵文書』のテノチティトラン、1541年　この土地に特有の書記（トラクイロと呼ばれる）が作成したこの地図は、テノチティトランの建設を描いている。絵画的に正確な描写よりも、むしろシンボルを用いて、この都市の想像上の歴史と社会的な構図を抽象的に示している。こうした表現法は、この時期のヨーロッパに見られる地図製作とは対照的である。ヨーロッパの地図は空間に重きをおいていた。この地図の中心には、岩の上に生えたとげのあるウチワサボテンが描かれ、そこに一羽の鷲（太陽を象徴する）がとまっている。これはテノチティトランの起源にまつわる神話を意味している。この鷲は、軍神でありアステカ族の守護神でもあるウィツィロポチトリの化身であり、この印のある場所に住みつくよう首長たちに告げたといわれている。黒い肌の首長（サボテンの左側）は最高位の神官である。この図では唯一の男性であり、顔の前に発語を示す吹き出しが見える。岩の下には盾と矢の象形文字が描かれ、戦争を意味する。画面を斜めに横切る十字は、2本の水路によってできた4つの島を様式化して表現したものである。4分された部分は、社会階層によって分けられた4つの区をあらわす。上の区域に見られる家は、初期の質素なテンプロマヨール（寺院）かもしれない。頭蓋骨の台座（ツォンパントリ）は、じっさいに犠牲の儀式があったことを示している。

[上] テノチティトラン、1524年頃　木版によるこの地図は、メキシコ湾に近い湖の大きな島に築かれた都市テノチティトランを描いたもので、エルナン・コルテスから皇帝カルロス5世に送られた手紙に添えられていた（1519年から1526年までに送った5通の手紙のうちのひとつ）。この地図にはヨーロッパの知識と、この土地特有の知識および空間への理解が混じりあっている。メキシコ渓谷の描き方は様式化されているとはいえ、低い屋根をつらねた家並みは写実的に表現され、幹線道路や近在の町も見られる。下部には、新鮮な水を供給するための水路が見える。中央に見える大きな広場には階段状のピラミッドがあり（ここではきちんと並んでいる）、まだ大聖堂に置き換えられてはいない。この広場は現在メキシコシティの憲法広場として残され、公共スペースとなっている。スペインの軍勢は中央部を破壊したが、基本的な配置はほとんど変わっていない。

第1章 ルネサンスの都市 1450−1600年

【前頁】理想の都市、ピエロ・デッラ・フランチェスカ、15世紀末　ルネサンスの時期、権力をもった裕福な人びとは美術と建築を後援する強力なパトロンになった。ウルビーノ大公は宮廷とそれに付属する建築群の設計を依頼した。それは理想の都市になるはずだった。ピエロ・デッラ・フランチェスカがウルビーノのドゥカーレ宮殿の壁に描いたフレスコ画には、その理想の都市が描かれている。画家が想像で描いた都会の楽園（3枚のパネルからなり、「理想の都市」と呼ばれている）では、画面の左右の通りに沿って優美なルネサンス様式の大邸宅が立ち並び、中央には古代ローマの影響を感じさせる円形の教会がある。中央奥の一点に収束する線にもとづく遠近法が用いられ、全体は幾何学的な構図となっている。

【次頁】リスボン、1598年、ブラウンとホーヘンベルフ作『世界都市図集成』第5巻より　このリスボン景観図は、大航海時代に隆盛を誇った偉大な海洋都市の当時の姿を伝える記録として重要である。だが、18世紀中頃の地震によって、この都市の3分の2以上が破損した。この地図にはリスボンの特徴的な140の建造物が見られる。中央の山の上に見えるのは要塞サン・ジョルジェ城である。この要塞は8世紀にイスラムの軍勢によって破壊され、1147年にアフォンソ1世の手でようやく修復された。河岸に近いところには旧市街のバイシャがあり、中世の入り組んだ道筋が見てとれる。この道はバイロ・アルト（高い地区）に通じている。前景に川と垂直に描かれているのはリベイラ宮殿だが、この建物も地震で失われた。

この時期、人口の多い大都市はアジアにあった。当時、世界人口のおよそ3分の2がアジアに住んでいたのである。そのうえ、アジアの都市の序列にも大きな変化が起こりつつあった。経済と政治という2つの要素がその理由だった。インド北部では、1505年にローディー朝の首都アーグラが築かれた。これ以後、アーグラは政治・経済の一大中心地として発展した。

西洋の出現

しかし、ヨーロッパ人が探検航海に乗りだした結果、南北アメリカ大陸に植民地が築かれ、直接インドにつながる交易ルートを得たことから、ヨーロッパの海洋帝国が勢力を拡大し、それにつれてヨーロッパの諸都市がしだいに重要性を増すようになった。それらの航海によって、新しい地図への必要性が生まれた。西洋にとっての「既知の世界」が急速に広がりつつあったからである。

最初、おもな拠点となったのは、ポルトガルとスペイン両国の発展の基盤となった2つの都市、リスボンとセビリアだった。リスボンの川辺に建つ王宮のなかに設けられた「インド総務庁」と「ギニアおよびミーナ総務庁」は国家の専売の一部として同一人物の運営のもと、複数の倉庫と管理者によって機能していた。これらの機関が荷の積み下ろしを監督し、契約や手数料など、商取引にかんするすべてのことがらを取り扱った。「ギニア・インド倉庫」（アマゼム・デ・ギニー・インディア）は造船所や海図の供給など、航海にかんする業務を扱った。

セビリアでも同様に、1503年に設立された西インド商館または通商院が、スペインの対アメリカ貿易を管理していた。1508年には通商院の一部として地理関連の部門が設立された（1717年、通商院はセビリアからカディスに移された）。

ポルトガルおよびスペインの帝国領土と通商システムが大きく拡大した結果、都市のネットワークは変貌した。ヨーロッパから遠い場所にあった既存の都市は、基地として用いるために占領された。たとえば、ポルトガルはカリカットとゴア（1510年）、それにマラッカ（1511年）を支配下においた。さらに、既存の通商路を制御下におき、また新しいルートを拓こうとして新たに都市を建設する場合もあった。こうして、1519年にスペインはハバナを建設した。カリブ諸島でも最大の規模をもつ天然の良港で、水深も深く、拠点として最適だったからである。それより前の1515年には同じくキューバにバタバノが建設されたが、湿地のために病気が蔓延したこと、また避難場所となる港がなかったため放棄された。1533年、総督は首都をサンティアーゴ・デ・クーバからハバナへ移した。

領土拡大はさらに進んだ。こうして、1519年に建設されたパナマは1524年、1526年、1531–1532年のフランシスコ・ピサロによる遠征の基地となった。新しく作られた都市の多くは政府および軍の中枢となったばかりか、キリスト教の布教活動の拠点にもなった。フィリピンのマニラ（1570年代末までメキシコ大司教区に属した）もその一例で、1581年には大聖堂が建設された。シベリア方面に勢力を伸ばしたロシアが築いた諸都市にも同じような特徴があった。

起業精神と技術革新

16世紀の都市地図製作に大きな支配力をふるったのは西洋の地理製作者だった。その背景には資本主義的な起業精神が大きな役割をはたしていた。これは世界の他の地域では見られない特徴だった。同時にこれは、印刷技術の普及によって起業のチャンスが与えられたということでもあった。印刷された地図はそれ以前にも存在したが、1470年代にヨーロッパで初めて印刷した地図が登場して以来、地図製作は急速に広まった。中国の明朝にくらべて中央集権的な支配体制が存在しなかったことが幸いしたのである。じっさい、地図製作の中心となったのは、ヴェネチア、アントウェルペン、フランクフルトなどの自治都市や独立した都市国家だった。したがって、これらの都市が地図に描かれるのは当然のことであり、そこには大きな役割をになった都市としての当然の誇りが表現された。

1572年から1617年にかけて刊行された『世界都市図集成 Civitates Orbis Terrarum』全6巻（ゲオルク・ブラウン編、銅版画フランス・ホーヘンベルフ）には、おもにヨーロッパの諸都市を描いた鳥瞰図および地図が総計546点も収められていた。これは16世紀末の都会生活の一端を見ることができるユニークな史料で、いわば世界初の市街地図であ

　る。それぞれの地図には説明の文章が付き、なかには挿画や情報が添えられたものもあった。ブラウンとホーヘンベルフの地図は、当時のヨーロッパにおける地図製作の傑作だと高い評価を得ていた。2人には10人以上の協力者がいたが、そのほとんどは既存の地図に頼っていた。しかし、アントウェルペンを拠点とするフランドルの画家ゲオルク（ヨリス）・ヘフナゲルほど重要な存在はなかった。彼はヨーロッパ各地を旅行しながら、多くの都市や町のスケッチをした。ヴェネチアの景観図など、いくつかの地図には、たとえばその土地特有の服装をした人びとの姿など、その時代に国家機密と見なされた情報が含まれていた。さらにブラウンによる注記には、人間の姿を描いてはいけないというイスラムの教義により、オスマン帝国では地図を見ることが禁じられていたことも書かれていた。ヨーロッパ人にとって、オスマントルコは恐怖の源であり、その軍事目標を知るために地図を研究しようとしたのかもしれない。ブラウンの協力者にはアブラハム・オルテリウスがいた。彼の初期の作品『世界の舞台』（1570年）は本物の地図帳

[右] インドのゴアの地図、ヨハンネス・バプティスタ・ファン・ドゥエテクム（子）による銅版画、1595年 ドゥエテクムはオランダのアントウェルペンを拠点に活動した高名な地図製作者の一族に生まれた。ドゥエテクム一家は、スペイン軍の勢力範囲を超えて北に移動し、まずデーフェンテル、その後、ハールレムへと移り住んだ。彼らの地図製作はエングレービングとエッチングの技術が特徴であり、発見のための航海が盛んだったこの時代に航海術や探検についての多くの本を出版して大きな貢献をした。1510年、ポルトガルはインドのゴアを征服した。ゴアはギリシャ・ローマの時代からアラビア海域において交易（とくにスパイス貿易）の拠点として1000年以上も重要な地位を保ってきた。ゴアはインド洋一帯を占めるポルトガル領インドの首府となり、また同時にキリスト教宣教師の重要な基地ともなった。なかでも有名なのが1542年から赴任したフランシスコ・ザヴィエルである。ファン・ドゥエテクムの地図には、自然の防御となる丘陵に囲まれた天然の良港が描かれ、海に流れこむマンドウィー川も見える。スパイスの他、良質なモスリンや木綿、真珠、ダイヤモンドなどもゴアから出荷された。

としてはごく初期に作られたもののひとつである。ブラウンとホーヘンベルフは携帯できる地図をめざし、都市が描かれているという点に魅力を感じる、より大衆的な購買層を対象とした。

技術面での変化がもたらされると同時に、より正確な地図が求められるようになった。やがて、都市の地図製作にも大きな期待がかけられるようになった。地図はまず木版で印刷されたが、その結果、手書きの地図よりもずっとすばやく作れるようになり、また広い範囲に流通できるようになった。やがて16世紀半ばからは、木版に代わって銅版が用いられるようになった。スクリュープレスのかわりにローリングプレスが登場し、銅版と組み合わせて使うことで、よりすばやく、より均一な地図が印刷できるようになった。木版にくらべて、銅版は修正や改訂が簡単にできたので、新しさと正確さを強く打ちだすことができた。

作成方法が変わったことは、描写の変化につながった。初期のヨーロッパの地図はだいたいが絵地図やルートマップで、一定の縮尺で描かれたものではなかった。しかし、

16世紀には縮尺にしたがって描くことがより重要になった。このことは新たな製図技法や見せ方と関連していた。15世紀末から、ヨーロッパでは測量や地図製作に羅針盤（コンパス）を使うことが多くなり、やがて地図は北を上にして描かれるようになった。

三角測量が導入され、平板測量やセオドライト（経緯儀）が開発され、絵の代わりにもっと汎用性があって、見ためにも洗練された伝統的な記号が地図上の特徴、たとえば町などを示すのに用いられるようになった。印象だけをもとにした絵や、象徴的またはスピリチュアルな意味をこめた風景よりも、現実の世界を正確な縮尺で描くことのほうに力点が移ったのだった。

新たな視野、新しい正確さ

地図製作に新しい時代をもたらした原動力は技術だけではなかった。この世界をどう見るかという点でも大きな変化があった。地図製作が変化をもたらしたわけではなく、変化のきっかけになったのは絵画だった。とくにルネサン

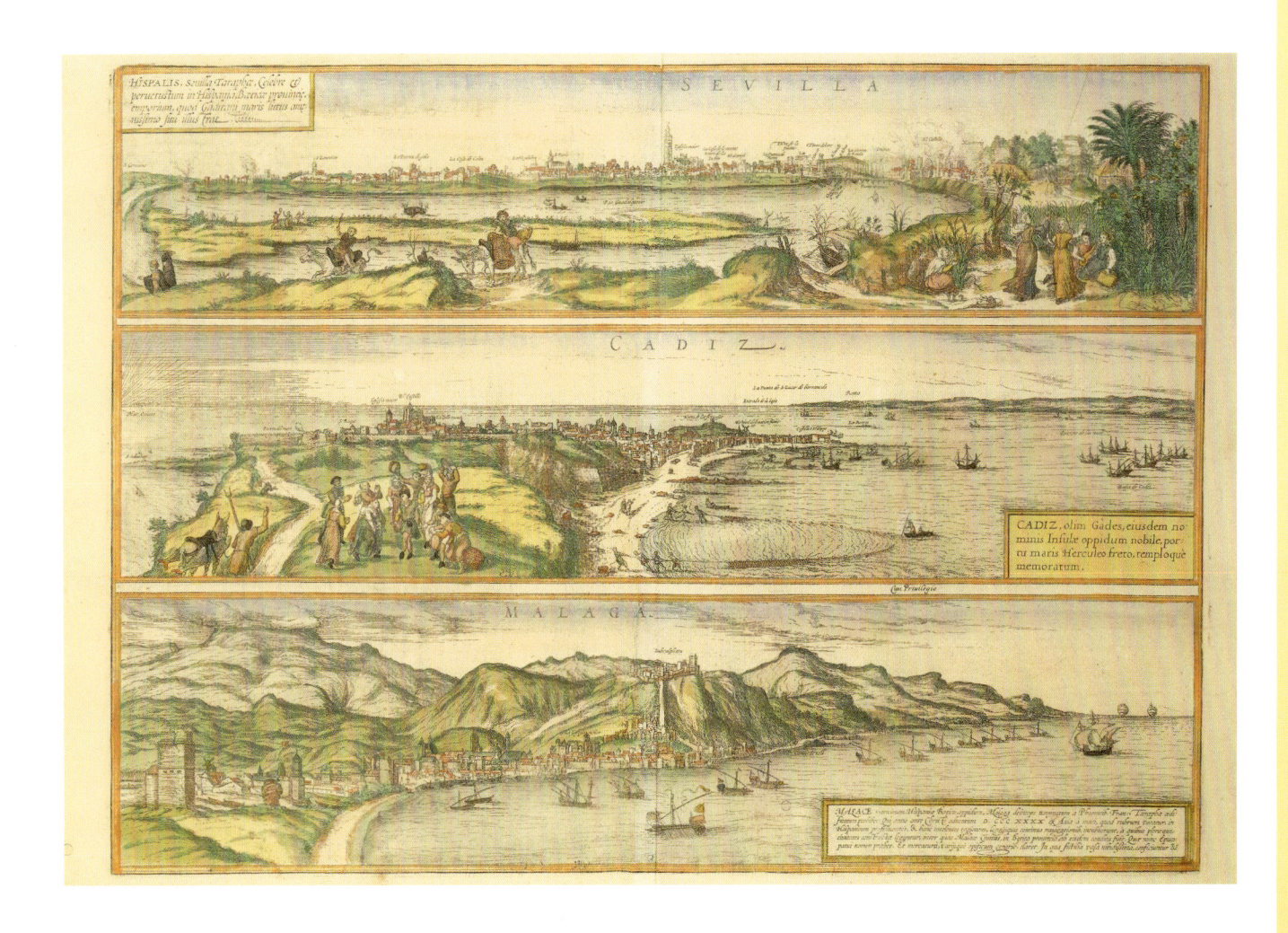

第1章 ルネサンスの都市 1450-1600年

【左】セビリア、カディス、マラガ、『世界都市図集成』第1巻より ヨリス・ヘフナゲルによる原画をもとに、セビリア（上）、カディス（中）、マラガ（下）の地図が版画として刊行された。版画の原版はブラウンとホーヘンベルフによる。世界貿易におけるスペインの主要港はセビリアだった。新世界や西インド諸島から高価な財宝や交易品を運んでくる、いわゆるスペイン艦隊を迎え入れることができるのはセビリアだけだった。グアダルキビール河畔にそびえるセビリア第一の建物は1500年代初頭に完成した大聖堂であり、その鐘塔と、かつてのモスクの尖塔（ヒラルダの塔と呼ばれる）も見える。この図は現在のトリアナ地区から見た情景である。右側、炎の出ているサン・ホルヘ城は当時、異端審問の場だった。

やがて川に沿った航海がむずかしくなり、交易の中心地はセビリアから地中海沿岸に位置するカディスへと移った。この図は斜めから見た等斜投影法（カバリエ投影法）で描かれ、大きな教会のある要塞都市の姿が見てとれる。1600年代になると、ひなびた漁村だったカディスはアメリカへの玄関口へと成長した。コロンブスの航海の第2回と第4回はここから出発した。

マラガには王室の武器庫がおかれていた。武力の後ろ盾があればこそ、スペイン国王は北アフリカの領土の安全を維持することができた。マラガは700年以上にわたってムーア人の支配を受けた歴史があり、北アフリカとの結びつきも強かった。マラガの波止場を描いたこの図でも、2つに分かれたイスラム風の要塞の建物が目をひく。

ス期のイタリア、つづいて北海沿岸の低地帯（ネーデルラント、ベルギー、オランダなど）でその動きが広まった。当時の風景画やその他の絵画に用いられた直線透視画法が地図製作にも導入された。地図製作では、視点を一定にし、ものを具体的に見て、科学的に表現したいという欲求が高まっていたのである。風景画と地図の両方で、正確さ、現場での観察、忠実な再現といったものが重んじられるようになった。こうした過程は、建築物と街並みを含めた都市景観図でも見られた。

そこで鍵となった人物はフィリッポ・ブルネレスキである。彼は1420年頃に遠近法を用いてフィレンツェの代表的な建築物の景観を描いたが、それだけでなくこの都市のいちばんめだつ建物を設計した人物でもあった。フィレンツェの大聖堂は1420年から1436年にかけて建造された。市民の誇りをあらわすそのようなシンボルは町や都市の独自性をきわだたせた。そして、1470年に作成されたフィレンツェのピアンタ・デッラ・カルタ（「鎖の地図」の意）でも、それらのシンボルが前面に出されることになった。

空間上の関連性を秩序立てるのに数学を用いることは、地図製作と絵画に共通する特質のひとつだった。その一方で、地図製作の要素がさまざまな風景画に大きな影響力をふるうようになった。15世紀半ば、画家で数学者のレオン・バティスタ・アルベルティは幾何学的な土地測量のやり方について述べた。他の高名な画家たち、たとえばレオナルド・ダ・ヴィンチやラファエロなども都市計画図を描いている。クワトロチェント（1400年代）の社会における価値観や関心のあり方を知ることは、プトレマイオスの『地理学』に新しい市街地図が含まれた理由を理解する助けになるだろう。

理想化され、また様式化されて描かれた中世の都市地図に代わって、地形が正確に描かれた地図への欲求が高まった結果、都市はそれぞれ違って見えるようになった。その違いはおもにその地図がどこから描かれたかによったが、同時にその町の固有の特徴も描かれるようになった。さらにいえば、それらの違いは図像の描き方からも来ていた。同時に、地図よりも絵画的な表現のほうがずっと目につき

[右] **イタリア、ジェノヴァの光景、1481年、クリストフォロ・デ・グラッシ作** 画家で地図製作者のデ・グラッシが1597年に模写したもの。現在オリジナルは失われている。オトラントをオスマン帝国の侵略から解放せよという教皇シクストゥス4世の求めに応じて出航する艦隊を祝うために描かれた。遠近法によるこの図では、弧を描いた丘陵に三方を囲まれた都市が見られる。海側から見た情景で、これがやがてジェノヴァの確固たるイメージとして定着する。独立した海洋共和国ジェノヴァの支えは海上貿易だったが、オスマン帝国の勢力の伸長（とくにコンスタンティノープルの奪取）やヴェネチアの隆盛によって脅威を受けることとなった。ジェノヴァはこれまで繁栄を脅かしたすべての打撃に備えることになった。市街地にはほとんど特徴のない小さな家々がびっしりと密集し、波止場のすぐそばまで迫っている。2本の防波堤ははっきりと描かれ、（西側には）有名な灯台が見える。港の中央（画面中央）には武器庫がある。武器庫から東のほうに目を転じると上陸地点があり、その先、旗がたなびいているのがドゥカーレ宮殿で、そのそばにはサン・ロレンツォ大聖堂の白黒の縞模様をもった塔が見える。ジェノヴァの防衛にとってはリーギ丘陵に築かれた一連の砦も重要で、市街を守るようにして周囲を取り囲んでいる。この砦は、アルジェなどから襲来する海賊をすばやく発見し、注意を促すための海上監視所でもあった。

やすかった。絵画には、人の目を引き、満足させる力があった。だからこそ、絵画ジャンルの一つである鳥瞰図が大きく発展することになったのである。早くも1500年には、ヤコポ・デ・バルバリの手になる木版のすばらしいヴェネチア市街図が作られた。象徴としての都市を理想化した姿で表現したこれまでの地図とは異なり、この地図には地形とランドマークが正確に描かれ、都会生活の魅力が伝わってくる。活気あふれる情景は、都会にしかない美点を端的にあらわしている。ここに描かれた都市ヴェネチアは完全な存在であり、周囲の世界とは切り離されている。だが、

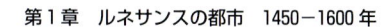

第1章　ルネサンスの都市　1450-1600年

　高いところから見た地図で、この都市を周囲から隔てているのは市壁の存在ではなく、むしろ建物のあいだに描かれた都会ならではの暮らしぶりによってである。こうした表現は、直線透視画法で描かれた地図よりもはるかに豊かな視覚情報を与えてくれる。

　表現における正確さの追求というテーマは、科学の進歩と密接に結びついていたが、なかでも光学の知識が不可欠だった。都市景観図は、新たに興った人文学研究の成果を反映していた。新しい文化の先触れとしての都市が称揚され、古代の都市共和国の再生が期待されたが、とくにヴェ

[右] サント・ドミンゴの地図、バプチスタ・ボアジオ作、1589年 この地図は1586年の元日、ドレーク率いるイギリス艦隊（7隻の軍艦とその他22隻の船からなる）によるサント・ドミンゴ襲撃の情景を描いている。スペイン領イスパニョーラ島の首府サント・ドミンゴは、コロンブスの弟バルトロメにより、1496年、オザマ川のほとりに築かれた。これは新世界で最古のヨーロッパ人の都市だった。イタリア人の地図製作者ボアジオはロンドン在住で、ドレーク自身のスケッチをもとにこの地図を描いたと思われる。スペインの富の源泉だったプランテーションが、要塞化した都市の周辺に見える。イギリス軍の陸上部隊は、市街地を占領する前にこれらのプランテーションを攻撃し、25000ダカットの身代金を引き出した。格子状になった街路がはっきりと見てとれ、その中心には1512年建造のアメリカ最古の聖堂であるサンタ・マリア・ラ・メノール大聖堂の姿が見える。

ネチアという新しい形の都市がその代表だった。一体となった都市、絵の上でもひと目で捉えられるひとつの統一体、そして最新の建築プロジェクトにも対応できる都市というのは、ルネサンス期の王侯貴族、建築家、芸術家たちが求めたものだった。遠近法という知識を得たことから、景観への興味が新たに呼び起こされ、調和への希求が生じた。ルネサンス絵画の中心だったウルビーノでは、調和のとれた完璧な創作物への関心が理想の都市への憧れという形で表明された。その典型的な例が、理想の街並みを透視画法で描いた絵である。この絵の（p.30－31）作者はピエロ・デッラ・フランチェスカと見なされている。視点を地上においた透視画法は、上空から見た鳥瞰図とは異なる。それでも、そこには数学的正確さという共通のテーマがあった。

絵画と形式

　国家の地図を作製する手法が進歩するにつれて、当然ながら、都市地図への取り組み方も変化していった。これまでの地図製作者が第一に心掛けたのは、特徴となる建物に注目することであり、その目的はたいていの場合、絵画的な手法で達成された。ところが、いまや都市の形を正確に記録することに重点がおかれるようになった。

　大都市の地図を作ることは、とくに厄介だったが、同時に格好の機会ともなった。なぜなら、立体的な表現という難題がつきまとったからだ。建物を立体的に描くことは建築の本質にかかわることであり、絵画表現のもつ大きな強みだった。だが、都市が成長するにつれ、縮尺や密度という問題が生じてきた。ロンドンがそのよい例である。16世紀にロンドンは急成長した（住民が多く、にぎわっていたロンドン南部郊外のサザークもこの時期に発展したが、当時の情景は1540年代に作られた手描きの地図で見ることができる）。マシュー・パリスのロンドン市街地図を見ればわかるとおり、規模が大きくなるにつれて、地図としてはしだいに実用性がなくなった。ウィリアム・カクストンが1480年に初版を刊行した『イングランド年代記』の1491年版には、木版によるロンドン市街図が収められているが、そこに描かれた家々の屋根、教会の尖塔、市壁などは昔ながらのスタイルで描かれている。

　時がたつにつれて、表現はより洗練されたものとなり、たとえば1616年のヴィスチャーによるロンドンの「複製」がその一例である。とはいえ、その一方で、16世紀の市

第1章　ルネサンスの都市　1450－1600年

街地図においても絵画的な表現はあいかわらず重要だった。そんなわけで、測量の時期が推定1570年から1605年、ラルフ・アガス作と見なされ、ロンドンの最も古い（パノラマ図にたいして）正確な地図と呼ばれる図にも、さまざまな絵画的要素が残っている。テムズ川には白鳥や船が浮かび、陸上には人びとや樹木や鹿の姿が見える。リチャード・ライン作成のすばらしいケンブリッジ地図でも同じように、部分的に挿画を用いながら、街路や中庭は正確に表現されている。

印刷されたロンドン地図の第一号とされる1559年の「銅版地図（カッパープレートマップ）」（p.46－47参照）や1593年のピーテル・ファン・デン・ケーレの地図（一般に、版元であるジェームズ・ノーデンの地図と呼ばれる）にも、木の1本1本や人びとの姿が描かれていた。だからといって、これらの描写は地図の正確さを損なってはいない。

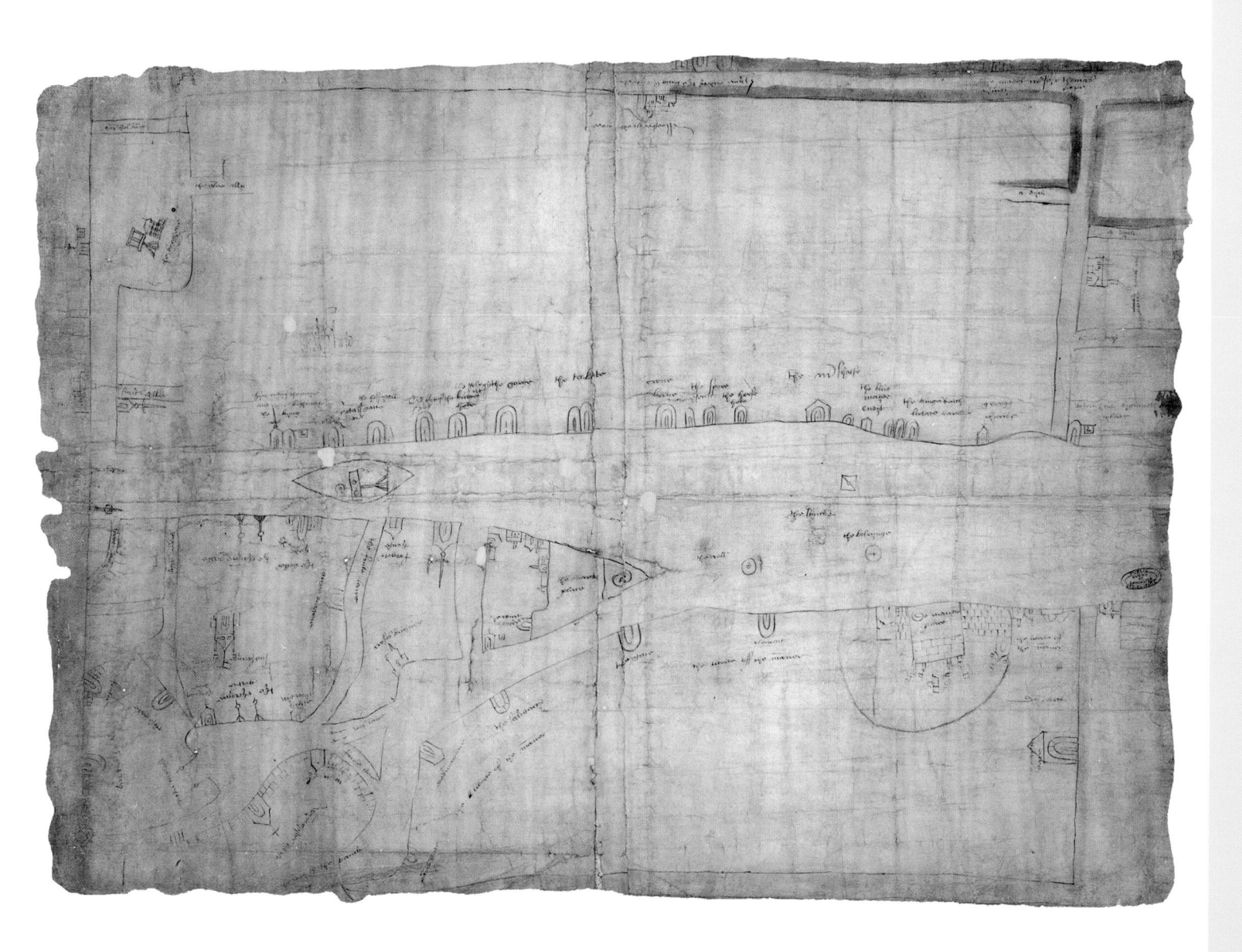

【左】サザークの手描きの地図、1542年頃　サザークはテムズ川南岸に位置する地域である。ロンドンのシティに入る唯一の道筋は古いロンドン橋であり、南から来た旅人や商人はすべてここを通るしかなかった。そのため、サザークもそれなりに重要な地域となったが、とくに有名だったのは、通り道であるこの場所を中心として周辺まで多くの旅館ができ、近所のグローブ座のまわりに大人向けの娯楽施設が集まったことである。右側を北にして、バラ・ハイ・ストリート沿いには、ザ・ジョージやザ・タバードといった多くのイン（チョーサーの『カンタベリー物語』に巡礼の溜まり場として描かれて有名になった）に加え、教会、マナーハウス、また処刑用の晒し台や闘牛場などが描かれている。

【右】ヴェネチアの鳥瞰図、1500年、ヤコボ・デ・バルバリ（1440年頃－1515年）作　ヴェネチア全景を描いたこの都市景観図はルネサンスでもまれに見る木版画の大作である。この図によって、絵画の1ジャンルとしての鳥瞰図は大きく進展することになった。デ・バルバリの描き方はきわめて精緻かつ正確である。現在はもうなくなっている運河も見られる（この地図は歴史家にとってもすぐれた史料となる）。サン・マルコ広場に立つ鐘塔は1489年の火災のあと、仮設の屋根がついている。デ・バルバリは通りや建物を詳細に調べ、さまざまな鐘塔に登って高所からの眺望を得た（ヴェネチアは60の区に分かれていたので、それぞれの塔を測量地点にした）。その結果、この地図はフォト・デジタル加工のような新機軸をとりいれた作品となった。部分的な視点を合成して、総合的な景観をまとめあげたのである。きわめて科学的な方法をとりながらも、この地図にはさまざまな象徴がとりいれられた。ネプチューン（ネプトゥルネス）とマーキュリー（メルクリウス）が描かれているのは、ヴェネチアが神の守護を得て海上交通を支配してきたこと、そして商業によって莫大な富を蓄えてきたことを意味する。また、左側の形がわざと歪められているのは、イルカの形に似せるためだという説もある。イルカはギリシャ神話に登場する動物であると同時に、キリスト教徒のシンボルでもあった。

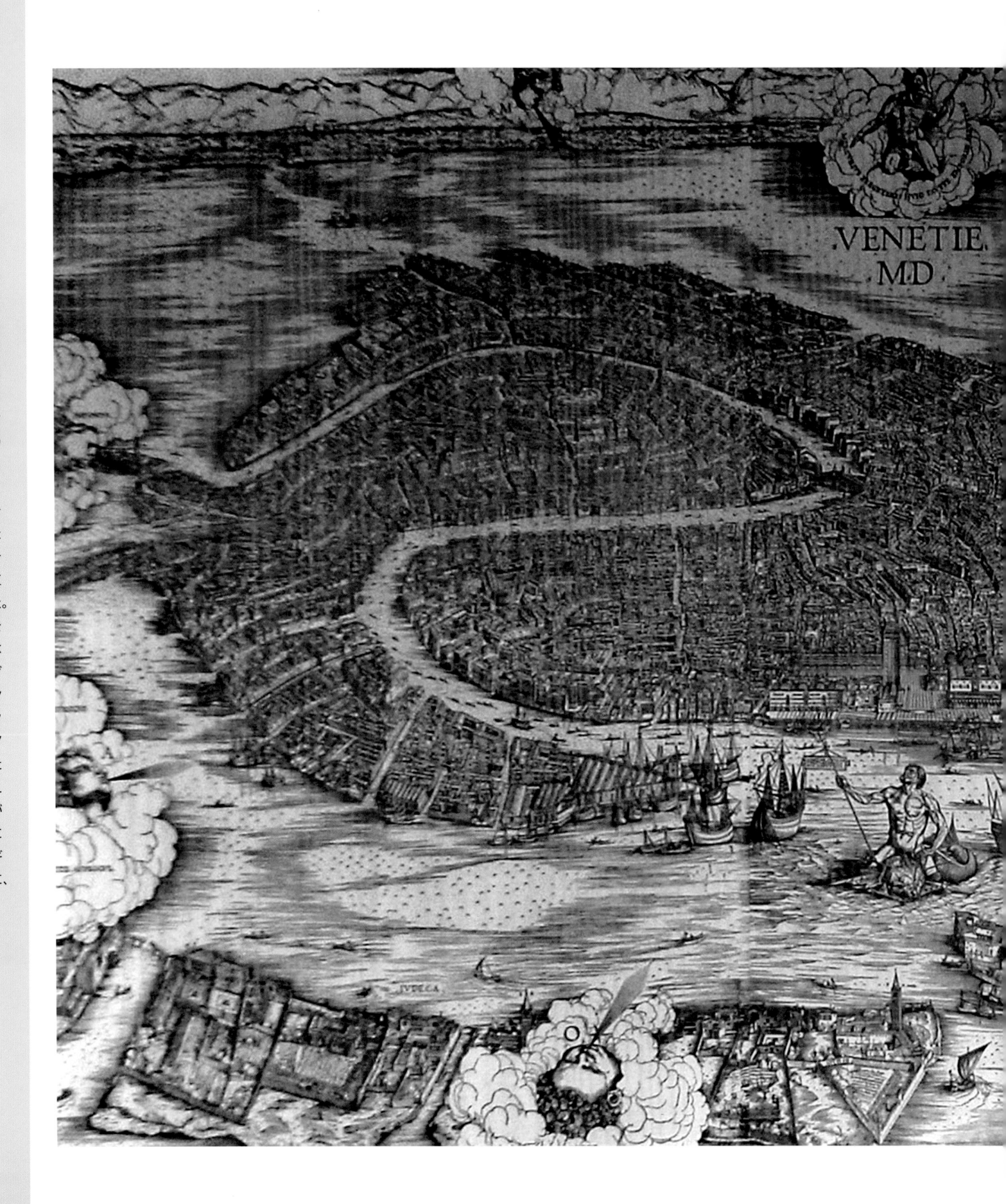

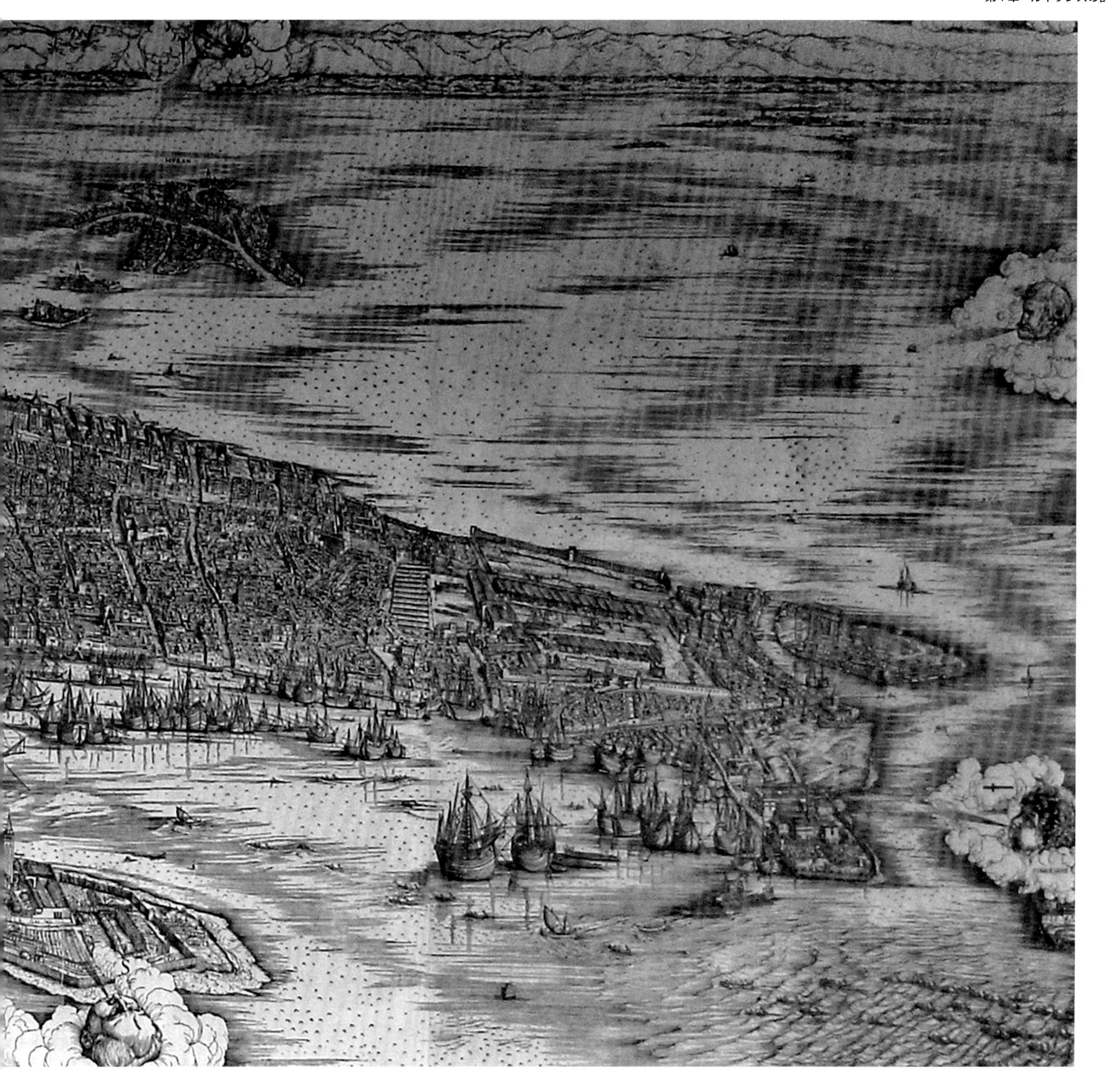

第 1 章　ルネサンスの都市　1450－1600 年

【右】**ケンブリッジの市街地図、1574年**

これはイギリスの大学都市ケンブリッジの市街地図として、知られているかぎり最古のものである。作者はリチャード・ライン（彼の紋章が左下にある）で、この地図が出版されたのはクリストファー・サクストンが画期的なイングランド全図の製作にとりかかってから1年後のことだった。ラインの地図は、イギリスの有名な町を描いた地図としては最も古く、エングレービングによる銅版画である。のちに建てられたり、あとで古典的な様式に再建されたりした大学のいくつかの建物をのぞき、この地図に描かれた建物のほとんどは今日も同じ形で見ることができる。なかでも堂々とそびえたつのは、キングズ・カレッジの礼拝堂である。この礼拝堂は1441年に国王ヘンリー6世によって建立されたが、当時この湿地帯の町はまだ港町だった。大学を建てる敷地を確保するため、国王は中心部にあった家や店や路地や波止場を買いあげ、取り壊して更地にしたが、川と大通りのあいだにあった教会まで取り壊された。土地の買収と取り壊しには3年が費やされた。礼拝堂の主要部分は1515年頃に完成した。"yards" "greene" "cawseys"といった但し書き付きで町の詳細な情報を盛りこんだだけでなく、ラインは本筋とは関係のない愉快なイラストもところどころに添えている。たとえば、キングズ・カレッジのそばには先の尖った靴をはいた釣り人が描かれ、右下の豚の飼育場には鼻先で地面をほじくっている豚が見える。

第1章 ルネサンスの都市 1450−1600 年

[左] レオナルド・ダ・ヴィンチによるイモラの都市地図、1502 年 作品の数々から一般に画家だと思われているが、レオナルド・ダ・ヴィンチ（1452−1519 年）はじつはすぐれた地理学者でもあり、測量と製図の技術に熟達していた。この地図は、教皇領イモラの要塞を調査せよというチェーザレ・ボルジアの命によって作成された。レオナルドは通りや野原を歩き、測量結果をメモし、きわめてユニークな表現を取り入れた。円形のなかに収め、円周を 8 つの方角に分割したのである。さらに、そのそれぞれを 8 つに分けた。「数学的な思考をもたない人は私の作品を読み解くことができない」という彼の言葉は有名である。

　各方角に書き込まれた文字はその方角の先に位置する都市の名前である。このように天頂から見下ろした地図は、ボルジアが要塞への攻め方を考え、防御の計画を立てるうえで有効な道具になったことだろう。青、緑、赤の淡い色彩は、近くを流れるサンテルノ川、防衛用の掘割、周囲の野原をあらわし、町のなかには赤いタイル屋根の家々が見える。

[右] カルタ・デッラ・カテナに見るフィレンツェのパノラマ、1490年 このフィレンツェの景観図はフランチェスコ・ロレンツォ・ロッセリ（1449－1513年頃）が、有名なピアンタ・デッラ・カテナ（「鎖の地図」の意）をもとに描いたものである。ピアンタ・デッラ・カテナは1470年から1480年頃に作られた木版画で、多くの人に愛されたフィレンツェのイメージを定着するうえで重要なものとなった（鎖の地図という名前の由来は、原画の左上の部分が錠のついた鎖につながれていたことからくる）。ひしめきあう家並みや四方八方に広がる通り、広場など、すべてを含めて大都会の中心部を残らず描きだそうとした点において、ロッセリのこの地図は地図製作の歴史上初めての試みといえる。建築物では、市民の力や宗教的権威を象徴するものが目につく。ヴェッキオ宮殿、ポデスタ宮殿、新しくドーム屋根のついた大聖堂などである。市壁に近いところでは、サンタ・マリア・ノヴェッラ教会、サンタ・マリア・デル・カルミネ教会、サント・スピリト聖堂などの周囲に家がひしめいている。アルノ川には中世以来の４つの橋がかかっていて、川の上でも堤でも人びとのさまざまな営みが見られる。とくに目につくのは漁業である。

　画面の右前景には、紙の上に市壁を描いている画家の姿が見え、そのようすから、市街の南西から描きはじめたことがうかがえる。線を用いた表現は中世の描き方だが、遠近法による写実主義という近代的な試みもとりいれられている。

FIORENZA

[右］**ドイツの都市アウクスブルクの鳥瞰図、1521年** 1519年に神聖ローマ皇帝の座についたカール5世に捧げられ、製作費の一部をアウクスブルクの裕福な商人の一族であるフッガー家（カールの皇帝選挙費用として多額の金を寄付した）が負ったこの景観図はアウクスブルクを西側から眺めたもので、科学的な調査をもとに描かれ、通りや建物の細部が見てとれる。繁栄したこの都市は通商と金融の中心地であり、活版印刷の重要な拠点でもあった。ドイツの東アルプスから北イタリアのポー川峡谷まで、ブレンナー峠を経由する大きな街道沿いに位置するという地の利のおかげだった。ローマ時代以来、ブレンナー峠は北ヨーロッパからイタリアに至る重要な経路だった。デ・バルバリのヴェネチア地図の影響が見られるこの地図は、アウクスブルクの金細工職人で、その他の芸術的才能にも恵まれていたイェルク・セルト（1454年頃－1527年頃）の手になるものである。この地図のための調査は10年足らずでなされたといわれている。アルプス以北では知られているかぎり最古の都市地図である。

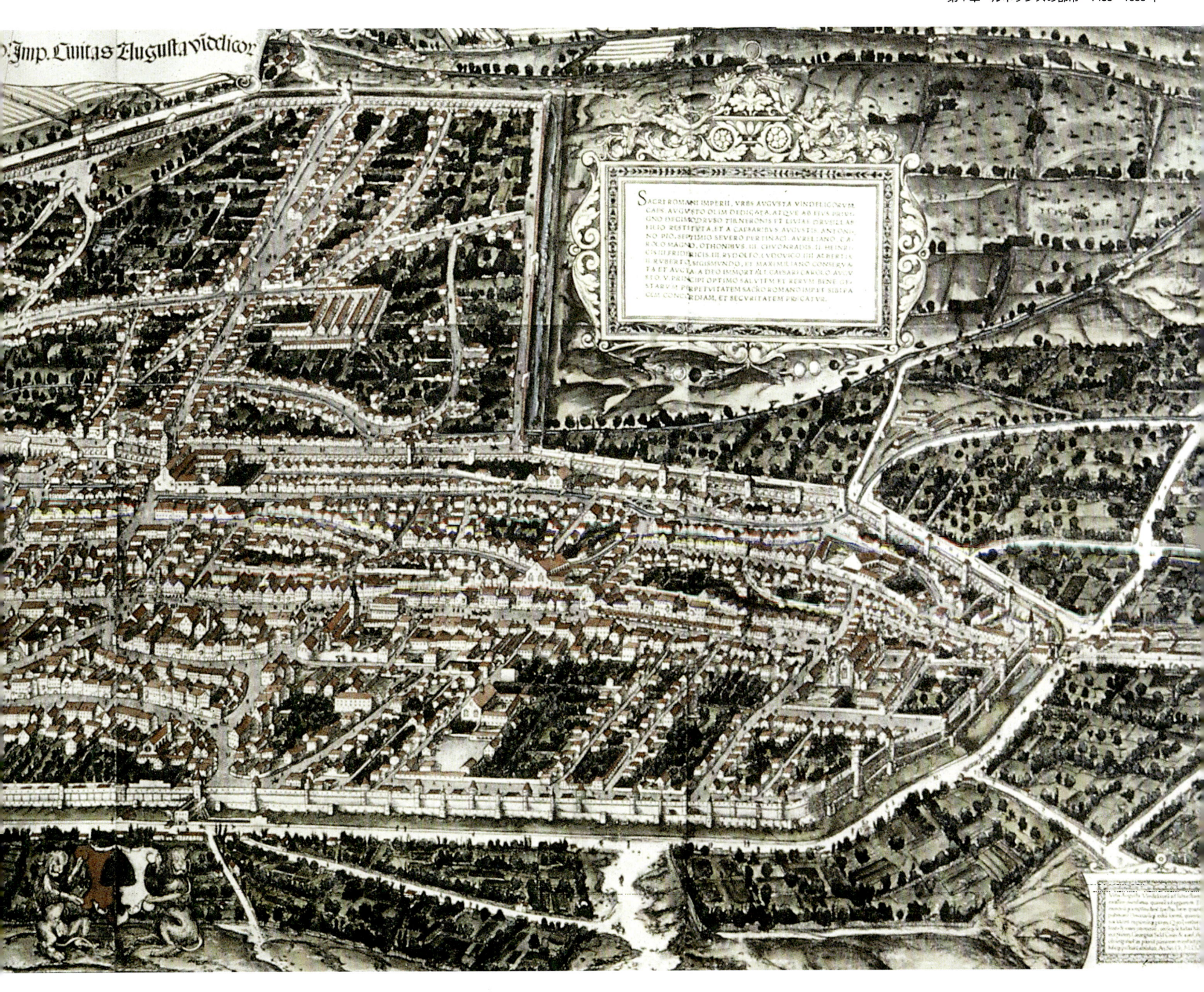

第 1 章　ルネサンスの都市　1450－1600 年

ヴェネチア——ラグーンの宝石

海洋貿易の一大中心地だったヴェネチアがヨーロッパの都市のなかでもとくにユニークなのは、ラグーンに位置するという条件によって、もとの形が保たれてきたことだった。その歴史の大半を通じて、ヴェネチアは教皇庁と密接な関係をもち、東地中海および東洋の諸都市との通商特権を得てきた。ヨーロッパのフランク王国（カロリング朝）および東ローマ帝国とのつながりによって、ヴェネチア市とその商人たちは富を増やし、影響力をふるうようになった。

[左] ハルトマン・シェーデル『ニュルンベルク年代記』より、1493年 ニュルンベルクの医師で愛書家のシェーデルは学者のグループを先導し、これまで難題とされていた、活版活字と木版画を同じページに配置することに成功した。この年代記には、ここにあげたような都市景観図32点と、それより小さいその他の都市地図84点が含まれた。

[右] ブラウンとホーヘンベルフ作『世界都市図集成』より、1574年 150か所以上のおもな建造物が描かれ、行進するドージェの挿画が添えられたこの地図には、興味深い註釈も付されている。ブラウンの記述によれば、この都市は6つの地区に分かれている。そして、岸辺近くに2つの巨大な円柱が立っていて、そこは罪人が罰される場所だという。この都市の通りは運河と交差し、木製および石造りの橋がかかっていて、「その数はゆうに400を数える」とのこと。

ブラウンはさらに、何百万もの木の杭に支えられて密集するおびただしい数の建物と180もの運河について述べ、大運河にかかる橋はリアルト橋だけだともいっている。この橋はもともとは木造だったが、1591年に石の橋に架けかえられた。上部にはムラーノ島が描かれている。13世紀には、火災を防ぐために、ヴェネチアのすべてのガラス工房がこの島に移された。港には大小さまざまな商船と地元のゴンドラがひしめきあっている。

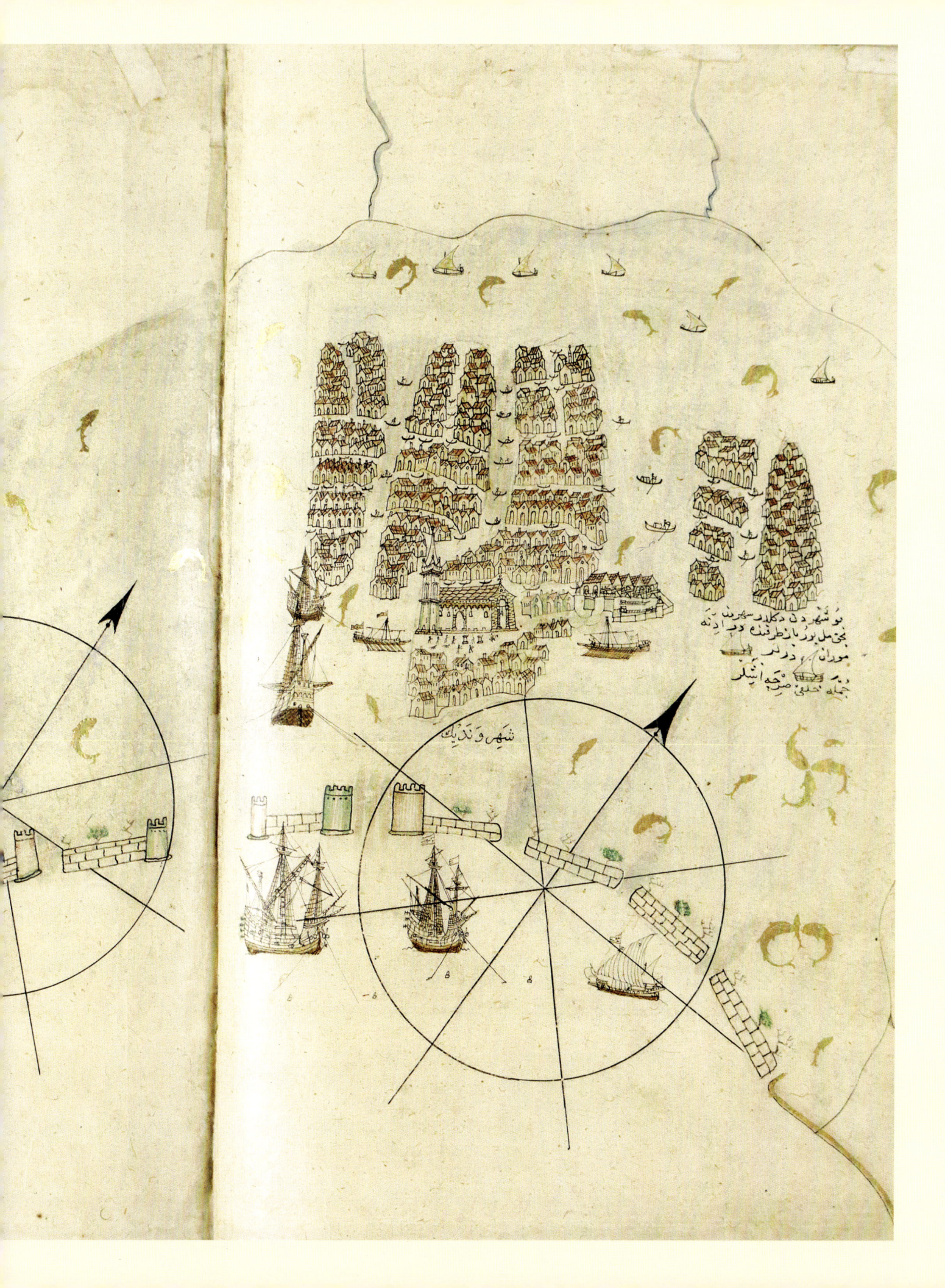

第1章 ルネサンスの都市 1450−1600年

【左】『海洋の書』ピーリー・レイース作、1525年頃 レイースはオスマン帝国海軍の提督で、地図製作にもたずさわり、すばらしいポルトラーノ海図をいくつも作った。この『海洋の書』は海洋航海術にかんする学術書で、海図および海岸線の解説が含まれ、地中海および黒海沿岸の諸都市に加え、西は南仏からスペインまでの記述がある。

ブラウンとホーヘンベルフの地図にくらべると、レイースの描いたヴェネチア地図はかなり様式化されていることがわかる。ラグーンに浮かぶ島には建物が密集している。そびえたつ教会などが目印になっているが、それらは科学的な調査による描写というより、リアルな感覚で描かれている。

領地をめぐる争いがあったとはいえ、この地域ではヴェネチア人とオスマン帝国の人びとは共通の利益を求めて、おたがいの経済活動を成り立たせていた。相互に交流があり、そこには思想や貴重品も含まれた。おそらく地図や地図の版木などもやりとりされたはずである。

レイースの本には1521年と1525年の2つの版がある。だが、3つめの、より豪華な装飾がついた版は17世紀後半になって作られた。その違いは、素材と色彩をぜいたくなものにして、豪華さを増した点にあるようだ。

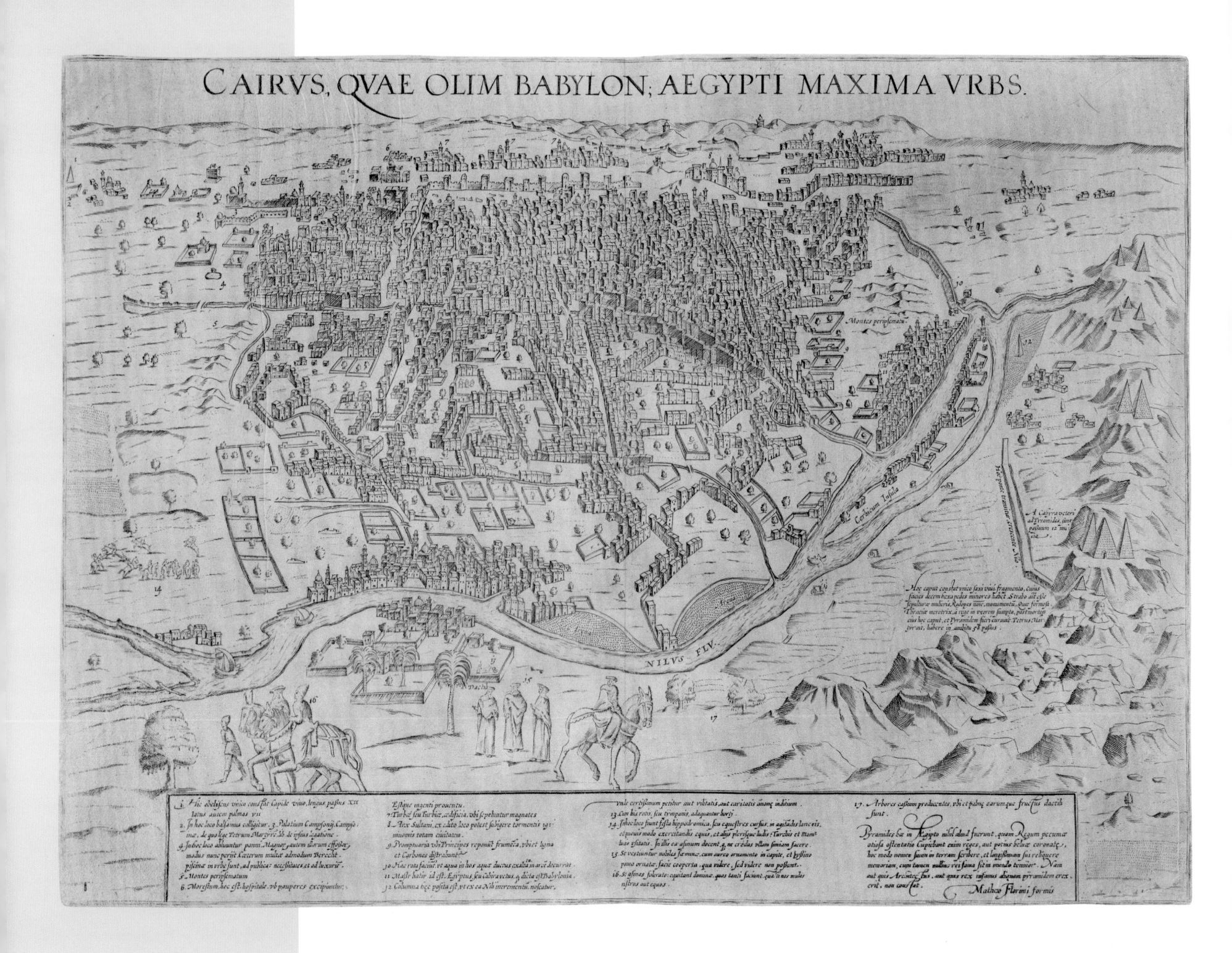

【上】カイロ、シエナの地図製作者マッテオ・フロリミ作、1600年頃 ブラウンとホーヘンベルフによるカイロの地図をもとにしたフロリミの地図は、ナイル川の対岸の高所から見下ろした情景を描いている。このエングレービングは『バビロンの諸都市』に収められたもので、画面右手には有名なピラミッドやスフィンクス、オベリスクが簡略な図で描かれている。一方、ブラウンとホーヘンベルフによる地図は、マッテオ・パガーノの木版画（1549年頃）をもとにしたと思われる。送水路の位置からして、パガーノの情報はかなり古いもののようだ。

第 1 章　ルネサンスの都市　1450－1600 年

［左］カイロの地図、ピーリー・レイースの『海洋の書』より、1525 年頃　美しく彩色されたこの地図は、ナイル川をさかのぼってカイロまで行ったピーリー・レイースの内陸航海の成果である。ナイル川の西岸にギザが見える。そこから、地図の上が南、下が北だとわかる。カイロの東上に位置するムカッタム丘陵は左上に描かれている。地図の中心となる建物は、1176 年にサラーフッディーンが建設に着手したカイロの城塞である。この城塞はマムルーク朝によって拡張され、二重の囲いをもつ複雑なものとなった。1517 年にエジプトがオスマン帝国に征服されたあと、さらに拡大された。反乱勢力への防御のために城塞の存在価値はさらに増した。現存する城塞のほとんどはオスマン帝国時代のものである。ナイル川と城塞のあいだには水道橋があり、二重になった城壁も見える、塀の内側の右下隅には宮殿が見える。下にある囲いの左側には、丸屋根をもったモスクを中心とする建築群が描かれているが、これはスルタン・ハサンの霊廟をかねたモスクとマドラサ（学院）である。水道橋の周囲の草木が茂った一帯は、今日のガーデンシティ地区に相当する。

[右] アルジェの地図、ブラウンとホーヘンベルフ作『世界都市図集成』より、1575年 アルジェとチュニスを拠点とするガレー船団は地中海一帯およびその先の海域で商船を襲撃し、キリスト教の支配圏を脅かす存在となっていた。バルバリア海賊と呼ばれるこれらは私掠船であり、キリスト教圏を襲って略奪品や奴隷を手に入れることが奨励された。こうした行為はジハードによって合法とされ、国家に利益をもたらした。1540年代には、カタルーニャやイタリア沿岸まで襲撃された。イギリス海域にまで侵略がおよんだため、アルジェに向けて何度か遠征隊が送られた。だが、そのたびに悪天候に阻まれ、アルジェの固い防衛の前に敗退した。この地図には、要塞のような配置の港とすぐそばの町が描かれている。11世紀に建造されたグランドモスクを含む5つのモスクが見てとれる。防波堤は市門から伸びて港に突き出ている。アルジェは1830年、フランス軍によって陥落した。

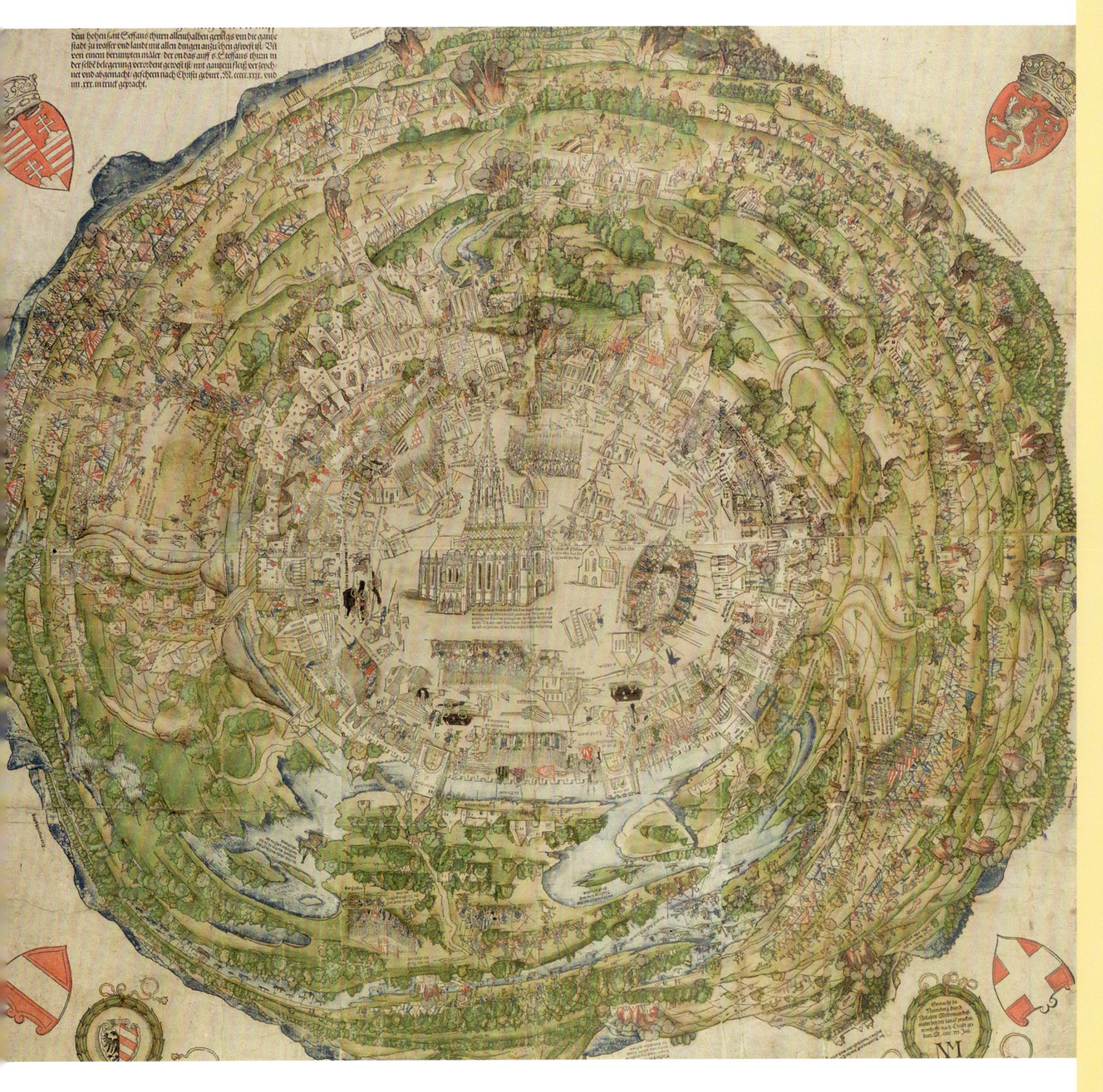

第1章　ルネサンスの都市　1450－1600年

【左】ウィーンの円形地図、ハンス・ゼーバルト・ベーハム作、1530年　オスマン帝国軍による1529年のウィーン包囲攻撃の直後、ニクラス・メルダーマンが出版したこの木版画は旧ウィーンの情報を満載した地図である。ザンクト・シュテファン大聖堂の尖塔から見た360度の眺めを描いたもので、円の中心に描かれた大聖堂は防衛にあたったドイツ人の傭兵ニクラス・フォン・ザルムの司令塔にもなった。周囲の田園地帯にはスレイマン1世の侵攻軍の姿が見られる。300年の歴史をもつ市壁は、市内のようすがわかるよう平らに描かれており、防衛軍の配置までよくわかる。ザルムは固い防衛線を構築し、市門を封鎖し、土嚢を内外の両方に積みあげて城壁を補強した。ウィーン防衛に必要だと思われれば、建物を引き倒しさえした。

　この襲撃に耐えたウィーンは、その後、もっと規模の大きな防衛用の城塞を築いた。この城塞はやがて1683年に再度オスマン帝国軍の襲撃にさらされた。

コンスタンティノープル──西と東が出会うところ

　この時代、キリスト教圏における最大の都市コンスタンティノープルの規模の大きさ、美しさ、豊かさ、壮麗さは、中世の西ヨーロッパ人の大半にはほとんど想像を超えるものだった。コンスタンティノープルの衰退についてはさまざまな理由があげられるが、第4回十字軍（1204年）の略奪は致命的な打撃を与えた。ヴェネチア人がコンスタンティノープル略奪によって財を増やす一方で、その行動が東方キリスト教圏の首都を終焉に追いこんだ。

【右】マトラクチュ・ナスーフ作『イラン・イラク遠征記』より、1537年　このコンスタンティノープルの景観は、かつてのブオンデルモンティの地図（p.24参照）に準拠している。しかし、それをもとにしながら大きな半島の視点は反時計回りに90度傾けられた。結果として、コンスタンティノープルは右側、ガラタは左側におかれている。描写はさほどリアルではないが、ナスーフは建物の素材に合わせて色彩を使い分けたようである。鉛の屋根は灰色、タイルの部分は赤で塗られている。建物は白だが、石造りの家は灰色、化粧漆喰の壁は黄色である。モスク、墓、公衆浴場など、建物の様式の違いもはっきりと見てとれる。

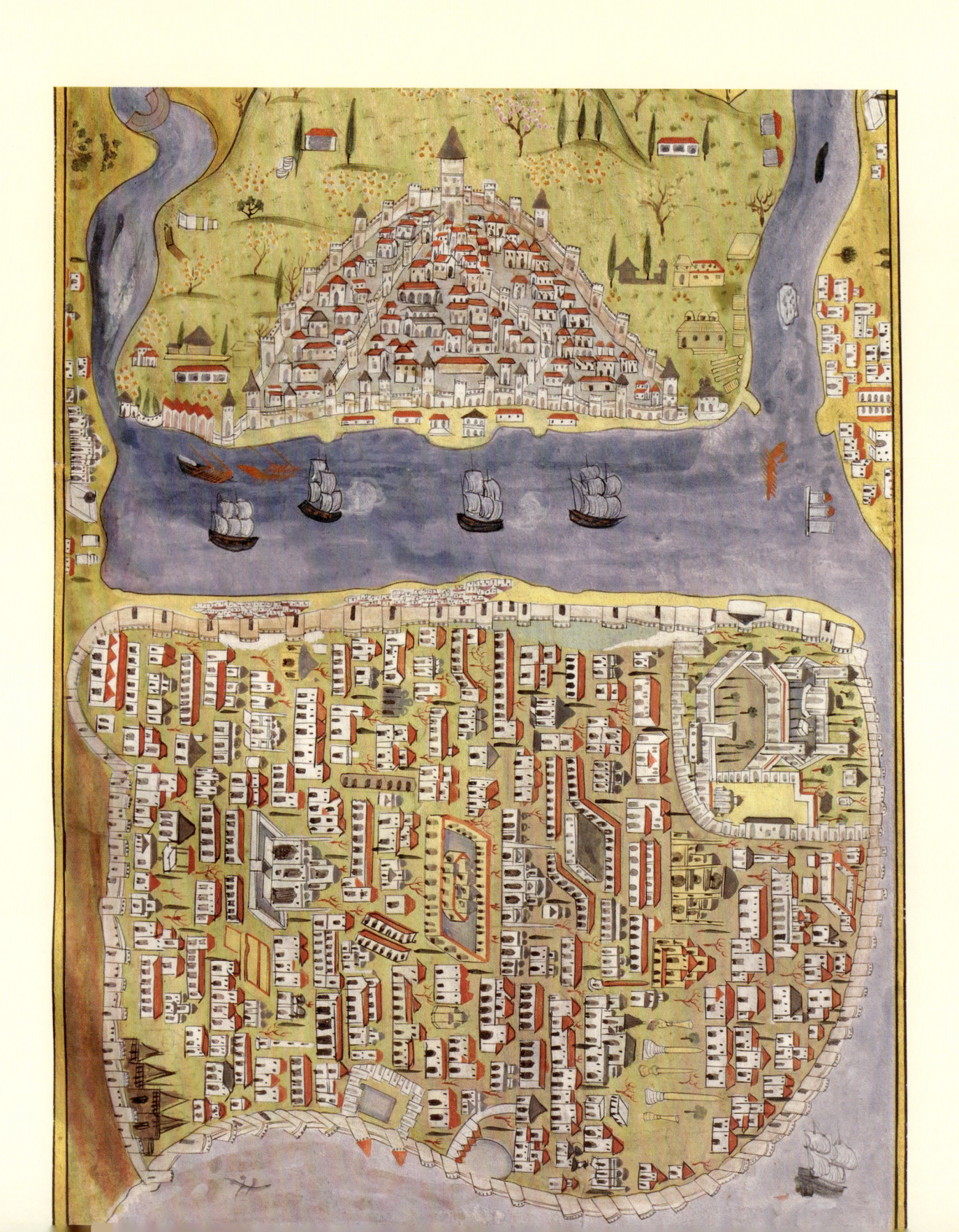

55

第1章　ルネサンスの都市　1450-1600年

[左] ブラウンとホーヘンベルフ作『世界都市図集成』より　東から見たこの鳥瞰図は、東ローマ帝国の変貌の過程を示している。前景にはオスマン帝国の有名なスルタンが描かれている。(前景で)とくに目につくのは、セラグリオ岬のトプカプ宮殿である。1459年頃から1465年にかけて、この宮殿は古代ビュザンティオンのアクロポリスがあった丘に建設された。ハギア・ソフィアにはすでに尖塔がある。

[下] ハルトマン・シェーデル作『年代記』より、1493年　324年以来、東方正教会世界を支配した帝国の偉大な首都を描いた図。想像によって描かれたさまざまな特徴にまじって、堂々とそびえる二重の城壁は細部まで正確に描写されている。

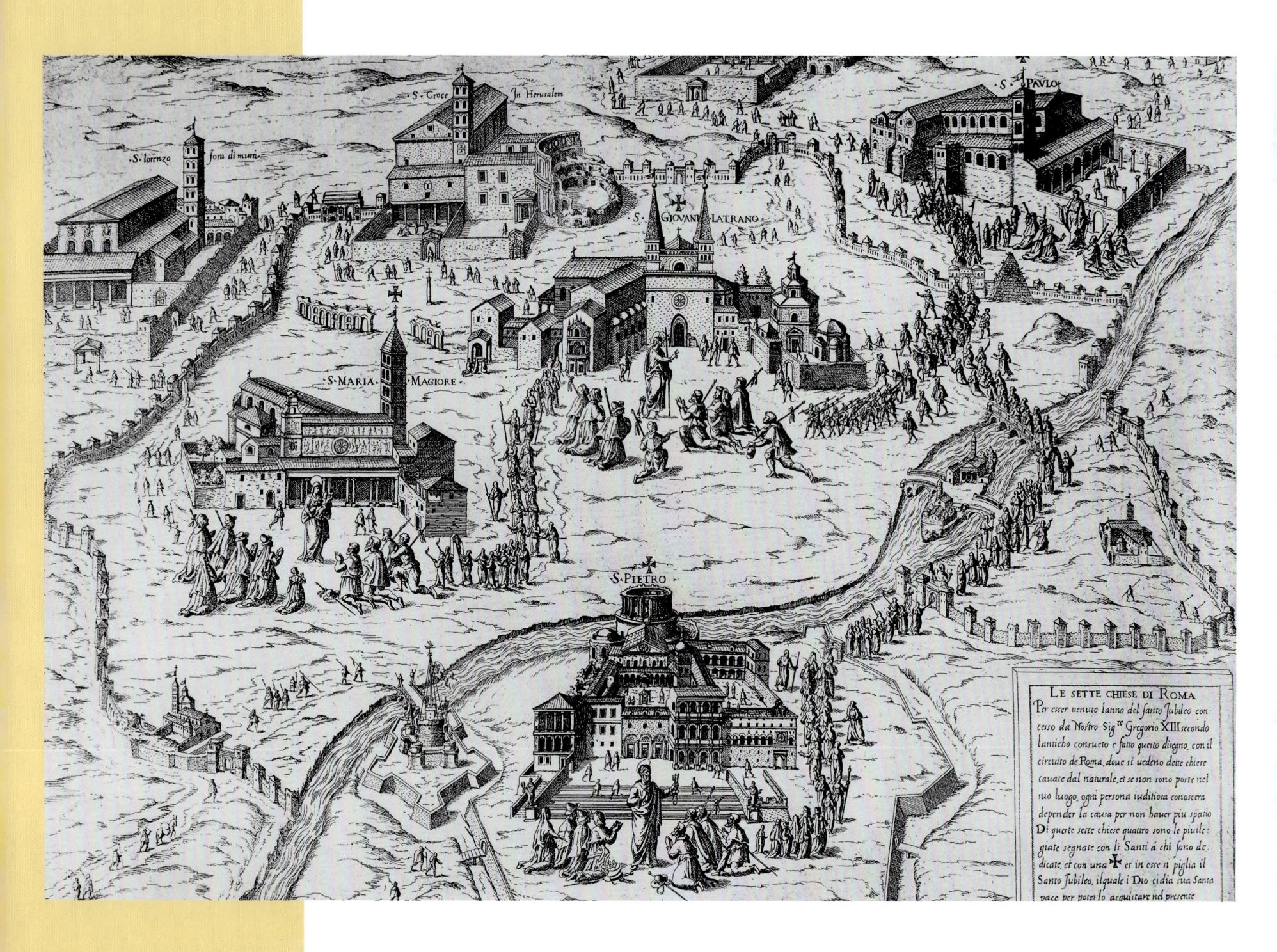

[上] ローマの7つの教会、アントニオ・ラフレーリにもとづく、1575年 この地図は、特定の主題をとりあげた地図の一例である。したがって、主題に関係のないほかの部分は省略されている。ここに描かれた7つの教会は、とくに大きなバシリカ聖堂であり、巡礼がめざす場所として有名だった。前景にあるのは、まだ円形ドームのないサン・ピエトロ大聖堂である。

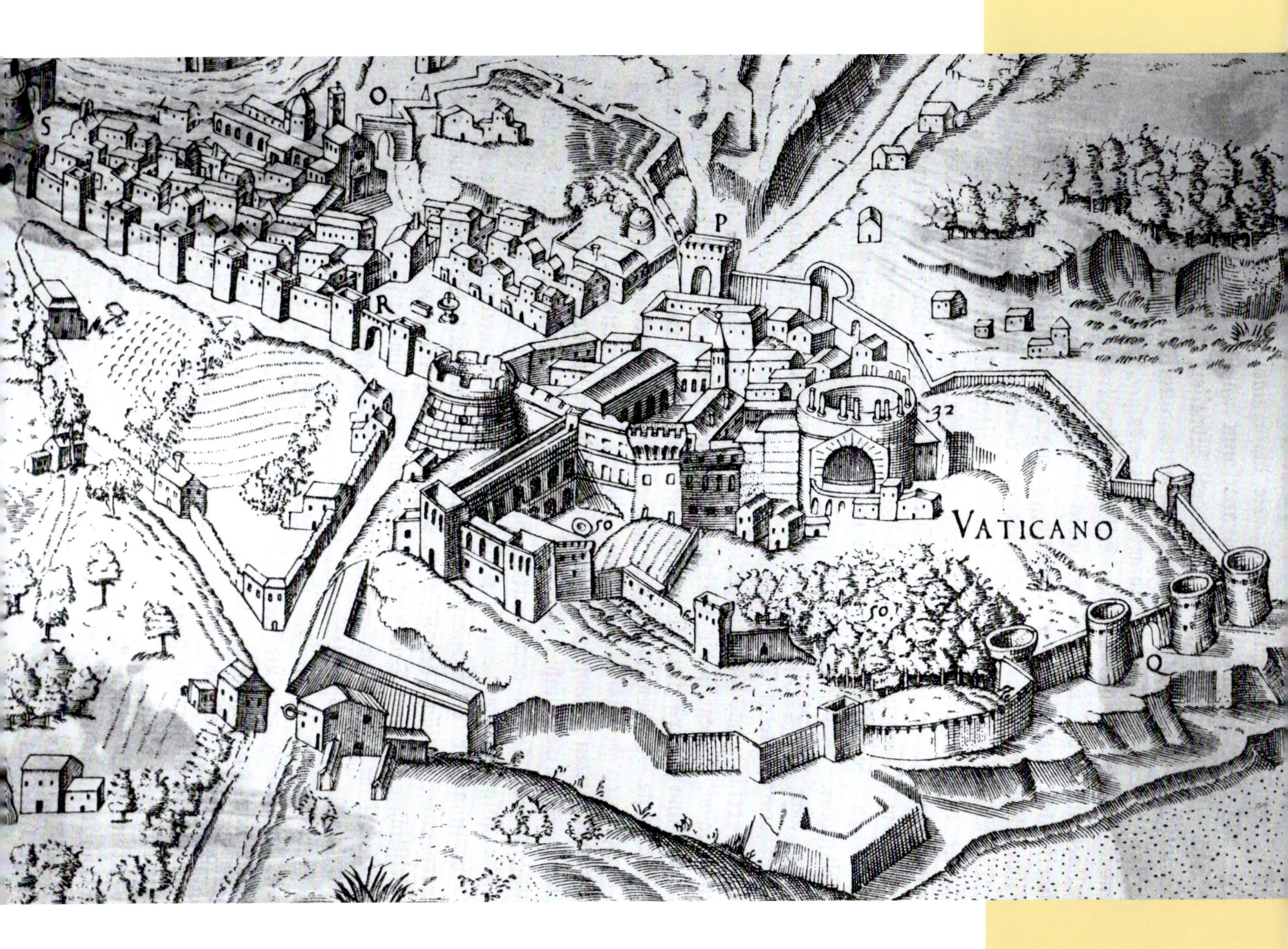

【上】ヴァチカン地区の地図、バルトロメオ・ファレティ作、1561年
サンタンジェロ城の要塞のなかにローマ皇帝ハドリアヌスの墓がある。
壮大な情景は、サン・ピエトロ大聖堂をめざす巡礼たちの目に、都市の
なかにあるもうひとつの都市という印象を与える。ここに見られるよう
な聖なる都ローマの詳細な地図は、印刷が発明された当初から、じっさ
いに旅する人と想像上の旅をする人の両方に求められてきた。ローマへ
行ってきた大勢の人びとの目を通して、どのようにローマが眺められ、
地図になってきたか（空間として捉えられたか）がうかがえる。

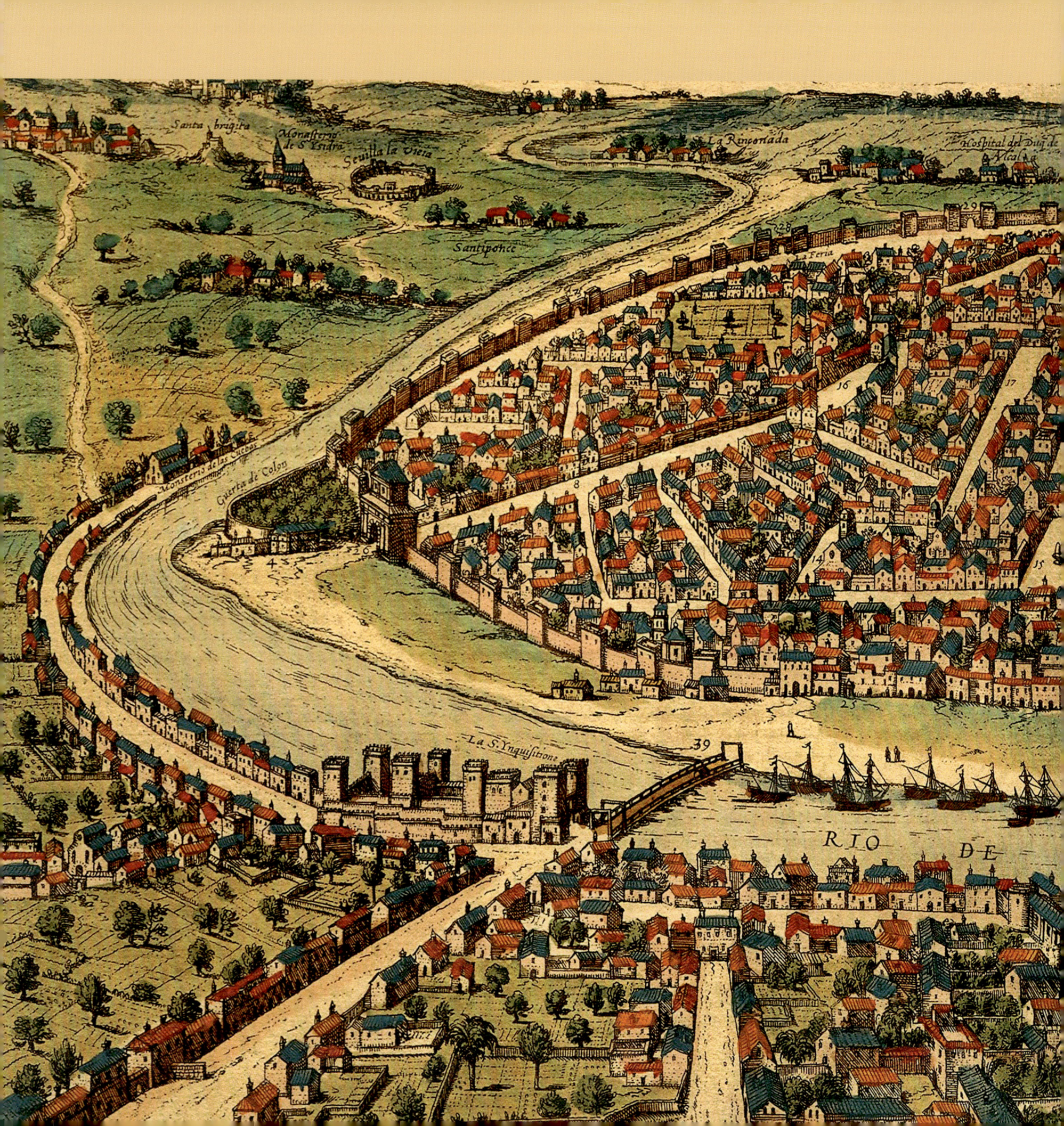

Santa brigita Monasterio de S. Ysidro Seuilla la Vieia La Rinconada Hospital del Duq. de Alcal
Santiponce
Monasterio de las Cuevas Huerta de Colon
La S. Ynquisitione 39
RIO DE

第2章　新たな地平と新しい世界　1600－1700年

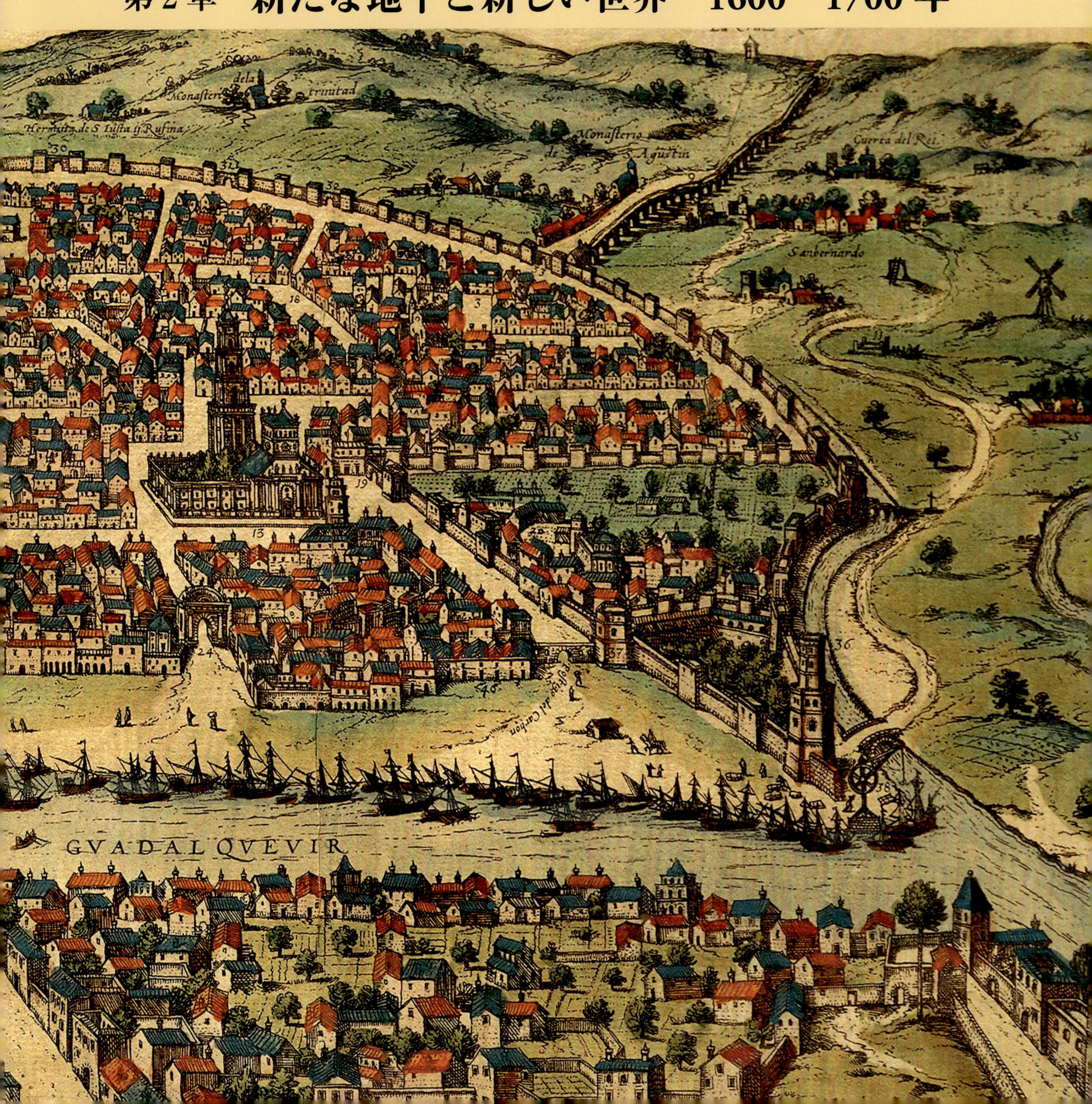

【前頁】**セビリア、1588年頃、ブラウンとホーヘンベルフ作『世界都市図集成』より** 銅版画の上に彩色されたこの地図は、内陸の都市セビリアを船乗りの多くが住む南西の地区から見たもの。対岸には船が停泊しており、すぐ近くには12世紀建造の舟橋であるトリアナ橋も見える。水道橋（右上）が作られたのは、この地域がローマ帝国の属州ヒスパニア・バエティカだった頃にさかのぼる。この地図には、名称のわかる建築物が140か所あまりもある。水道橋は、地元の人びとのあいだで「カルモナ水路」と呼ばれており、最盛期には400のアーチがあったといわれている。

【次頁】**ミラノと運河の地図** 富と権力の中心地はアルプス以北へ移りつつあったとはいえ、ロンバルディアの州都ミラノはいぜんとしてヨーロッパでも屈指の大都市のひとつだった。ミラノはインフラの整った都市としても有名だった。内陸の大きな川から水を引きこんだ大規模な運河網もそのひとつである。都市の外では、運河はポー峡谷の灌漑に役立つた。都心部では、飲料水の供給、移動ルート、産業用水として用いられた。この図で目につくのは星形の城塞とスペインのハプスブルク家が築いた城壁である。壁の右手には15世紀に建てられたラザレット（ハンセン病療養所）がある。これが取り壊されたのは19世紀末になってからだった。この建物には中心に祭壇があるのがわかる。

17世紀になっても、中国とインドはあいかわらず世界で最も人口の多い地域だった。したがって、大都市もこれらの国にあり、中国には北京や南京、インドにはアーグラ、デリー、ラホール、ビジャープル、ゴールコンダなどがあった。アジアの他の地域でもマラヤ南部のジョホールのような都市が通商の拠点となった。マラヤには他にもいくつか重要な都市があった。

新世界の植民地

だが、ヨーロッパの海洋帝国が勢力を拡大するにつれ、世界の反対側にある都市の重要性が増すことになった。世界規模の通商がしだいに形をととのえると同時に、新世界の都市が存在感を増していった。リスボンやセビリアはどちらも世界貿易の中心としてまだきわめて大事だったが、それらに加えて、この時期にはアムステルダムやロンドンといったヨーロッパの北寄りにある都市の役割がますます大きなものとなっていった。

それに加えて、ヨーロッパの海外領土に新しい都市が建設された。そのおもなものは北米とカリブ海にあった。ケベック（1608年）、ニューアムステルダム（1614年、のちのニューヨーク）、ポート・ロイヤル（1655年、ジャマイカ）などが一例である。1803年、ルイジアナ買収によって北アメリカの広大な土地をアメリカに売却する前、ヌーヴェル・フランスは地理的に重要な地点を2つもっていた。南のニューオーリンズと北のケベックである。セント・ローレンス川の崖の上に位置するケベックのおかげで、フランスは北米の内陸地方における交易や通信を支配下におくことができた。1718年に建設されたニューオーリンズはミシシッピ川の河口にあり、内陸部を流れるミシシッピ・ミズーリ川水系への船荷の集積地として繁栄した。

1609年にイギリス人のヘンリー・ハドソンが雇用主のオランダ西インド会社に提出した報告書によれば、マンハッタン島の南端、豊かな農地のすぐそばに安全な停泊地があるということだった。この湾は、イタリア人の探検家ジョヴァンニ・ダ・ヴェラッツァーノが1524年の航海で、十分な水深のある投錨地として報告していた場所だった。1626年までに、先住民族のレナペ族から60ギルダーでおよそ9000ヘクタールの土地を買い取り、オランダの交易所が築かれた。こうしてニューアムステルダム植民地が誕生した。

カリブ海の天然の良港ポート・ロイヤルは17世紀にはイギリスの主要な通商拠点だった。その繁栄の理由は、ひとつには貴重な品物を積んだスペイン船団にたいする略奪だった。しかし、1692年の地震で甚大な被害を受けてその運も尽き、湾をへだてたジャマイカ島にキングストンの町が築かれることになった。

1652年には、インド洋とのあいだを行き来するオランダ東インド会社の船の補給地として、南アフリカにケープタウンが建設された。イギリス東インド会社はつづいて、スタナーティに恒久的な交易所を築き、これがのちのコルカタ（旧カルカッタ）へと発展した。太平洋をはさんで東西に以前からあった多くの都市、たとえばリマやマニラなども人口が増えつづけた。

これらの都市は貿易の中心地であり、政府や公権力の所在地だった。また、帝国の主要都市と海外領地をつなぐ中継地点でもあった。その結果、これらの都市は海外で勃発する衝突の舞台となり、そのために要塞化することが多かった。ポルトガルはマラッカに防衛のための砦を築き、この地における利権を守ろうとした。この砦のおかげでポルトガルは1世紀以上にわたってマラッカを守りつづけた。やがて1641年、オランダがこの地を奪った。

都市圏の発展

都市の重要性と成長について論じるのが困難なのは、都市とはなにか、さらにいえば町とはなにを指すのかという定義がはっきりしていないからである。この時代の法律は、都市の大きさや機能にほとんど留意しなかった。フランスの一部では、市壁で囲まれ、王立裁判所の判事が任命された都市はすべて、規模や機能にかかわりなく、都市とみなされた。ポーランドでは、同じく規模や機能を無視したまま、同じ法律が適用されるという例が見られた。ロシアでは、地主不在の土地もめずらしくなかった。時代や、街の大きさ、その他の条件が大きく違っていたにもかかわらず、これらすべてが同じ法律や規則のもとにおかれ、法律の上では、個人や組織が所有する私有地と対照的な存在だった。

そのような定義では、機能的な面において限界があった。

そのうえ、町の定義にかんしても、当時の言語では共通の概念が存在せず、ヨーロッパ全体に通用する法律的な分類もなされていなかった。

さらに、現代的な考えが混ざりこむという問題もある。現代の定義によれば、都市とはある一定の有効な空間を意味し、その集合体がはたす最も重要な役割は都会ならではのユニークなライフスタイルを維持し、その中心となること

とである。ところが、そこには過去の多くの都市がもっていた農業生活という重要な役割が欠落している。

法的な分類をあてはめるのが厄介なのは、ある都市圏をひとつの都市（または町）として規定することが往々にしてむずかしいからだ。都市圏の利点とは法的特権によって守られることであって、人口の多さや経済的な機能は二の次となる。そして、その都市圏が、隣接する別の都市圏と

[右] **マラッカの地図、マレーシア、1620年代** 英名マラッカこと、ムラカはマラッカ海峡の重要な地点に位置し、マレー半島とスマトラ島の通商の要として、また東アジアと南アジアをつなぐ交易の拠点として発展した。この地域の沿岸には成長著しい都市が多数あったが、インドや中国との接点があるという地の利によってマラッカはとくに繁栄した。これらの都市は通商および海洋交通の要衝ともなったので、要塞化されることが多かった。1511年にポルトガルに占領されたあとのマラッカも同様だった。アフォンソ・デ・アルブケルケは港をみおろす自分の要塞にこの地の宮殿を移した。この要塞は、オランダが1641年にこの港を征服するまでの130年間、ポルトガル支配の象徴となった。このマラッカ要塞（ムラカ砦）が前景中央に描かれている。マラッカ川には屋根付きの木造の橋がかけられ、対岸にある旧市街と砦を結んでいる。その中間の地域には市場などができて、繁華街になりつつある。このようにマラッカは2つの地域に分かれ、それぞれの住人は人種が異なった。砦のある区域にはヨーロッパ人が住み、それ以外の開けたスペースには通商にたずさわるさまざまな人種が混在していた。図の上部には内陸の砦があり、教会の姿も見える。

協力しなければならない理由はこれといって存在せず、したがってひとつの都市として扱われるべき必然性もない。

このことが地図製作にも何がしかの影響を与えた。遠くにある飛び地が、隣接する都市圏に描かれることも多かった。都市圏にとって問題が起こるのは、とくに郊外や壁の外の地域が発展したときだった。この時代の都市を論じるとき、かならずその定義が問題になる。そもそも人口そのものが、なかなか正確に測れない。とくに過去の人口統計の多くは個人ではなく、世帯単位で計算されたからである。

都市と国家

17世紀にはスペインの支配下におかれたとはいえ、イタリアには都市を中心にした都市国家がいくつもあった。ロンバルディアの北にあったミラノ公国は、スフォルツァ一族による独裁的な支配で知られた。軍事工学へのスフォルツァの情熱はミラノに大きな痕跡を残した。ミラノの有名な運河網は拡張され、ナヴィリオ・グランデ運河をへてマッジョーレ湖畔の都市（ミラノの大聖堂の建材である大理石を産出した）につながることで重要な役割をはたした。

ヴェネチアやジェノヴァのような都市国家はかつての役割を保ちつづけた。16世紀および17世紀の西洋社会で、

第2章　新たな地平と新しい世界　1600-1700年

【左】ネーデルラントの17州、1648年、ヨハンネス・ファン・ドゥエテクム作　クラース・ヤンス・フィッセルが1610年頃に作成した「ネーデルラントの獅子像」と呼ばれる銅版画をもとにしたこの地図は（八十年戦争中の）12年停戦協定の時期によく見られた図柄であり、スペイン支配に対抗してネーデルラントの結束を保とうとする意図が込められている。強い市民意識を支えとして、新しい統一を求めるオランダの団結心と意欲が、寓話的な吠える獅子の姿にあらわされた（ネーデルラントの17州の輪郭をなぞっている）。左右にはネーデルラント北部と南部の偉大な商業都市の絵が並んでいる。多くの国民が、これらの都市こそネーデルランドの価値だと感じていた。なかでも、アムステルダムの立派な港はその代表と見なされた。

都市共和国は善政と市民の美徳のお手本として広く称揚された。共和制と密接に結びついていた古代ギリシャの美徳を思いださせるものだったのだ。公共の美徳は共和制を特徴づけるものであり、「均衡のとれた」組織をもつ国家の産物とみなされたのである。

　ネーデルラント連邦共和国（オランダ共和国）は、都市連邦のひとつの形として、その典型と考えられた。1100年頃に漁村として築かれ、1275年に初めて都市特許状をうけたアムステルダムはやがて製造および通商の街となり、17世紀には黄金時代を迎えた。アムステルダムの有名な運河が築かれたのはこの時期であり、1665年にはアムステルダム市民の誇りとこの都市の重要さを世に知らしめるために、壮大な市庁舎が建設された。

　しかし、多くの都市は独立した存在として政治を運営したいと願ってはいたものの、領土を接した国家として連携したほうが、諸都市にとってはより効果的な防衛になったはずである。辺境地帯にないかぎり、近代的な（そして費用のかさむ）要塞化や市民軍を必要としなかった。こうした国家は、領主である支配者たちの権力、財政的な資源をもつ地元の上流人士、都会のエリートたちの商業的な関心が組みあわさって発展した。

　こうした協力関係は世界中のいたるところで見られたわけではない。ほとんどの地域では、田舎と都会のエリートのあいだに民族および社会的な格差があった。そんなわけ

【右】バタヴィアの地図、1682年、アムステルダムの地図製作者ヤーコプ・ファン・メウルスによる出版　1619年以後、オランダは東インド諸島におけるオランダ勢力の中心としてバタヴィアを発展させた。オランダの都市計画と同じように設計され、運河で仕切られた街区、広場、並木のある道路などが作られた。この都市を支配するように海沿いにそびえるのは、重要な城塞（バタヴィア城）である。ここにはかつてジャヤカルタのスルタン領があった。

1650年頃に完成したバタヴィアの町は、城の対岸に位置する、壁をめぐらした要塞都市だった。チルウン川が防衛のための掘割の役割を果たし、灌漑用に整備された運河が周辺の果樹園や稲田に水を供給した。城は川の西岸に堂々とそびえ、港を見下ろしている。

裕福なオランダ商人は自分たちの豪邸も建てた。バタヴィアが「東洋の女王」と呼ばれた理由はそんなところにもあった。しかし、運河の淀んだ水と気候のせいで、極東からヨーロッパへ帰る途中に立ち寄った船乗りが病気に倒れることも多かった。マラリアなどの熱帯病から逃れるため、都市の南側の郊外に別荘を建てる人も増えていった。

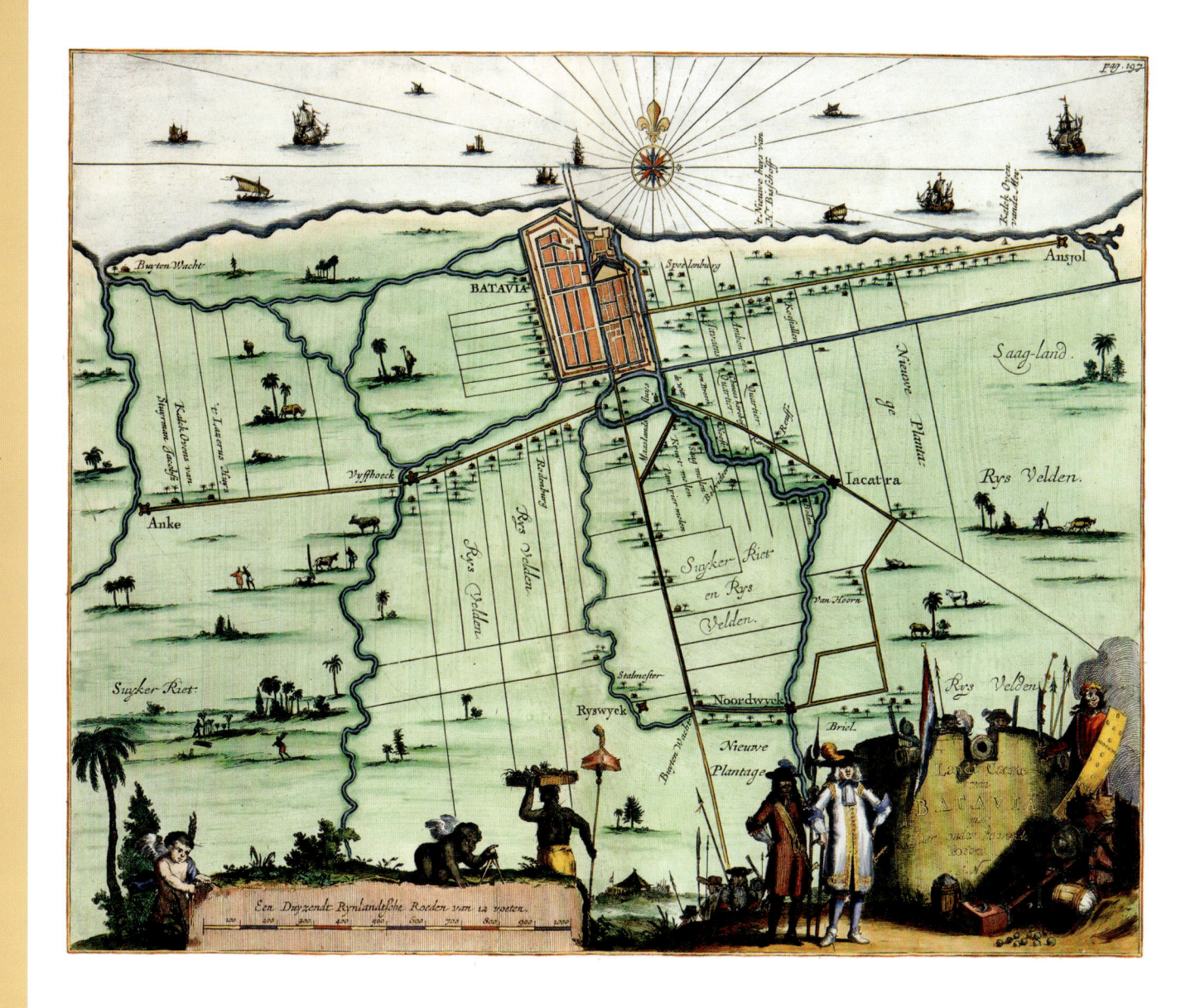

で、オスマン帝国の首都は偉大な港湾都市コンスタンティノープルだったが、田舎の領主であるムスリムのトルコ人エリートたちは、アレクサンドリア、スミルナ（イズミール）、サロニカ（テッサロニカ）といった商業の中心地で活動するキリスト教徒やユダヤ教徒の有力商人たちに少しも親近感をもたなかった。

ブラウンとホーヘンベルフの『世界都市図集成』（全6巻）につづいて、17世紀にはヨーロッパだけでなく、西洋の支配下にあったさまざまな地域で無数の地図や景観図が作成された。1659年には、ジャワ島にあったオランダの基地バタヴィアの大縮尺の地図が刊行された。1603年、オランダはジャヤカルタ（現在のジャカルタ、インドネシアのジャワ島にある）のチルウン川の岸に通商基地を築いた。

1619年、地元のスルタンが率いるバンテン王国の軍隊に襲撃されたが、撃退した。それ以後、この町は東インド諸島におけるオランダの活動の中心となり、バタヴィアと改名された（古代のオランダの部族名にちなむ）。その後も、この町はジャワ島の別のスルタン、マタラム王国のアグンの2度にわたる襲撃をかわした。地元の強力なライバルを退ける力を備えていたことの証拠である。

オランダの商業界が発展するにつれて、アムステルダムは地図製作においても主導的な存在となった。アムステルダムは世界に広がる通商網の中心となった。そのうえ、オランダの地図製作はオランダ絵画と結びついていた。両者が手を組んで、現実をリアルに描こうと試みたのである。

パリとロンドンの都市計画

アムステルダムのライバルとして、パリも地図製作の重要な拠点となったが、ここでの顧客はおもに王族と貴族であり、地図製作の文化という点でもオランダとはちがっていた。17世紀に大きく発展したパリでは、都市景観図の目玉となるのは王族の宮殿や大きな事業に関連した建物であり、たとえば、リュクサンブール宮殿、パレ・ロワイヤル、フランス学士院、パリ天文台、アンヴァリッド（廃兵院）などだった。17世紀末から地図製作の重要な中心地となったロンドンは、どちらかといえばオランダの状況に近かった。

1666年のロンドン大火では市街のほとんどが焼失した。古代の城壁に囲まれた181haのうち150ha、さらに西側の25haが焼け落ちた。その後、チャールズ2世は、よりよいロンドンが再建されるであろうと約束する宣言を出し、「炎に焼き尽くされるのではなく……炎によって浄化された、すばらしく美しい姿をふたたび世界の前にあらわすだろう」と述べた。

机上の設計図からは（景観図とはちがって）見えにくい一面をとらえて、国王はこうもいった。美観をそこねる汚

【左】**包囲されたケベック** 1705年に姓名不詳の画家によって作られたこの地図（左が北になっている）は、その数年前にケベックがイギリスの艦隊に包囲された事件を描いている。ケベックは1608年、セント・ローレンス湾を見下ろす平原に、ヌーヴェル・フランスの首府としてサミュエル・ド・シャンプランによって築かれた。この地図には、見晴らしのきく要塞都市が描かれ、その特徴となる建築物のいくつかも見られる。サン・ルイ城砦に守られたケベックの港は、広範囲な毛皮交易でにぎわった。ごく初期の地図からも、この都市が2つの部分に分かれていることが見てとれる。標高の高い地域には行政機関や宗教関係の建物が集まり、低地のほうでは商業や海運業が盛んだった。

ケベックはスペインに占領されなかった都市としては北米で最も歴史の古い都市である。堅固な防衛で知られ、メキシコ以北で唯一の市壁をもった都市となっている。

【右】ニューアムステルダム、1660年、ジャック・コートルユー作　カステッロ・プランと呼ばれる（原画がフィレンツェのメディチ城の所蔵だったことから）この図は、ニューアムステルダムを描いた現存するオランダの地図では最古のものである。オランダ風の急勾配の屋根をもった建物、多くの果樹園、庭園の区画などがはっきりと見てとれる。ニューアムステルダムはオランダが北米に築いた最初の植民地ではなかったが、立地のよさから、きわめて重要な存在になった。ピーター・ミヌイット知事とその後任の知事たちは、オランダの商業を発展させることが第一の任務だと自覚していた。この都市の初期の繁栄は、儲けの多い毛皮貿易で得られる富によって支えられていた。しかし、1630年代という早い時期からすでに、町がここに立ち寄る船乗りの要求を満たすのに多くを犠牲にしすぎだという不満も出ていた。先住のネイティヴ・アメリカンとの衝突はあったものの、植民地はしだいに北へと広がってゆき、農業が確立され、ニューイングランドの諸都市や世界との通商を拡大していった。オランダは1664年にこの植民地を失ったあと、1673年から74年には短期間だけ再占領したものの、すでにこの都市とロンドンとの絆は確固たるものになっていた。

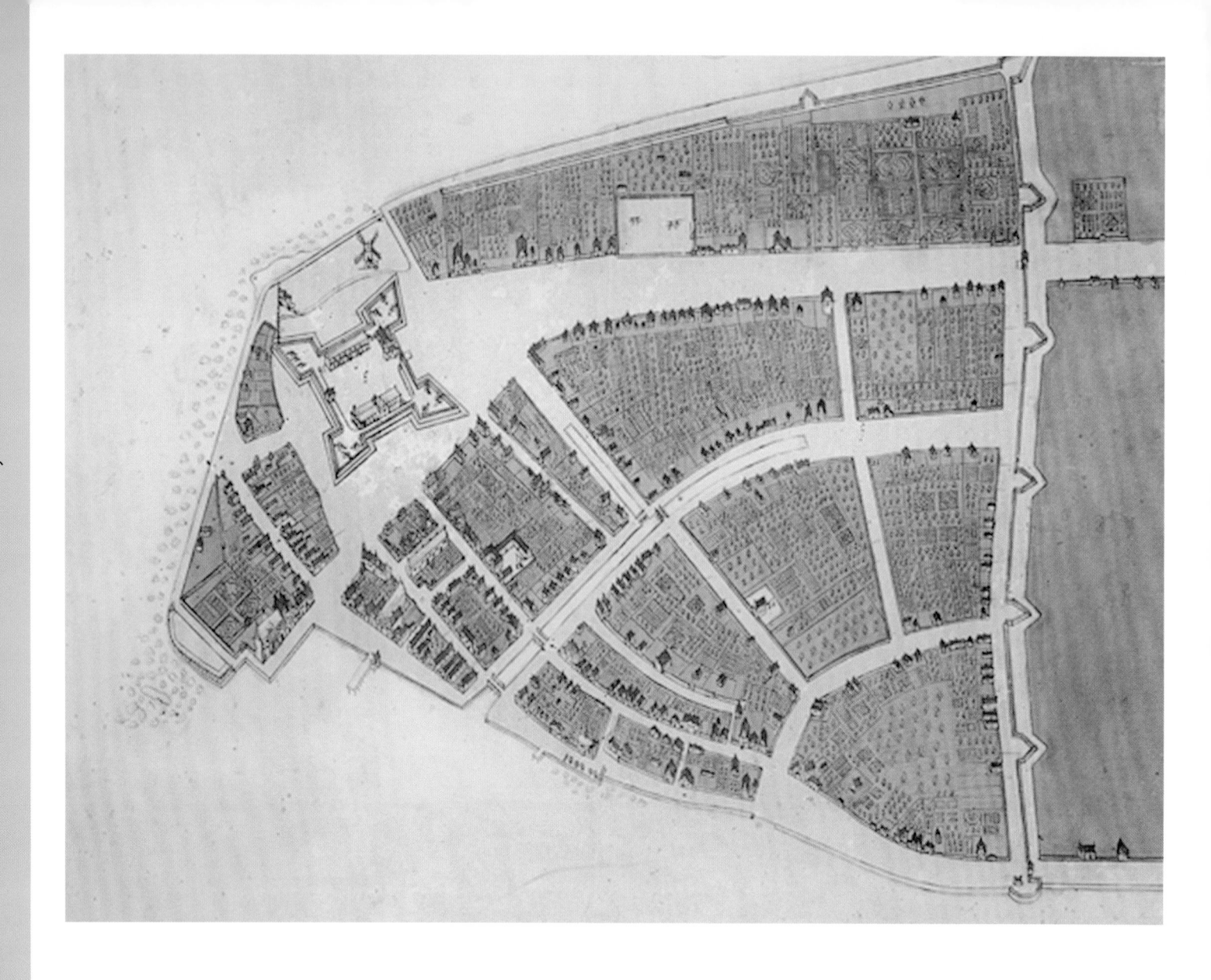

らしい商売が消えるから、川沿いの景色はこれまで以上によくなるだろう、と。こうして、ジョン・イーヴリン、ピーター・ミルズ、クリストファー・レン、ロバート・フック、リチャード・ニューコート、ヴァレンタイン・ナイトといった建築家がロンドン再建のための設計図を描いた。それらは近代的なプロジェクトとして意図され、より整然たる都市計画案をめざした。ヨーロッパの代表的な都市をお手本にしながら、この時代の好みを反映して、長くつづく堂々たる街路と直線的な構造をとりいれた都市計画案だった。

　道路が交差するところに広場を作ることを提案したイーヴリンは、街区（ゾーン）の重要性を説いた。とくに、上品な住宅地のある街区から下賤な商売を排除すべきだと主張した。レンの設計図には、中世の都市から引き継いだ細い路地や道路の代わりに、広々とした大通りが描かれていた。彼はロンドンの要となる2つの場所に注目した。ロンドン証券取引所とセント・ポール寺院である。レンの設計では、証券取引所から10本の道路が放射状に広がり、セント・ポール寺院前の広場はロンドン西部を通る3本の主要な道路が集まる場所になっていた。レンの案によれば、新しいロンドンはおもな幹線道路をもとに格子状にレイアウトされ、広場や円形の交差点が全体を結びつける要（かなめ）の役割を果たしていた。テムズ川沿いには広々としたテラスが築かれるはずだった。フックとニューコートはそれぞれ、ごく一般的な格子状のレイアウトを提案した。

　結局、いくつかの要素が重なって、ロンドン再建はむしろ断片的に、また無計画なまま進められた。迅速な再建が最優先とされ、さらには従来の地主や建物の所有者がさしだす資金をすばやく投入する必要があったのも少なからぬ理由だった。結果として、市の境界線にはそれほど大きな変化がなかった。新しく建設された道路は1つだけで、ギルドホールからテムズ川に至る新しい道だった。

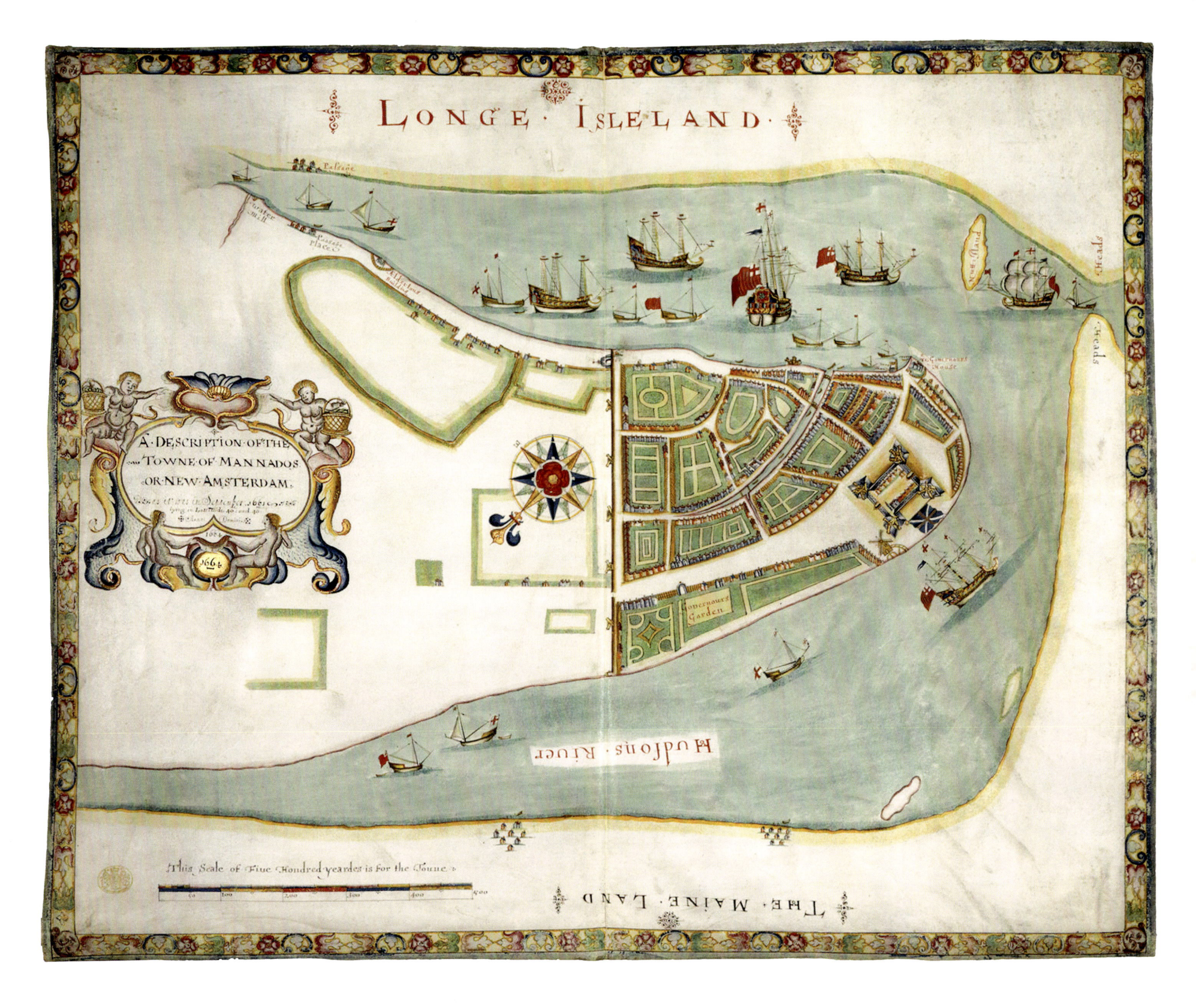

【上】ニューアムステルダム、1664年9月　「ニューアムステルダム」という名称が用いられてはいるが、港に停泊するイギリス艦隊から、この地図は1664年9月のものと思われる。つまり、ニューネーデルラント総督のストイフェサントが、ヨーク公ジェームズによって送りこまれたイギリス艦隊に降伏し、公の名前にちなんでニューヨークと改名されたあとのことである。ストイフェサントは近隣の植民地に秩序を押し付けようとし、そのため艦隊が到着したとき、彼に味方する者はほとんどいなかった。この地図はカステッロ・プラン（前頁）とよく似ているが、方向は180度回転して、イーストリヴァーが図の下にある。バッテリー（砲台）パークという名称のもとになった要塞が見られ、そのそばには風車もある。この風車はいまもニューヨーク市章に使われている。要塞に隣接するボウリング・グリーンから北に向かって伸びる長いまっすぐな通りはヘーレ・ストラートと呼ばれ、今日のブロードウェイにあたる。市の北側のはずれには尖った杭の打たれた水路があり、これに沿った道路が現在のウォール・ストリートである。ウィリアム・ストリートとブロード・ストリート（とその運河）は島の先端に向かって走っている。

【右上】ロンドンのシティ地図、ウェンセスラス・ホラー作、1666年　テムズ川北岸の白地の部分は、4日間におよんだロンドン大火で燃え落ちた区画を示している。左下の挿入図はウェストミンスターから郊外までが含まれ、これによって焼けた部分と焼けなかった部分の比較ができる。この火事で、古代の市壁にかこまれた市内181haのうち150haに加え、西側の25haが焼失し、1万3000軒以上の家屋、約90の教会、セント・ポール大聖堂、ロンドン市内のほとんどの橋が焼け落ちた。この地図は、空中からの視点（ロンドン塔などの焼け残った建物が描かれている）と平面図（建物が焼け落ちて空白になった道路）を組みあわせた点がユニークである。

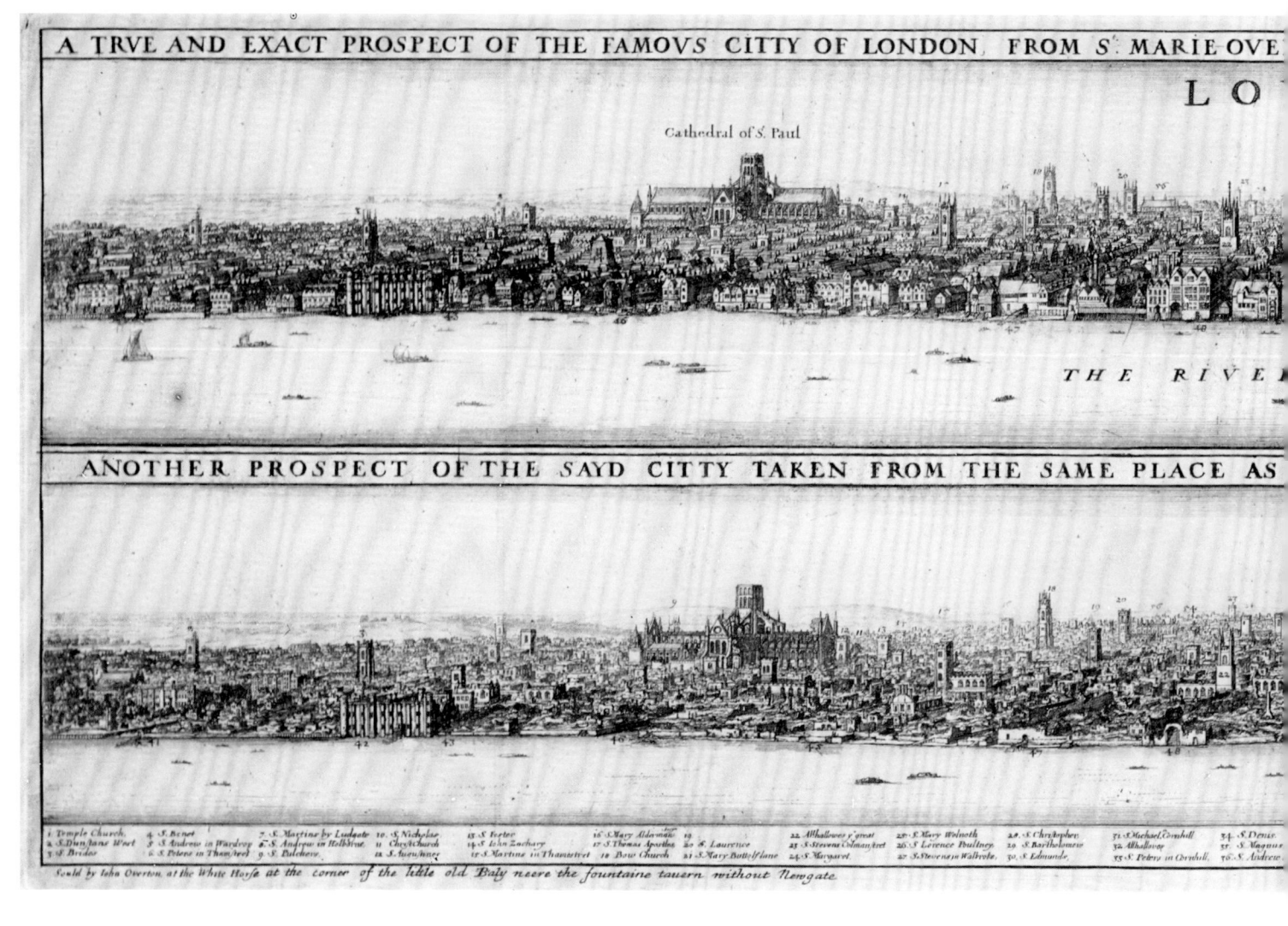

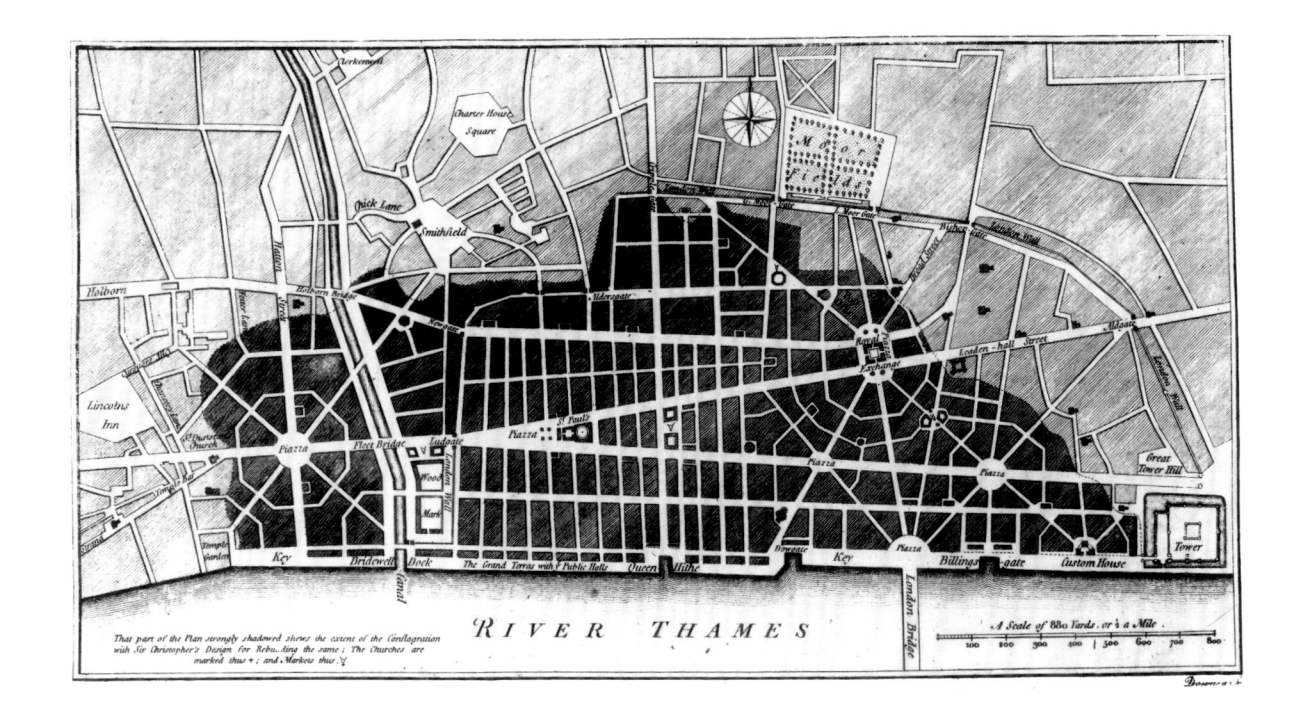

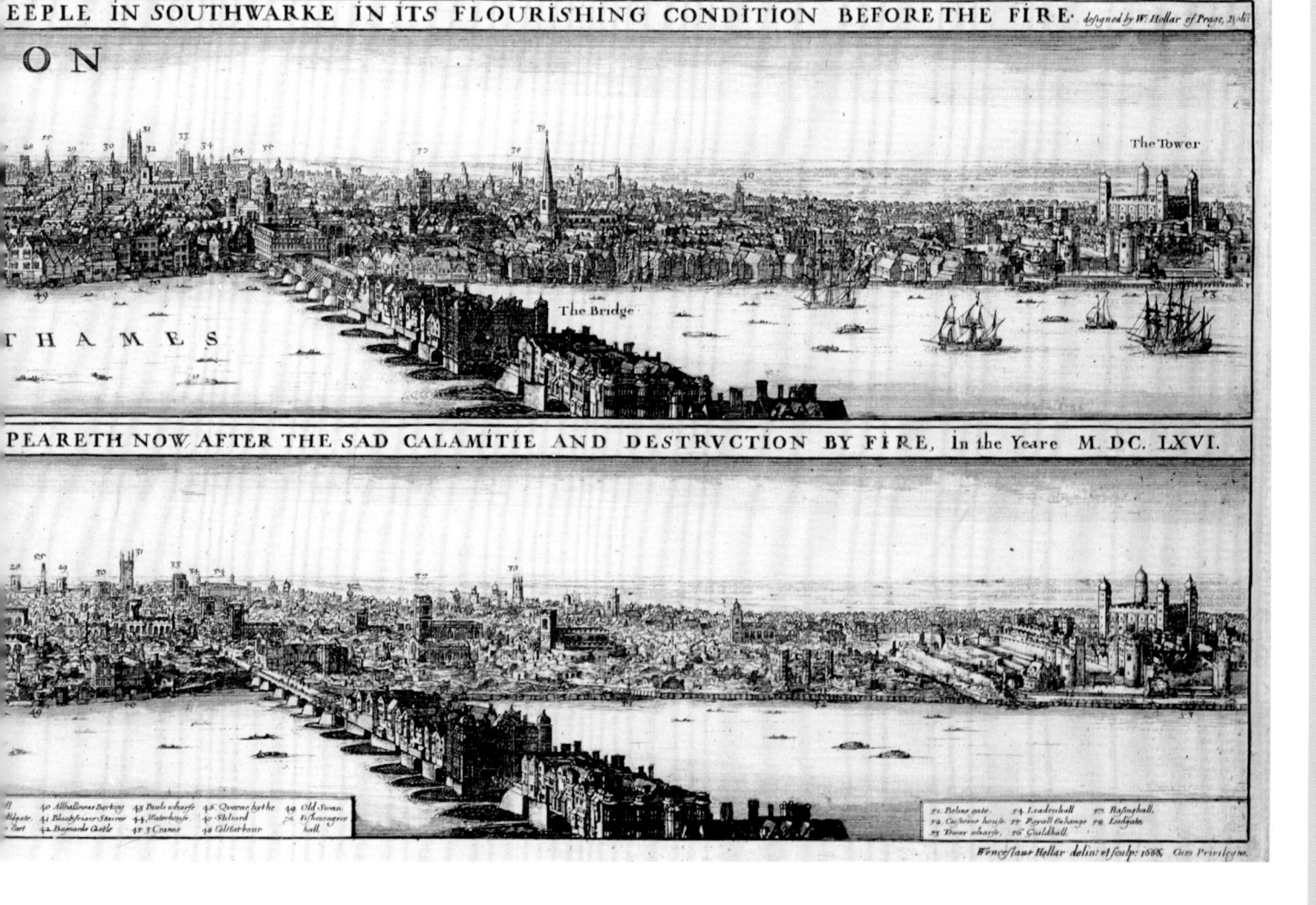

第 2 章　新たな地平と新しい世界　1600-1700 年

【左上・左下】クリストファー・レンによるロンドン再建案とホラーによる1666年の大火前と後のロンドン　クリストファー・レンの図の黒い部分はロンドン大火によって被災した地域を示している。レンの再建案は財政的基盤をほとんど無視していたが、それでも彼は多くの教会の再建を監督した。レンの考えは、ごみごみした古くて狭い通りを廃止し、広場を介して幾何学的に結びついた近代的な大通りに置き換えることだった。ヨーロッパで学んできた整然たる都市計画（ピエール・バトラーによるパリの都市設計のような）の影響があることは明らかだった。また、それまで木造の掘立小屋が水辺にひしめいていたテムズ川沿いのブライドウェルからロンドン塔までの一帯を倉庫街にするという改革案も出した。大火災の前後を比較したホラーの景観図はサザーク大聖堂の尖塔から見たもので、目印となる主要な建物が描かれている。

LA VILLA DE MADRID CORTE DE LOS REYES CATO

1. la Santa Cruz
2. Carcel de la Corte
3. Concepcion Geronima
4. el Colegio de la Compañia de IHS
5. Concepcion Franc
6. S. Millan R.
7. la Passion
8. Colegio de Atocha
9. la Trinidad
10. M.º de N.ª S.ª del Carmen
11. Calle de la Cruz
12. N.ª S.ª de buen suceso
13. M.ª de la Vitoria
14. N. S. de la milusa
15. S. Philippe
16. M.º de N.ª S.ª del Carmen
17. Calle de los prescados
18. S. Martin
19. S. Gines P.
20. Calle del Arenal
21. Hospital de los Francezes
22. Plaçuela de S. Luis
23. S. Basilio
24. Ospital de los Portuguese
25. Capuçinas
26. Carrera de S. Pablo
27. la Cruz del espiritu Santo
28. las Beatas Carmelitas
29. Puerta de la Vega
30. S. Lazaro
31. S. Maria P. Mayor
32. Palacio del duque de Uceda
33. Los Cannos Viejos
34. M.º de las Monjas del Sacramento
35. Palacio del Cardinal de Toledo
36. Corpus Christi
37. S. Juste P.
38. Plaçuela del Conde de Varatas
39. S. Michel
40. S. Petro
41. Placce del duque de infantado
42. S. Andries P.
43. Casa de las Magestó
44. M. Comendadoras
45. S. Selsseur P.
46. Descalsas del Carmen
47. el Colegio de los Ingleses
48. M. de Monjas deponte
49. Hosp. de los Italianos

第2章 新たな地平と新しい世界 1600-1700年

[左] 1622年のマドリード、エミリオ・デ・ラ・セルダによる模写、1889年 マドリード全域を描いた最古の地図。1561年にスペインの首都となったマドリードは、その半世紀前にはおよそ3000人の住民しかいなかった。これまではネーデルラントで描かれたと考えられていたが、いまではフアン・ゴメス（1617-1619年の新しいマヨール広場の建設にあたって設計を引き受けた建築家）による素描に、アントニア・マルセリが彩色し、その後、オランダ人の画家の一族に生まれたフレデリック・デ・ウィットが1635年頃に銅版画にしたものと見なされている。この景観図は1：6000の縮尺で描かれている。下部にはおもな教会、修道院、女子修道院、宮殿、建築物、通り、広場、噴水などの名前をあげたリストが添えられている。製作年を知る手がかりになる細部のひとつは、ウセダ宮（リストの32）である。市内の旧イスラム居住地モレリアを見下ろしてそびえ、マヨール通りとバイレン通りの角にあるマヨール広場の西側すぐにあるこの宮殿が作られたのは1613年から1625年のあいだだった。

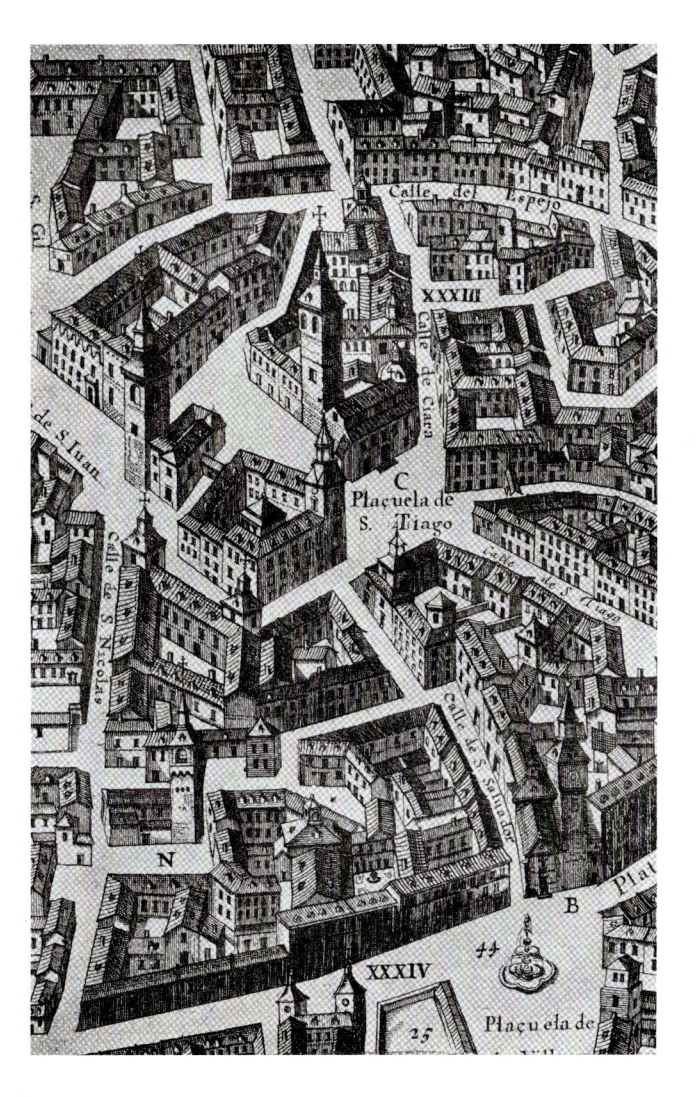

[左] マドリードのサン・フアン地区、ペドロ・テイシェイラ・アルベルナス作、1656年 『マドリード市の地形図』と呼ばれるこの地図は20枚の大型フォリオ判の図を組みあわせたもので、全体は180×290cmの大きさになる。ポルトガルの有名な地図製作一族に生まれたテイシェイラの手になるこの地図は、ハプスブルク時代のマドリードが正確に描かれているという点で重要である。この時期、マドリードはハプスブルク帝国の都市として生まれかわった。この地図の正確さは軍事目的に使えるほどであり、この図に見るように、市内中心部の建物はその正面や屋根、裏側の中庭の配置まではっきりと見てとれる。

Цѣвѧщн̄ гра̄ москва̄ нарицаѥмоӯ ѿ всеѧ роӯсїи рѹскъ

1. петроскі
2. збатскі
3. никицкі
4. тверскі
5. дмитроскі
6. петроскі
7. остретескі
8. покроскі
9. ꙗꙋскі
10. серпꙋховскїй
11. колꙋскаѧ

Moskua fluuius
Iauſa fluuius
Neglna fluuius

Benevole
quadripar
quarum intin
Huic proximè
KREMLE
la materiâ ad
cingit TZ
lapide cingitur
SKORO
pars huius Me
KA SLAB
Magni Domin

In K
na

1. Troyts: te
   etiam Hier
   Palmarum f
   insidens, a C
2. Turris cyme
3. Nalobnenie
   culum è lat
   Patriarcha
   nonnullos c
   vit publicis
4. Plosset.
5. Porta Negli
6. Porta ad f
7. Officinæ
8. Tamosene.
   ces quæ imp
9. Mercatoru
   ces vendunt
10. Tabernæ pic
11. Hospitium, q
    tibus urbibu
    merces suas
12. Officina mo
13. Aula Anglor
14. Vosnesenie.
    cuius turris

1. Cesaris equ
2. Porta ad aq
   at stabulis
3. Hortus herbi
4. Nova civium
5. Nosocomium

1. Tzortoffskii
2. Orbatskie
3. Nikitskie
4. Tverskie
   Duodecima porta
   nona in ligneo mu

第2章　新たな地平と新しい世界　1600－1700年

【左】モスクワの地図、1662年　ここに掲げた『モスクワ・クレムリン地図』は、市販の地図帳に収められた17世紀中頃のモスクワ（1713年からロシアの首都）の地図として、最もすぐれたものと広く認められている。図の左が南となっているこの図は、モスクワ・ロシアのツァーリ、ボリス・ゴドゥノフ（在位1598－1605年）の命により作成されたと考えられている。アムステルダムの地図製作者ブラウの地図によれば、この都市の防衛は何段階にも設けられており、結果として、市内はいくつかの地区に分けられた。王宮や宗教建築、世俗的な活動の中心は壁でかこまれたクレムリン（「高い町」を意味するクレムルにもとづき、14世紀から使われた名称）の内部にあり、さらに後年、要塞都市を意味するキタイ＝ゴロドへと発展した。その壁が築かれたのは1534年から1538年にかけてのことだった。

東、北、西にはツァーゴロド（「ツァーリの都市」の意）と埋立地があり、ここは白い壁で守られていた（このため、「白い都市」という意味のベルゴロドと呼ばれるようになった）。1583年から1893年にかけて建設されたこの壁は全長8kmで28の塔をもつ。

さらにその周囲にはスコロドゥムと呼ばれる木の杭で守られた地区がある。モスクワ川の対岸にあるその一部はストレルツカ・スラボダと呼ばれる地区で、ここには兵士や将官の住居があった。最後に、いちばん外側には埋め立て地と12の大きな門のある木製の壁がめぐらされている。この部分は1591年に建設されたもので、ゼムリャノイゴロド（「埋め立てられた都市」）と呼ばれていた。

アムステルダム──運河にかこまれた都市

　商人のために商人の手によって築かれた都市アムステルダムは、商業によって豊かになり、1600年代以降、人口が増えつづけた。市の指導者たちはこの問題を解決するため、都市の改造にのりだした。中世に築かれた要塞付きの運河の先まで都市を拡張しようと計画し、綿密なプランを立てたのである。3つの大運河の周囲にリング状の運河をめぐらし、100以上の橋を架けた。その結果、アムステルダムは「北方のヴェネチア」と呼ばれるようになった。

[右]アムステルダムの鳥瞰図、1544年、コルネリス・アントニス作 美しく彩色された木版画の地図は画家アントニスにより1538年頃に作成された。当時、人口がおよそ1万2000だったアムステルダムの現存する地図としては最古のものである。市の北側はアイと呼ばれるアムステル湾に接し、海岸線をかたちづくっている。西側にはシンゲル運河（1428年建設）が流れている。東に向かって、2本の通り、ゲルダースカデとクロフェニールスバーグワル（1425年建設）がつづいている。市の中心部を南に向かって走るのは船でにぎわうダムラクと呼ばれる水路で、その中央にダム広場がある。貨物船は市を守る杭を越えてアイのなかほどまで進み、そこに停泊して、貨物を平底のはしけに積み替える。はしけは荷をダム広場まで運び、そこで品物は計量され、売られる。

　アントニスの地図の詳細さと正確さを見ると、この都市が世界で屈指の地図製作の中心地として有名になったことも当然と思える。この地図では、アムステルダムを代表するいくつかの建物が見てとれる。東には1306年建造の旧教会、西には1395年建造の新教会が見える。北東の端の水ぎわには涙の塔、その（内陸の）南側（ゲルダースカデとクロフェニールスバーグワルの2つの運河が交わるところ）には計量所を兼ねた門が描かれている（現在のニーウマルクト地区）。市の東の端にはモンテルバーンス塔がそびえ、その近くにロープ製造所、製材用の風車、造船所などがひしめいている。

第 2 章　新たな地平と新しい世界　1600-1700 年

【上】アムステルダム、1649 年、ヨアン・ブラウ　1613 年、アムステルダムはシンゲル運河を越え、西に向かって広がった。これがきっかけで、今見られる有名な馬蹄型の運河が築かれることになった。ブラウが著作『市の展望』に収めるこの地図を作っていた頃、ヘレン運河、カイゼル運河、プリンセン運河という 3 本の新しい運河が建設されていた。この地図には新しいプロテスタント教会である西教会（中央右、1620-1631 年建設）が描かれている。そのそばに裏の家（1635 年建設、現アンネ・フランク博物館）があり、さらにその先は労働者階級の住まいが集まったヨルダーン地区につづいている。

【左】アムステルダム、1690 年頃、フレデリック・デ・ウィット　1663 年から 1672 年まで、アムステルダムは東の方向へ広がった。それ以前の西側への拡大と合わせ、新しくできた運河地区は都市計画と市民の富の産物であり、また水力学と土木工学の研究の成果でもあった。アムステルダムは 17 世紀における人造の「港湾都市」の見本となり、一方で、オランダ建築の特徴であるファサードと切り妻屋根を世界に知らしめた。

[上] 京都市街と郊外の情景、1616頃−24年 墨に着色および金箔貼りの6曲屏風は初夏の祇園祭でにぎわう京都の御所周辺を描いた鳥瞰図である。当時の繁華街だった室町通りでくりひろげられる庶民のさまざまな営みが描かれている。室町通りは、右のケンペル作の地図では南北を貫いて走っている。京都の町をパノラマ風に描いたこの屏風絵は『洛中洛外図』と呼ばれる。屏風は一双からなり、片方には京都の中心部が描かれ、もう一方には東側の二条や桂の近辺が描かれている。

[右] 京都の地図、1690年頃 この地図は、ドイツの医師エンゲルベルト・ケンペル（1651−1716年）の著作『日本誌』（1727年）に収められたもの。ケンペルは1690年から2年間、長崎の出島で過ごしたあと、ヨーロッパへ戻って歴史書を執筆した。古代の都である奈良に近く、歴史の中心地だった京都の街並みは中国をまねた幾何学的な配置がとりいれられ、通りが碁盤の目状に交差している。北東および北西の山並みは精神上の守護の役目を負っていた。京都の東および西の境界には鴨川と桂川が流れている。この2つの川は南で淀川に合流する。江戸（東京）の隆盛とともに、京都はしだいに重要性を失っていった。

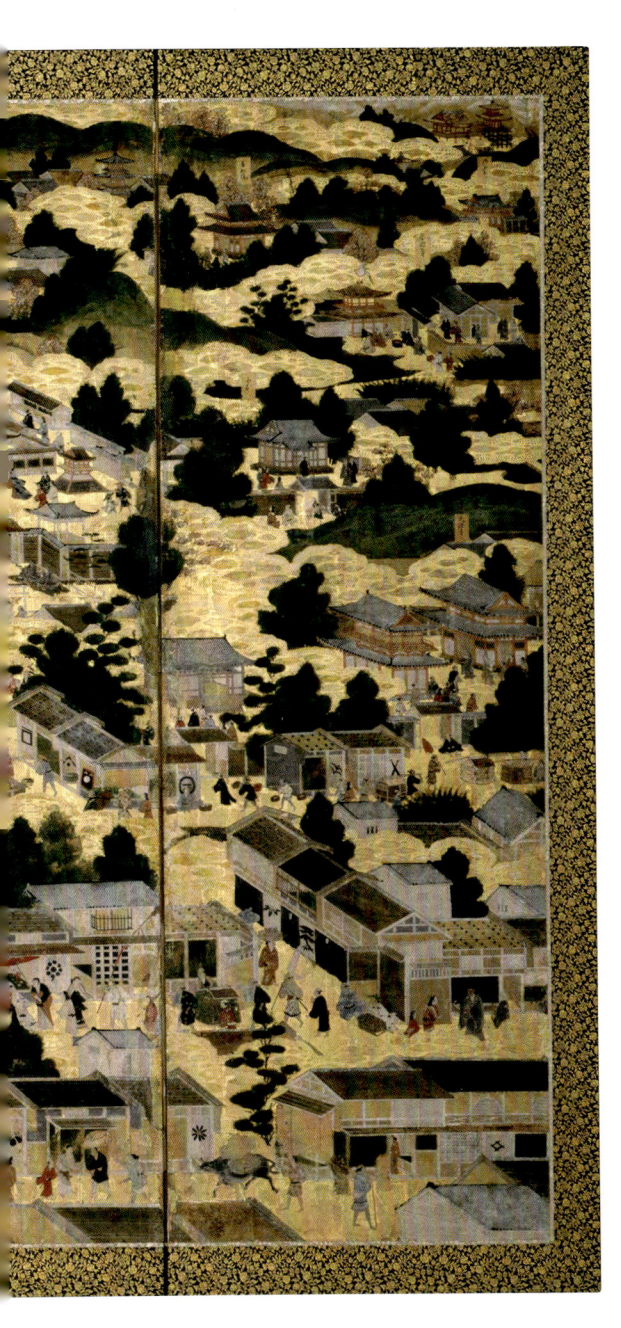

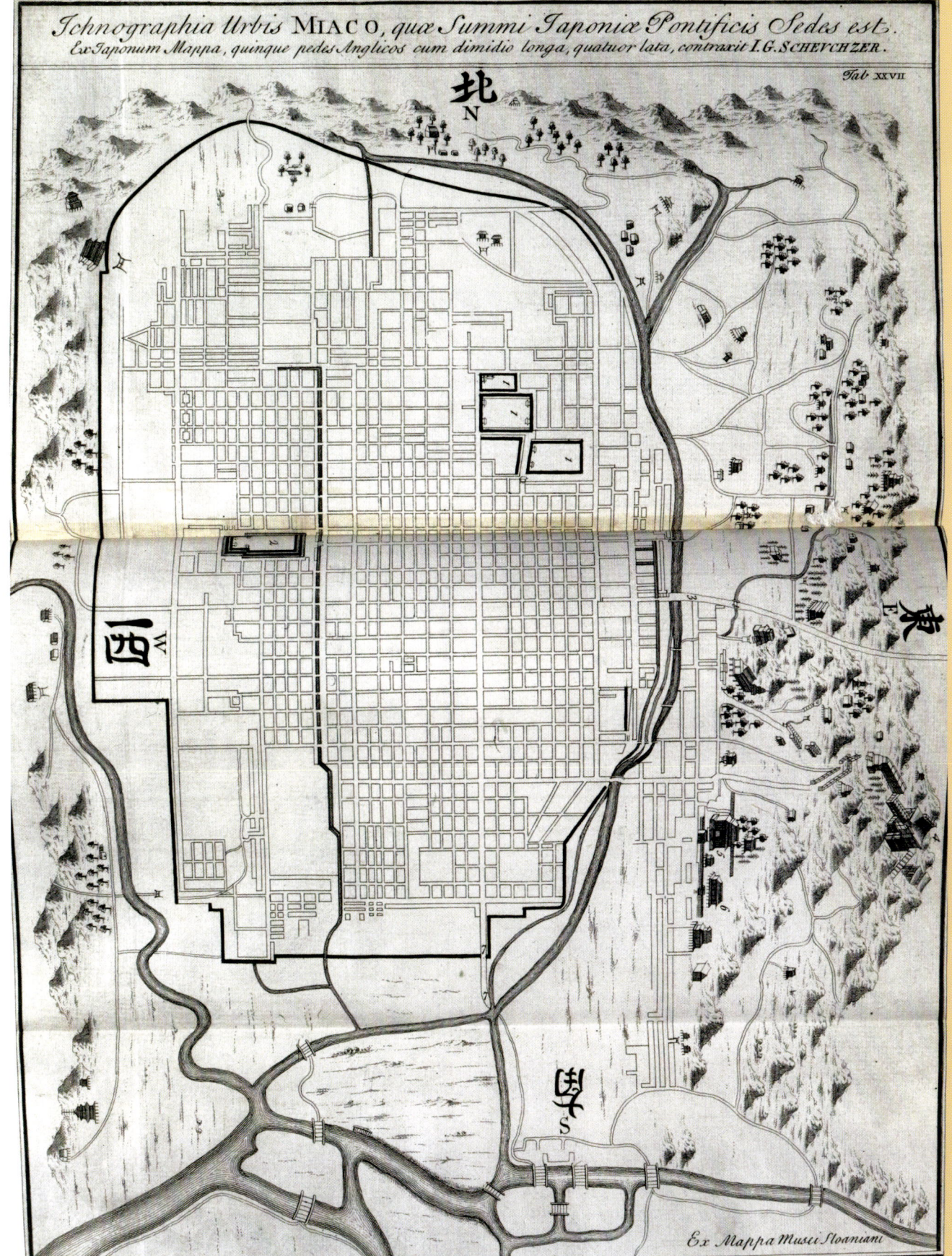

Ichnographia Urbis MIACO, *quæ Summi Japoniæ Pontificis Sedes est.*
Ex Japonum Mappa, quinque pedes Anglicos cum dimidio longa, quatuor lata, contraxit I. G. SCHEVCHZER.

Tab. XXVII

北 N
西 W
東 E
南 S

Ex Mappa Musei Sloaniani

[右] 江戸（東京）の地図、1690年頃、エンゲルベルト・ケンペル作 徳川将軍家の統治（1603－1867年）のもと、1590年には河口の湿地帯に位置する漁村でしかなかった江戸は、1650年には日本の首都としてすっかり変貌していた。1657年には明暦の大火によって江戸の3分の2が焼失し、大きな被害を受けた。ケンペルの『日本誌』に収められたこの地図（上が北）の中央には、堀をめぐらした江戸城が描かれている。オランダ大使は長崎の出島から4年ごとに江戸城に参内して将軍に貢物を捧げた。地図の左右に並んでいるのは大名家の家紋である。大名には領地から定期的に江戸城まで来る参勤交代の義務があり、一方、その妻子は将軍家への忠誠を保障する人質として江戸に常住させられた。

[上] 江戸、1682年 この木版画による土地台帳地図は江戸時代の土地所有者を示したもので、上を西とし、南には紅葉山が絵画的に描かれている。明暦の大火より前の1630年または1631年に作られた地図の再版である。将軍徳川家康はみずからの統治を正統なものとするために江戸の町を整備した。東アジアのほとんどの首都は碁盤の目状に配置された道路の中心に南北を軸とした宮殿がおかれた。しかし、江戸は武人による統治国家の首都として、中心には堀割をめぐらした城が築かれた。将軍のひとりが就任して最初におこなったのは運河と水路の建設だった。それらはこの地図にも見られる。道三堀（1590–1592年建造）は江戸城から江戸湊までつづく運河である。小石川上水と神田上水（1590–1629年建造）は巨大な貯水場に飲料水を送るためのものだった。歴代の将軍は都市計画を推進し、江戸城を中心として時計回りに周辺へと拡大させていった。江戸城に近い武家地は武士の居住区であり、その外側には寺社や町人地が配置された。

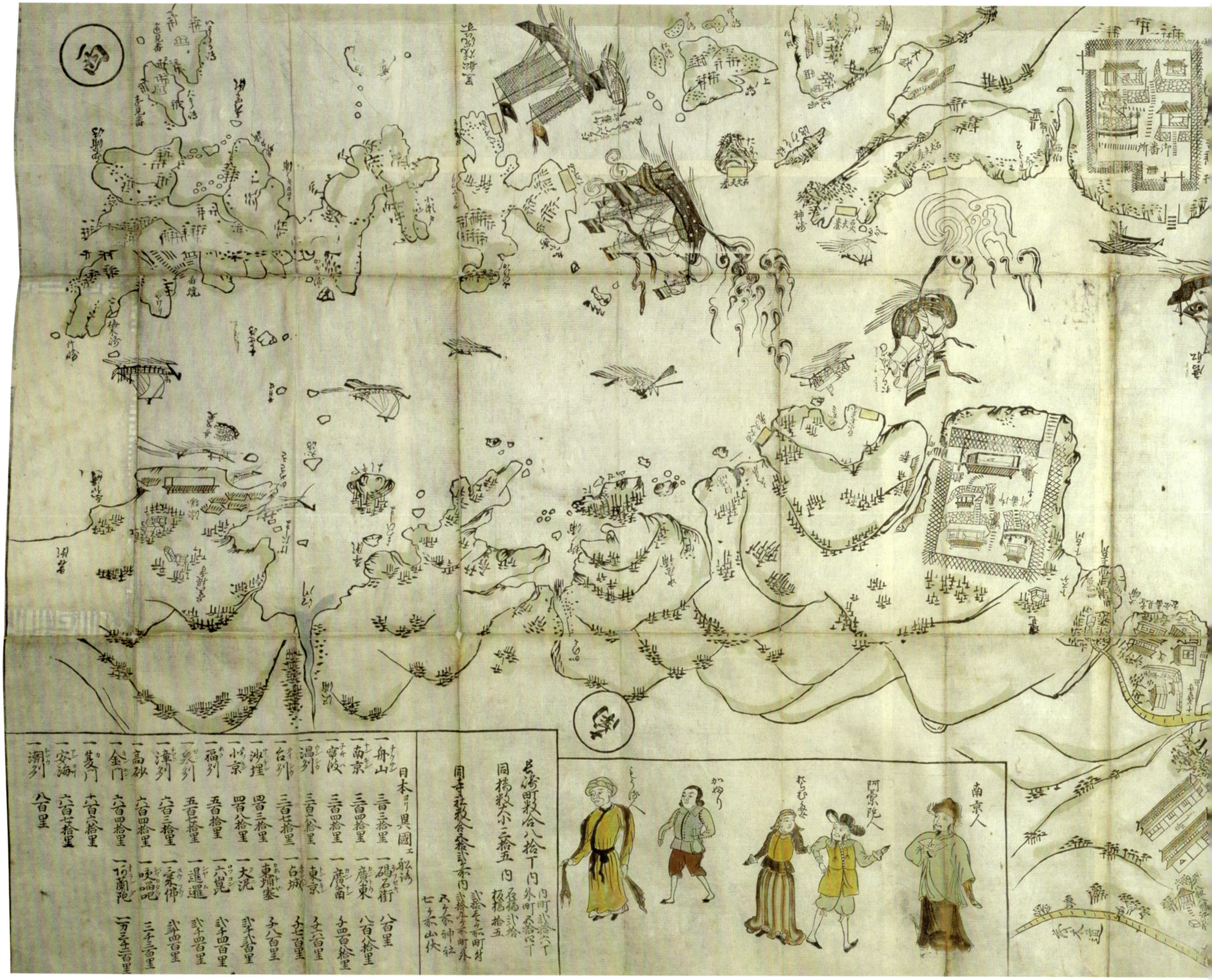
南京人
阿蘭陀人
日本ヨリ異國エ船渡
一舟山 三百三拾里
一南京 三百四拾里
一東京 千六百里

第2章　新たな地平と新しい世界　1600-1700年

【左】長崎港、もとの木版画は1680年作
1542年にゴアからの最初のポルトガル使節団が到着したのにつづいて、1570年、九州の長崎港がヨーロッパとの交易のために開港された。鎖国政策をとっていた日本が西洋人の到来に対処し、支配権を保つためであった。17世紀には、西洋への反感をかきたてる事件が起こったが、なかでもめだったのは1638年の島原の乱である。長崎に近い島原のキリスト教徒による反乱だったが、すぐに鎮圧された。その結果、キリスト教は禁止され、ポルトガル人は長崎から追放された。1609年から日本で活動していたライバルのオランダは非カトリック国として日本への出入り禁止の命令をまぬがれたが、活動範囲は長崎港に浮かぶ出島だけに限られた。出島は海外交易の道筋を残すために築かれた扇形の人工島だった。オランダは1641年から1850年代まで出島において交易にたずさわった。この地図は高いところから見た情景で、上を南にして、長崎港の全景が描かれている。オランダ交易所のある出島は地図中央部の沖合、黄色く塗られた格子状の道路の左側に見ることができ、出島と本土は木製の跳ね橋でつながっている（見張りがいる）。図の左下隅には、日本から各地への距離が表になっている。さまざまな国の名前が見られ、オランダや中国の地名もある。中国はのちに出島の南に交易用の島を与えられた。

A DESCRIPTION OF THE SITUATION, HARBOU[R]

PHILADELPHIA, the Capital of Pennsylvania is situate on the West side of the River Delaware, on a high and pleasant Plain, the City is laid out in form of an Oblong, two Miles in length, and one in breadth, bounded on the East by Delaware River, and on the West by the River Schuylkill, the Streets are all strait and parallel to the sides of the plan, and consequently cut each other at right Angles, none of which are less than 50 and the widest 100 feet in breadth, the Houses are built with Brick, and are from two to three and four Stories high; the Buildings are extended on Delaware Front a considerable distance North and South beyond the Verge of the City the depth of several Streets to the Westward. The Harbour is one of the safest & most comm[odious] that is known, where Ships of the greatest Burthen may safely Anchor in seven or eight Fathom at low Water, & may unlade clo[se] to the Wharfs without the least Danger, & as this Harbour is at least thirty Miles above Salt Water, it must consequently be free fr[om] Ship Worms. The Tides rise and fall here seven or eight feet, and flow up the River thirty Miles above the Town. The great d[istance] of Philadelphia from the Sea adds much to its Security, as the Channel is intricate & long, and is a natural Fortification, which [is]

REF[ERENCES]

1. Christ Church. 2. State House. 3. Academy. 4. Presbyterian Church. 5. Dutch Calvinist Church. 6. The Court House. 7. Quakers Meeting House. 8. High Str[eet]

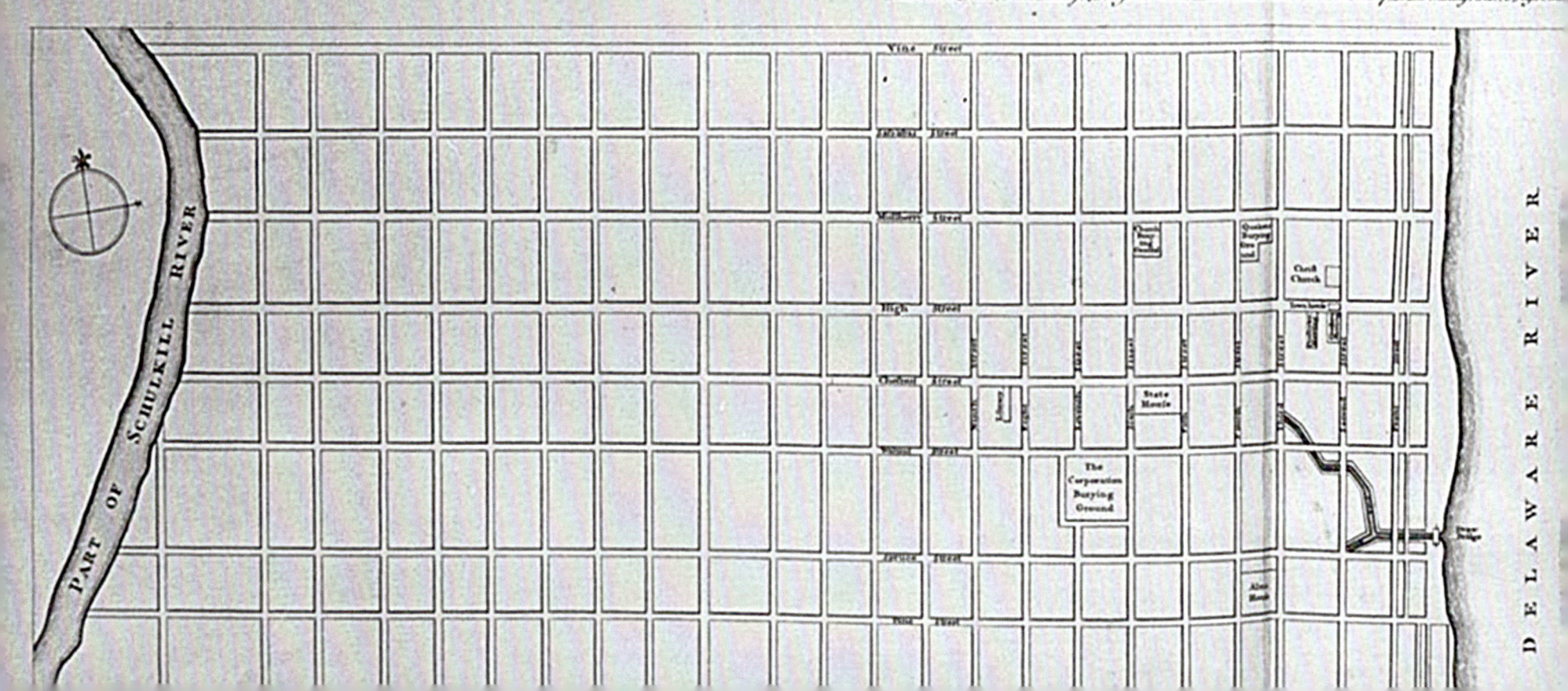

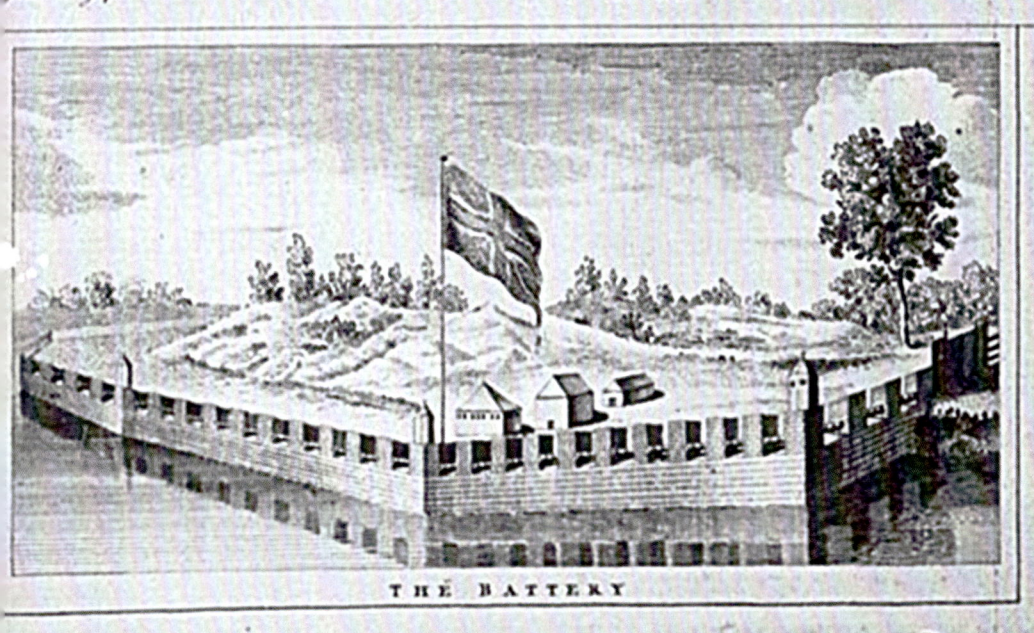

第3章　帝国の時代　1700－1800年

【前頁】フィラデルフィアの東の情景、1768年頃、ジョージ・ヒープとニコラス・スカルによる　ロンドンのトーマス・ジェフリーズ製作のこの銅版画は、植民地時代の都市の景観図として、とりわけ重要な作品である。原図は、デラウェア川の対岸から見たフィラデルフィアの情景を描いたもので、ペンシルヴェニア測量長官ニコラス・スカルの監督のもと、ジョージ・ヒープが記録した。

この図はフィラデルフィアの川辺と波止場のにぎわいを描いており、下にはスクールキル川とデラウェア川にはさまれた市の配置図、要塞および州議会議事堂の挿画が付いている。都市景観図は今日のサウス・ストリートからヴァイン・ストリートまでをかなり詳細に描きこんでいる。州議会議事堂（独立記念館）の尖塔が左に見える。クエーカー教徒のミーティング・ハウスや長老派教会など14か所の名所もあげられている。

ヨーロッパの都市はしだいに世界における重要性を増していたが、主導的な都市という点ではいぜんとして中国とインドが並びたっていた。東アジアの人口はヨーロッパの人口より多かった。1412年から中国の首都となった北京に加え、中国における産業の中心地、たとえば南京や、長江デルタの江南区に位置する杭州や蘇州などが重要な都市だった。南アジアでは、1700年代の初めからイギリスがインドのコルカタ、チェンナイ（旧マドラス）、ムンバイ（旧ボンベイ）などを拠点にして勢力を伸ばしていた。1799年、イギリスはマイソール王国の首都シュリーランガパトナ（セリンガパタム）を手に入れた。しかし、イギリスの支配や保護を受けない主要都市もあり、その代表がデリーだった。東南アジアでは、首都の陥落が大きな事件となった。1752年、バゴー（ペグー）のモン族がミャンマー北部にあったアヴァ王朝の首都アヴァを奪った。その後、ミャンマー人はくりかえしシャム（タイ）を侵略し、首都アユタヤに攻撃をしかけたが、長続きはしなかった。

都市圏と経済成長

1800年に人口が30万を超えていたとされる都市は19か所あるが、そのうちヨーロッパの都市は5つだけだった。ロンドン（第3位）、コンスタンティノープル［イスタンブール］（第8位）、パリ（第9位）、ナポリ（第14位）、サンクトペテルブルク（第17位）である。だが、そのほかにも重要な都市はあった。その地域社会において中心的な存在であり、また場合によっては、拡大しつつある世界的な通商システムの一環として大きな役割をになっていた。1700年代のロンバルディア地方には110万の住民がおり、そのうち1万3000人は首都ミラノに住んでいた。1755年、ポルトガルの首都リスボンには26万人が住んでいて、その数字はポルトガルの全人口のおよそ10％に相当した。アムステルダムの人口は、オランダのフリースラント州やオーファーアイセル州の人口のほぼ2倍だった。

より一般的に見れば、都市化の動きを好景気や経済成長と関連づけることはむずかしい。大きな都市は、比較的停滞していたヨーロッパの地中海沿岸地方によく見られた（コンスタンティノープル、ナポリ）が、それと同じように、成長しつつあった北西ヨーロッパにも存在した（アムステルダム、ロンドン）。

地図はかならずしも都市の繁栄や経済上の役割を記録するものではなかった。たとえば、地図は奴隷売買における都市の役割をほとんど伝えなかったが、じっさいのところ都市は奴隷売買の重要な拠点だった。スペインのカルタヘナやメキシコ湾のベラクルスは、奴隷を陸揚げする港として重要だった。一方、リマ（ペルー）、メキシコシティ（メキシコ）、ハバナ（キューバ）では奴隷が職人、労働者、召使として雇われた。とくにハバナの要塞建設や整備の仕事に従事させられた。財政面での利点から、とりわけ砂糖関連事業の中心地だったロンドンはリヴァプールと同じくらい深く奴隷貿易とかかわっていた。

さらに概観すれば、大西洋での海上貿易は、昔から栄えた地中海沿岸の港湾都市を成長させる大きな要因となった。たとえば南仏のマルセイユである。この都市は西インド諸島貿易によって急速に成長し、世紀末にはその関連の仕事が港の全業務の4分の1を占めるようになっていた。

権力の場

大都会での活動の多くは、経済成長とはそれほど関連がなかった。ロンドンと同じように、パリも西に向かって成長した。富裕層向けの立派な邸宅が建てられたが、パリの場合、たとえばフォーブール・サン・ジェルマンのような地区には貴族たちの大邸宅が建ち並ぶようになった。都市は権力が集中するところであり、その権力を堂々たる都会的な宮殿や政府の建築物によって見せつけるための場所だった。この時代には社会や科学の分野で新しい進歩が見られたことから、政府や統治者たちはみずからの権力、将来への展望、近代的な感覚といったものを見せつけるために、新しい都会的なものを作りだそうとしたのである。ときとして、それらは前例のないものとなった。ドイツにはバーデン=ドゥルラハ辺境伯カール・ヴィルヘルムのカールスルーエがあり、ロシアにはピョートル大帝のサンクトペテルブルクがあった。どちらの例も、大なり小なり、都市というものが新しく作りかえられることを証明していた。

広場をとりいれることもこうした流行のひとつだった。コペンハーゲンのコンゲンス・ニュートー広場やアマリエンボー宮殿がそのよい例である。

第3章　帝国の時代　1700－1800年

[左] カールスルーエにあるバーデン゠ドゥルラハ辺境伯の宮殿、1739年、ヨハン・ヤーコプ・バウマイスターの原画にもとづく　王宮や貴族の館は、地方や国の建築にとって重要な意味をもつことが多かった。ヴェルサイユ宮殿、シェーンブルン宮殿、ニンフェンブルク宮殿などは郊外にあったが、その他（1697年から建造が始まったストックホルム宮殿、1701年から建造のベルリン王宮）は都市の中心部にあった。ヴェルサイユの町の道路は、宮殿を中心として放射状に広がっている。カール3世ヴィルヘルムが1715年から建設にとりくんだ、壁のない夢の都市カールスルーエでも同じような効果が見られた。

　この新しい「帝都」は幾何学的な都市計画を実践したもので、要の位置におかれた宮殿を中心に32本の街路が扇のように放射状に広がり、その円周を大通りがとりまいていた。宮殿の南側にあたる9本の通りの周辺には「ニュータウン」ができ、そこを2分する幅の広いラング通りは商業の盛んな繁華街となった。

　都市は消費とサービス産業の中心であり、同時に商業や産業活動が盛んな場所でもあった。地図の売買はその2つの活動領域にまたがるものだった。ロンドンが地図製作の重要な拠点へと成長したかげには、商業関連の豊かな富と機会の多さ、さらに都市ならではの起業の自由さがあった。とはいえ、アムステルダムやパリもいぜんとして地図製作にかんしては重要な場所だった。しかも、ハンブルクやニュルンベルクなど、他の都市でも地図が作られた。

[右] **マルセイユの地図、1754年** 古代ギリシャでマッサリアと呼ばれたマルセイユはフランス最古の都市であり、何千年ものあいだ地中海の重要な商業港だった。中世には独立した都市国家だったが、フランス王国のもとで1660年に要塞が建設され、外に向かっての拡張が始まった。この地図からもその発展のようすがうかがえる。古代からある旧港の自然発生的な道路の配置から、郊外に目を転じると、より規則的な都市計画の兆しが見てとれる。港の入口は2つの要塞で守られている。北側には中世からのサン・ジャン要塞があり、南側には1660年建造のサン・ニコラ要塞がある。旧港への侵入路を守る役割は明らかだったが、同時に、この2つの要塞にはこの市の指導者たちにルイ14世の威光を誇示するという意味合いもあった。サン・ニコラ要塞のある岬の高所には1858年にナポレオン3世のために建造されたファロ宮殿が見られる。その右の内陸側には、マルセイユの最古の教会で、かつては5世紀の修道院の一部だったサン・ヴィクトール・バシリカ聖堂がそびえている。

都市は地図製作の重要な題材でもあった。ロンドン市街は1740年代にジョン・ロックの手で新たな調査が実施された。しかし、地図に描かれたのは大都市だけではない。ジェームズ・コーブリッジが作成したニューカッスルの地図（1723年）は正確なうえに目を楽しませるイラストがとても魅力的で、さらにおもな建物、たとえば有名な教会などがピクトグラム（絵記号）として描きこまれていた。アイザック・テイラーもウォルバーハンプトンの地図（1750年）で、そのやり方を受け継いだ。

新世界の新しい都市

ヨーロッパの植民地が発展するにつれ、西洋を手本にした都市が世界中に広がっていった。北米のイギリス領植民地が増えると、都市が次々と建設された。1728年にはボルティモア、1730年にはリッチモンドができた。こうした都市の建設は、北米の都市の序列に大きな影響をおよぼした。とりわけ大きな影響は、植民地同士の関係に変化をもたらしたことである。メリーランドでは、ボルティモアの隆盛がアナポリスに打撃を与えた。一方、ヴァージニアでは、リッチモンドが発展したために、ウィリアムズバーグの重要性が薄れ、重点をおかれる場所が内陸部へと移動した。1733年にサヴァンナが建設されると、この港湾都市は州都として大勢の住民を集め、重要な軍事基地となって、新しい植民地ジョージアの存在を確立するのに一役買った。

すでにあった都市も成長した。1682年に建設されたフィラデルフィアの人口は1685年の2500人から1760年には2万5000人にまで増え、英語圏における大都市の仲間入りをし、西半球でもとくに繁栄する港となった。

ペンシルヴェニア植民地の創設者の息子で、この植民地の所有者だったトーマス・ペンは、内陸部へのさらなる投資を募ろうとして、フィラデルフィアを描いた大きなパノラマ地図（長さ約2m）を利用した。地主兼実業家のジョージ・ヒープの注文でこの地図が1754年に初めて世に出たときは大きな称賛を浴びた。

都市は世論を形成する土壌となったが、それは人口が多いだけでなく、都市に報道機関がおかれていたせいでもあった。1690年、ボストンで無認可の新聞『パブリック・オカレンセス・フォーリン・アンド・ドメスティック』が

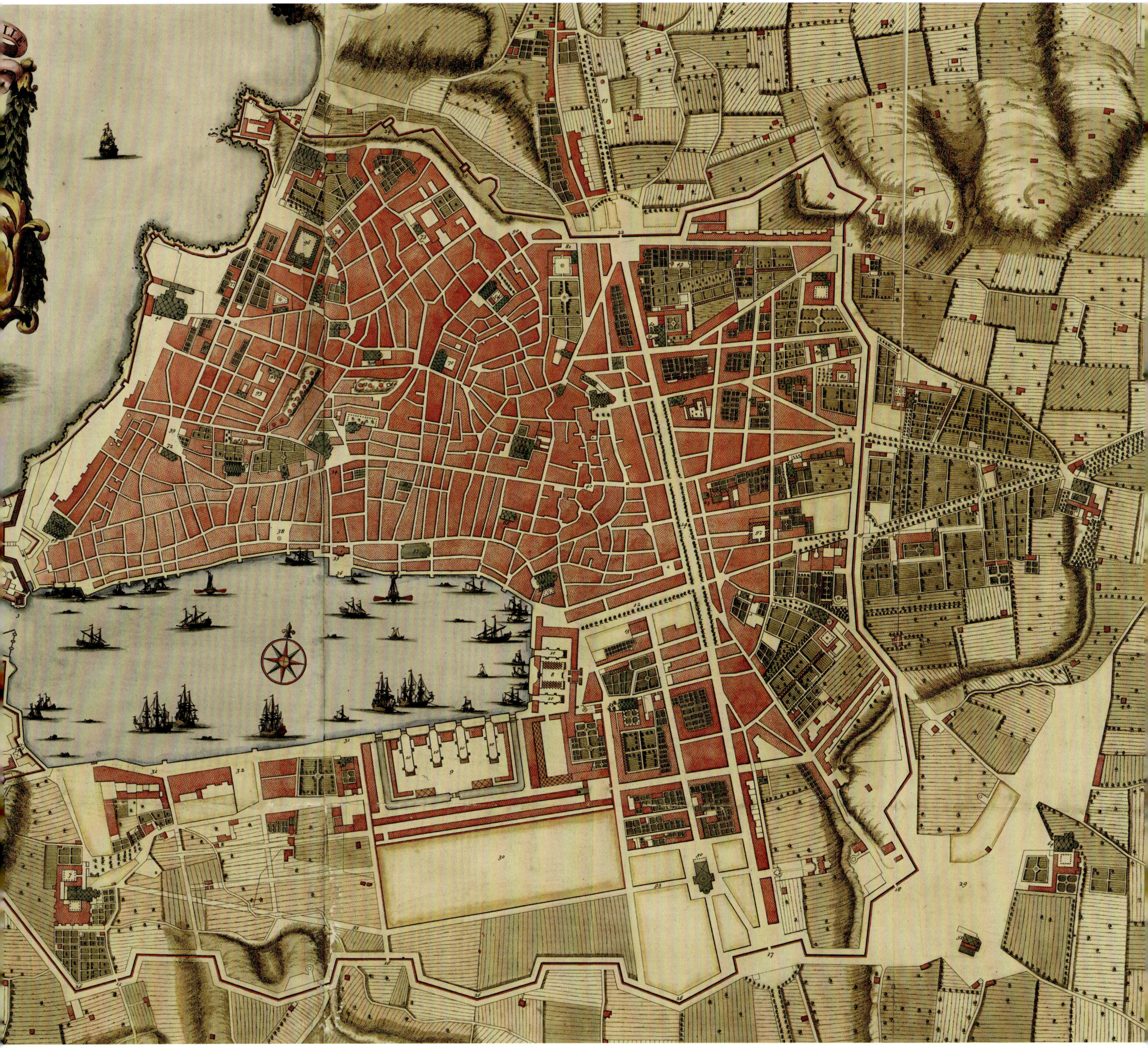

[右] コルカタ市内からウールーバーリー村へと流れるフーグリー川流域の田園地帯にかんする調査、1780-84年　1792年10月に刊行されたこの地図は、マーク・ウッド中佐による1784年から1785年にかけての調査の成果である。公式の目的は「当該居住地住民の健康調査」だった。この調査ではヨーロッパ人居住地と思われる町の地図が作られ、フーグリー川の両側5kmにおよぶ一帯の地図も示されている。

イギリス人が作成したコルカタの地図として知られているかぎり最も古い地図は1742年に出版された。つづく200年間、地図製作はおもに植民地政府が手がけることになった。彼らの興味の対象は、実施される調査や作成される地図にはっきりと示されている。それらの地図は、(防衛のための)軍事工学的な視点にもとづくものから、効果的な都市計画や都市の改良を目的とするものまでさまざまだった。

ウッドの地図では、都市型の居住地の中心としての旧要塞(1766年から税関となった)がフーグリー川の西岸に描かれ、また町の南、マイダンと呼ばれる広大な空き地には新しく建設された星形のウィリアム要塞も見える。

第 3 章　帝国の時代　1700−1800 年

発行されたが、すぐに圧力がかかって廃刊に追いこまれた。1704 年には『ボストン・ニューズ・レター』がイギリス領北アメリカの最初の定期的な新聞として刊行されるようになった。

通商の中心とコスモポリタン主義

　行政および通商にたいする新政府の対応は、都市の発展と位置づけにとって重要だった。スペイン領アメリカでは、1739 年にヌエバ・グラナダ副王領、1776 年にリオ・デ・ラ・プラタ（ラプラタ川）副王領ができ、それぞれボゴタとブエノスアイレスを拠点としていた。さらに 1776 年にはカラカスにベネズエラ総督領が、1787 年にはアウディエンシア・デル・クスコ（王立の大審問院）が作られた。これらの新しい統治機関は、政府の存在をより顕著に知らしめるための方策の一環だった。こうして、新しい首府カラカスには、財務省、高等法院、軍隊などがおかれた。さらに 1778 年の自由貿易協定のもと、ブエノスアイレスとスペインのあいだでじかに取引がなされるようになり、そのことがブエノスアイレスに大きな発展をもたらした。

　通商によって、都市はコスモポリタンな存在となった。とくにアジアにおいて、西洋の商人たちは現地の通商ネットワークに頼らざるをえなかった。1772 年、ベンガル軍の士官だったインド人のディーン・マホメットはコルカタのようすをこう記している。ここには「……イギリス人、フランス人、オランダ人、アルメニア人、アビシニア人、ユダヤ人などが大勢集まっている。そのうえ、インド領内の最も辺鄙な土地から、商人、製造業者、貿易商などが押し寄せている」。1780 年に警察の主導で始まった都市の調査（1784 年から翌 85 年にかけて、マーク・ウッドの監督のもと実施された）で作成された地図を見ると、「ヨーロッパ人の居住地と……現地人の住む場所」がはっきり区別されていることがわかる。このとき初めて、コルカタの通りの名前が地図に記された。

　しかし、国籍がちがう者同士の関係はつねに良好というわけではなかった。とくにオランダおよびスペイン政府と中国人の移民社会の仲は険悪だった。バタヴィアでは、1722 年以来、中国人への差別的な扱いが目につくようになり、一方、中国人は割当移民の規則を無視するようにな

[右] **リヴァプールの地図、1765年、ジョン・アイズ** 挿画に描かれた新しい交換所（1749-1754年建設）から、成長いちじるしいリヴァプール港が商業に熱を入れていることがわかる。郊外のトックステク・パークから東、ショウズ・ブロウから北はともに、19世紀には人口密集地となった。1749年にはショウズ・ブロウに慈善診療所が開設されたが、これも通商に力を注いだことで得られた恩恵である。おもな産業の多くは海運関係（ロープ製造、造船）だった。1820年代には旧埠頭（1715年建設）が手狭になった。1756年から1836年にかけて、港であつかう荷物の量が30倍にもなり、港は9倍の広さに拡張された。

[次頁] **サンクトペテルブルクの名所を紹介する地図、1753年、ロシア科学アカデミー作** 1703年に建設されたサンクトペテルブルク市の50周年を記念して、画家ミハイル・マカエフによる都市景観図12点を添えた地図が100枚印刷された。上右隅には軍神の像が描かれており、この都市がもともと要塞都市で、スウェーデンの勢力に対抗するバルチック艦隊の基地として築かれたことを示唆している。最初に建設されたのは、ネヴァ川の中州にあるペトロパブロフスク（ペテロとパウロの意）要塞だった。その南にワシリエフスキー島があり、対岸の海軍省や冬宮殿とはポンツーン橋（浮き橋）でつながっている。

った。1740年には一触即発の状態となって、オランダ人は暴動を恐れ、中国人は追放されるのではないかという不安を募らせ、そんな危機的状況のなかでおよそ1万人の中国人が殺されるという事態になった。それでもバタヴィア経済に中国人の存在は不可欠だったので、その後の1778年と1810年代の国勢調査でも中国人は人口の大きな比率を占めていた。同じように、1763年にはスペイン領マニラでも中国人の大量殺戮が起こった。

地図と現実

この時期、地図製作の技術にはさほど大きな変化はなかった。しかし、描かれた都市の姿には変化があった。透視図画法がすたれて、そのかわり、縮尺を用いた都市設計図が主流になったのだ。

地図に描かれた画像を、旅行者の記録と比較してみるのは有益である。とはいえ、地図の描写がその都市の雰囲気や特徴をかならずしも正確に伝えているとはかぎらなかった。1735年、デヴィッド・マレットはパリを「ドレスと放蕩のメトロポリス」と表現した。1793年、サラ・ベンサムはローマの教会群を見て、たしかに壮大だと思った。しかし、「じっさいに見たローマにはかなり失望した。通りは狭く、すすけていて、汚らしい。宮殿でさえ、不潔さと美しさが混在していて、周囲には傾きかけた粗末な小屋がひしめいている。ローマでもとびきりの広場が野菜市場になっている。噴水だけが唯一の美だ」った。

地図は少なくとも一定の状況をとらえ、見たままを伝え

第 3 章　帝国の時代　1700－1800 年

た。旅行者など外から来た人びとは外観と内実の差について記すことが多かった。たとえば、1753 年、第 2 代ボリングブローク子爵フレデリックはナポリについてこんな厳しい意見を記した。「この街はとても醜いが、立地はとてもよい」

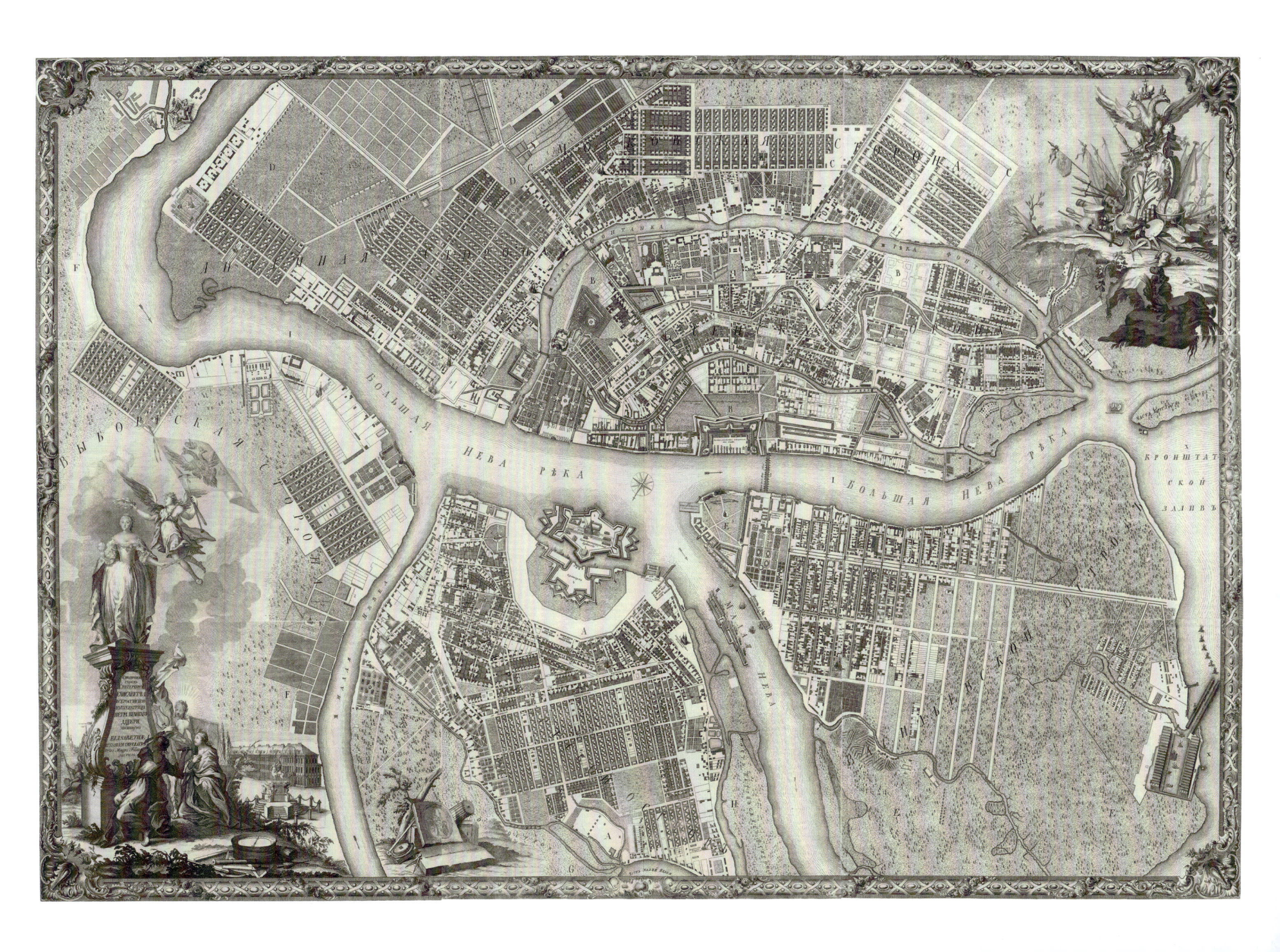

[右] **サヴァンナ、1734年3月29日、ピーター・ゴードン将軍作** ジェームズ・オグルソープ将軍が1733年に建設した新しい植民地は、サヴァンナ川を見下ろす断崖の上にあった（将軍のテント2は階段1のそばに設営されている）。都市計画の基本的な構造をとりいれ、四角形の「区」を並べて構成されている。区は、南北がおよそ180m、東西が160-180mの広さだった。境界は道路で仕切られ、交通の便はよかったが、歩行者にも歩きやすい規模だった。オープンスペースには住居用の区画が4つ、公共用の区画が4つある（それぞれは東西の道路で分けられている）。こうした配置のせいで、長期間にわたる発展にもむりなく対応できた。しかも、できあがった都市のなかにオープンスペースが十分に維持できた。

この地図では、最初の4区画が形をなしつつある。南西の4分の1（1対の木が2組立っているのが境界を示す）には主要な3つの棟があり（5、6、10ができていて、9はまだできていない）、これらは公共用の建物になるはずである。北と南の区ではほとんどの家ができている。アメリカ独立革命のさなかの1778年、サヴァンナはイギリス軍に占領された。翌1779年にはアメリカ・フランス連合軍が奪回を試みるが失敗に終わった。

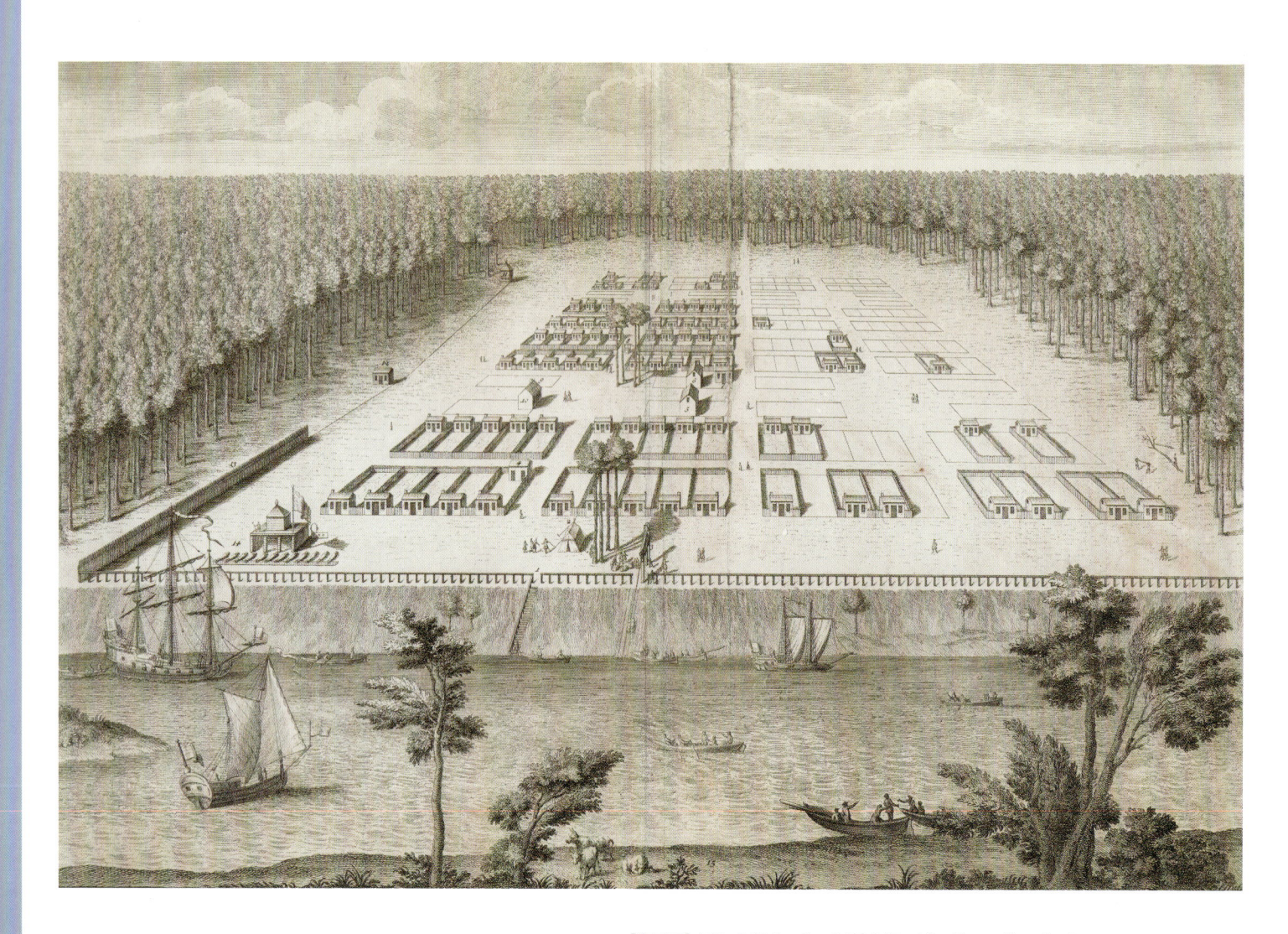

[次頁下] **モントリオール、1734年、ジョゼフ＝ガスパール・ショスグロ・デ・レリ作** このフランスの植民地は1642年に通商の前哨地および軍事基地として建設され、当時はヴィル・マリーと呼ばれた。1734年（この年、大火災によって市の住居の4分の1が焼失した）には、ほぼ完成しつつあった市壁の内側に約2000人が住んでいた。この壁は軍事技師ジョゼフ＝ガスパール・ショスグロ・デ・レリの指揮のもと、1717年から建設が始まった。

1804年から1817年にかけてモントリオールの壁は取り壊されたが、初期の建造物のいくつかはいまも残っており、北米でもとくに歴史の古い都市空間となっている。ダルム広場にある聖シュルピス神学校（1684年）はモントリオールの最古の建物である。ダルム広場の南にはポワンタ・カリエール地区がある。ここがモントリオール発祥の地とされている。

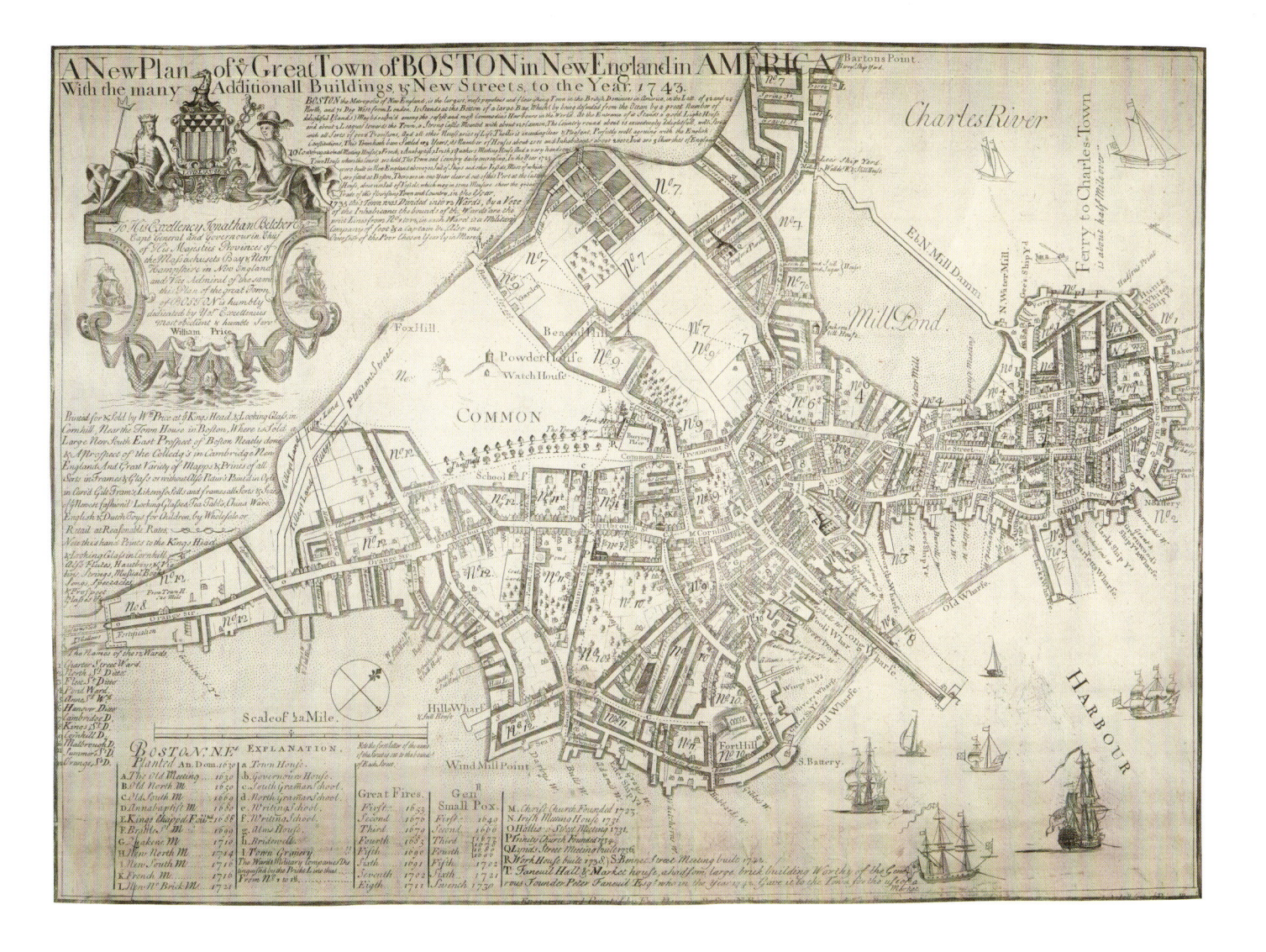

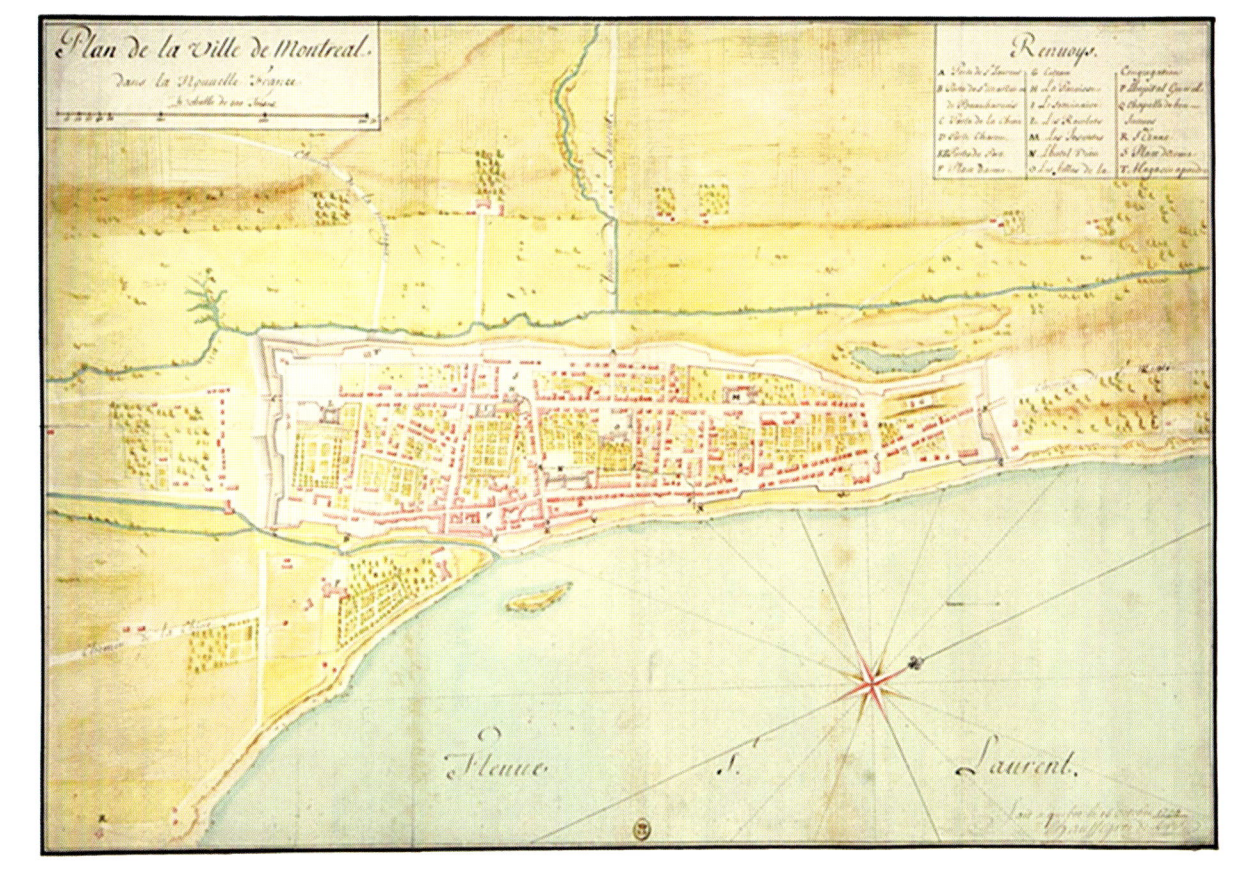

第 3 章 帝国の時代 1700－1800 年

【左】大都市ボストンの新しい設計図、1743 年、ウィリアム・プライス作　ジョン・ボナーによる初期の地図（1722 年）をもとにしたこの地図は、北東から見た市街がすばらしく詳細に描かれ、区および重要な建築物の索引が付いている（左下）。おまけに「大火」と「天然痘」の大流行の日付まである。この地図でめだつのはボストンコモンといわゆるミル池である。この時期、ボストンの経済は停滞していた。だが、その停滞を打破するために市場を建てようとする多くの試みは市民の反対にあっていた。1740 年、商人のピーター・ファニエルはみずから出資して、埋め立てられたばかりの土地（タウン・ドックの開発に失敗していた）に新しい市場を建設するという案を議会に提出し、367 対 360 の僅差で承認を得た。1742 年、ファニエル・ホールは完成し、「美しい大きなレンガ造りの建物」として地図にも載っている（記号 T）。

94

[右] ペルシャの大都市のさまざまな情景、1762年、ヨハン・バプティスト・ホマン作　タイトルとは異なり、この一連の版画はカフカスからアフガニスタンまでの15都市を空中からとらえたもので、各都市のとくに重要な特徴が描かれている。上から下へ4段、左から右へ以下のように都市が並んでいる。ロシアのアストラカンとデルベント、ジョージアのトビリシ、トルコのカルス。トルコのエルズルム、アゼルバイジャンのバクー、イランのソルターニイェ、アゼルバイジャンのシャマキ。アルメニアのエレバン、イラクのシラーズ、アフガニスタンのカンダハール、イランのアルダビール。イランのカシャン、イスファハーン、バンダレ・アッバース。

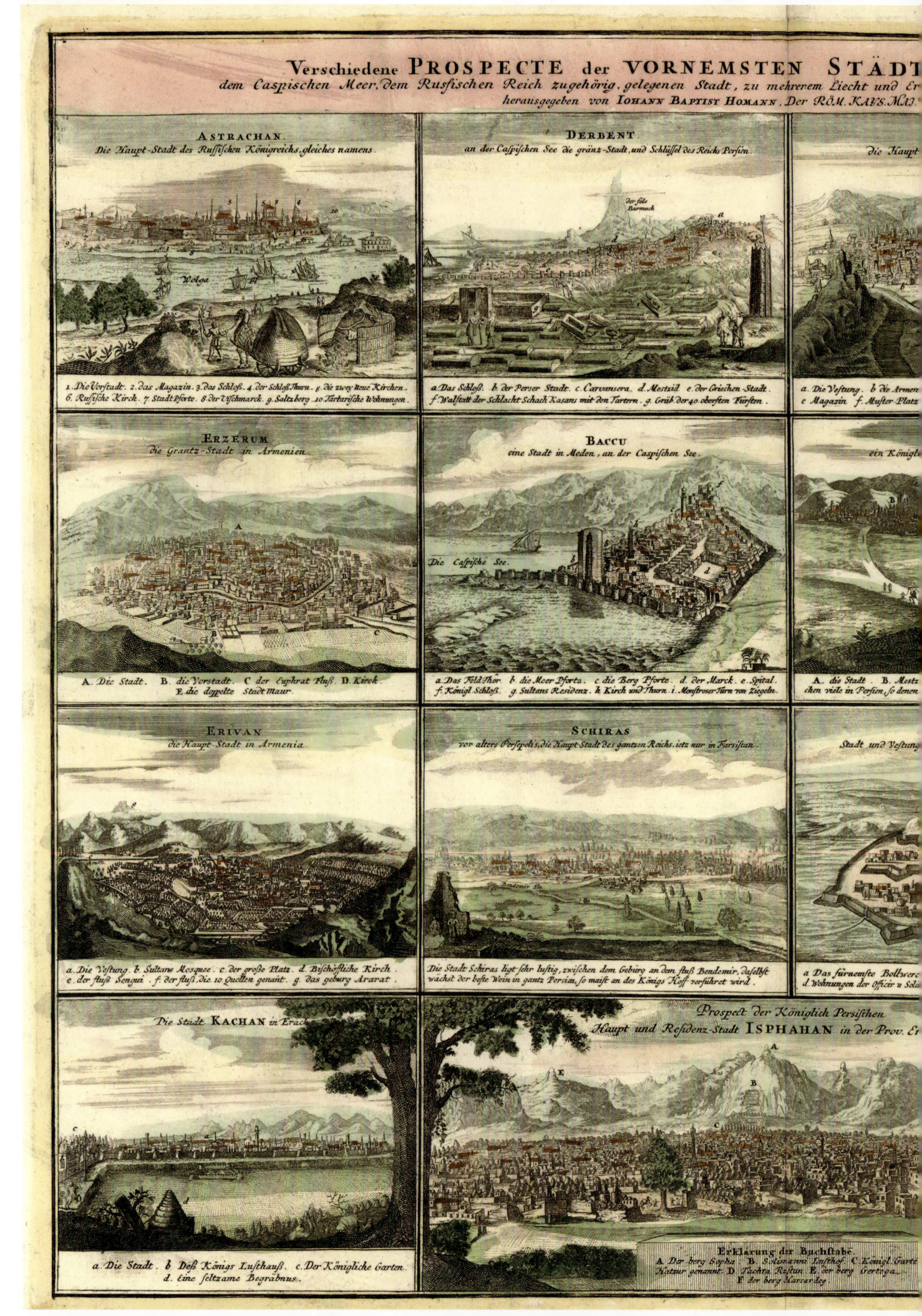

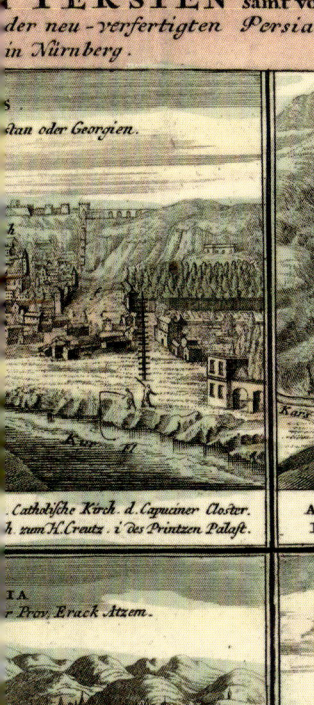

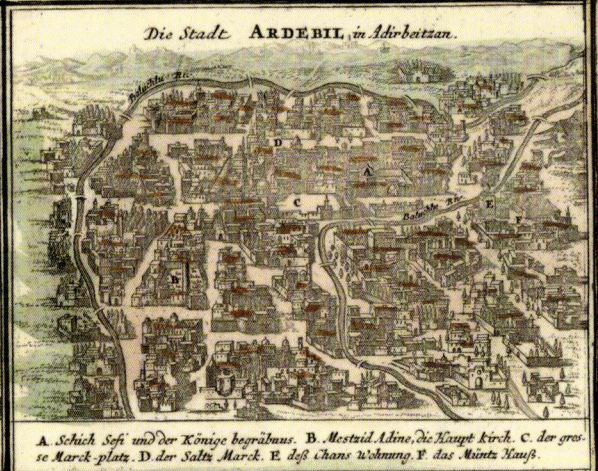

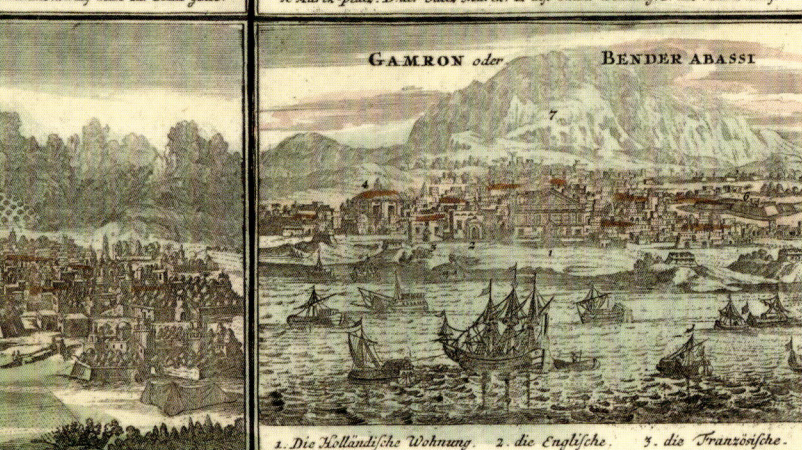

第 3 章　帝国の時代　1700−1800 年

[右] 喜望峰の要塞と市街地図、1750年、ジャック゠ニコラ・ベラン作　1652年、オランダ人によって建設されたケープタウンはオランダ領東インドへの航海基地として利用された。1666年から79年にかけて星形の要塞を築いたのはオランダ東インド会社（略称VOC）だった。その近くの町は1700年代に着実に成長し、中心の広場から外へ碁盤の目状の街路が広がっていった。並木のある運河は、VOCの庭園から発して町へ出ると、病院のそばを通り、大行進用の広場をめぐって海に達する。フランスの地図製作者ベランがこの地図を作製した頃、この町には1000軒以上の立派な家が立ち並び、近くの海岸沿いには造船所、タヴァーン（宿屋兼酒場）、倉庫などがあった。これらは毎年この湾に来て停泊する多くの船と乗組員の要求を満たした。ケープ植民地は奴隷制社会だったが、アメリカのプランテーション経済にくらべればその規模は小さかった。

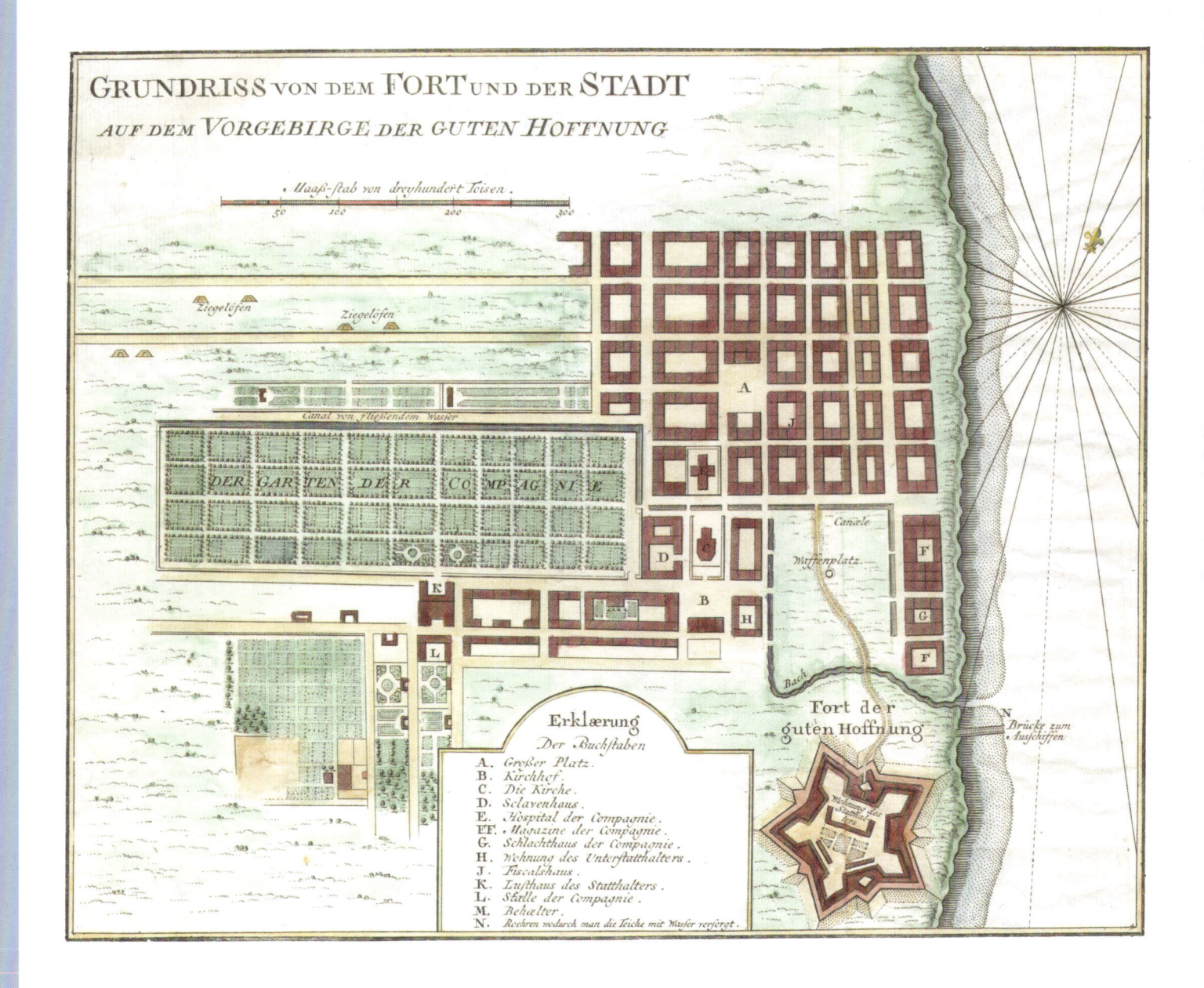

[次頁下] ジャマイカ、キングストンの地図、マイケル・ヘイ作、1745年頃、1737－52年
この土地台帳地図はイギリス植民地の都市地図のなかでもとくに詳細に描かれたものを原図として作られた。測量士マイケル・ヘイが作成し、ジャマイカ知事エドワード・トレローニーに捧げられたこの地図は砂糖経済で黄金時代を迎えていたこの島の新しい首都のようすを伝えている。1693年、地震で大きな被害のあった近郊都市ポート・ロイヤルに代わって、キングストンは島の商業の中心として建設された。最初に住み着いた住民の多くはポート・ロイヤルから逃れてきた人たちだった。ヘイの測量図は、ジョン・ゴッフェと軍事技師クリスチャン・リリーによる1702年の配置図をもとに作成された。この両者は、キングストンの町の街路を整然とした碁盤の目状に分け、中心部のキング・ストリートとクイーン・ストリートが交差するところには広さ1万6000m^{2}のパレードと呼ばれる広場を設けた（本来は軍隊の野営地として使われ、水の供給地でもあった）。格子状の市街の面積はおよそ1km^{2}で、東西が約800m、南北（ノース・ストリートから海岸線のポート・ロイヤル・ストリートまで）が約1.6kmだった。ヘイの地図では、建物のそれぞれに番号がふられ、所有者の名前が参照できるようになっている。地図余白の上部には特徴のあるジャマイカ様式で建てられた有名な建築物が美しく描かれている。

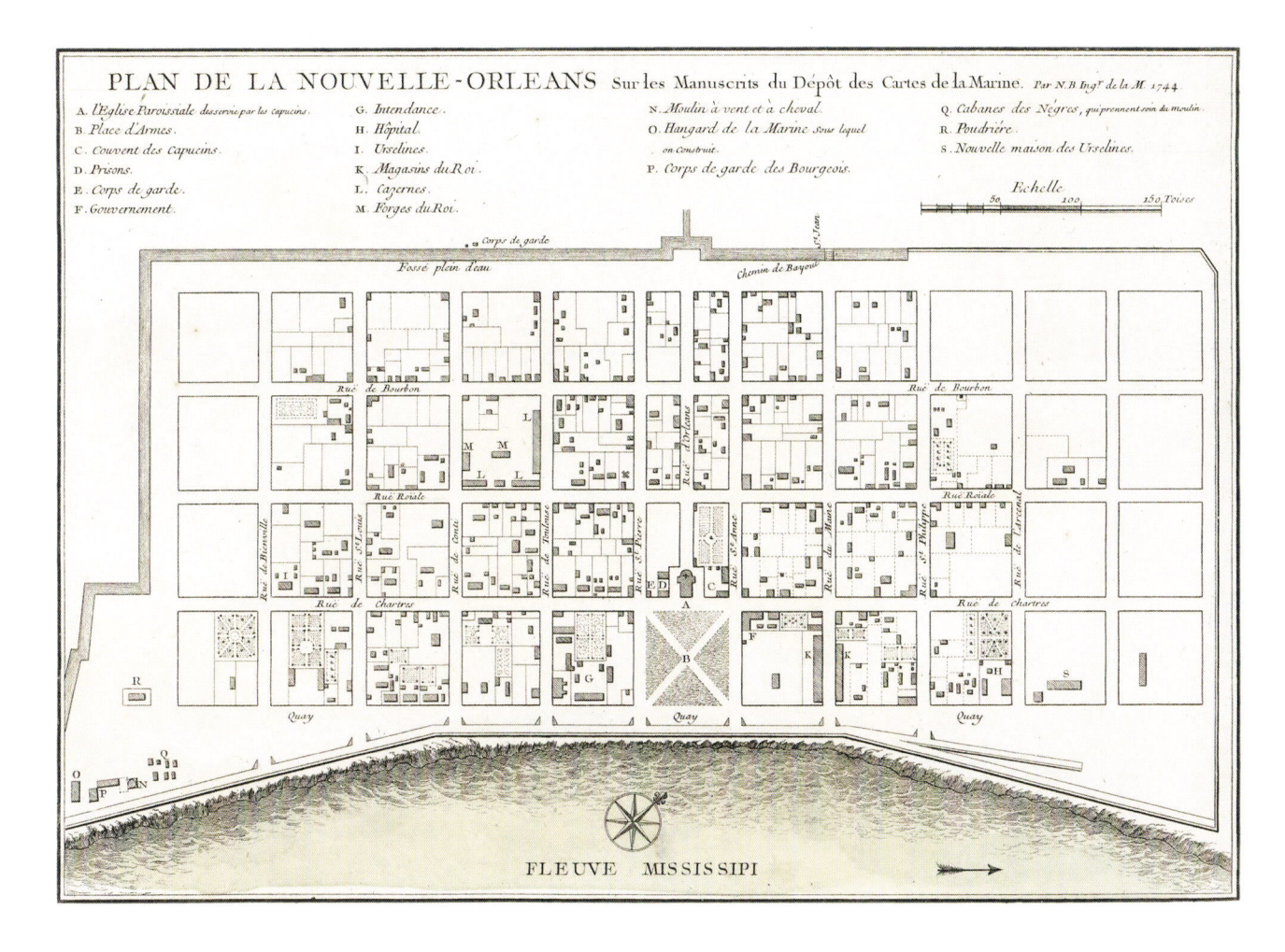

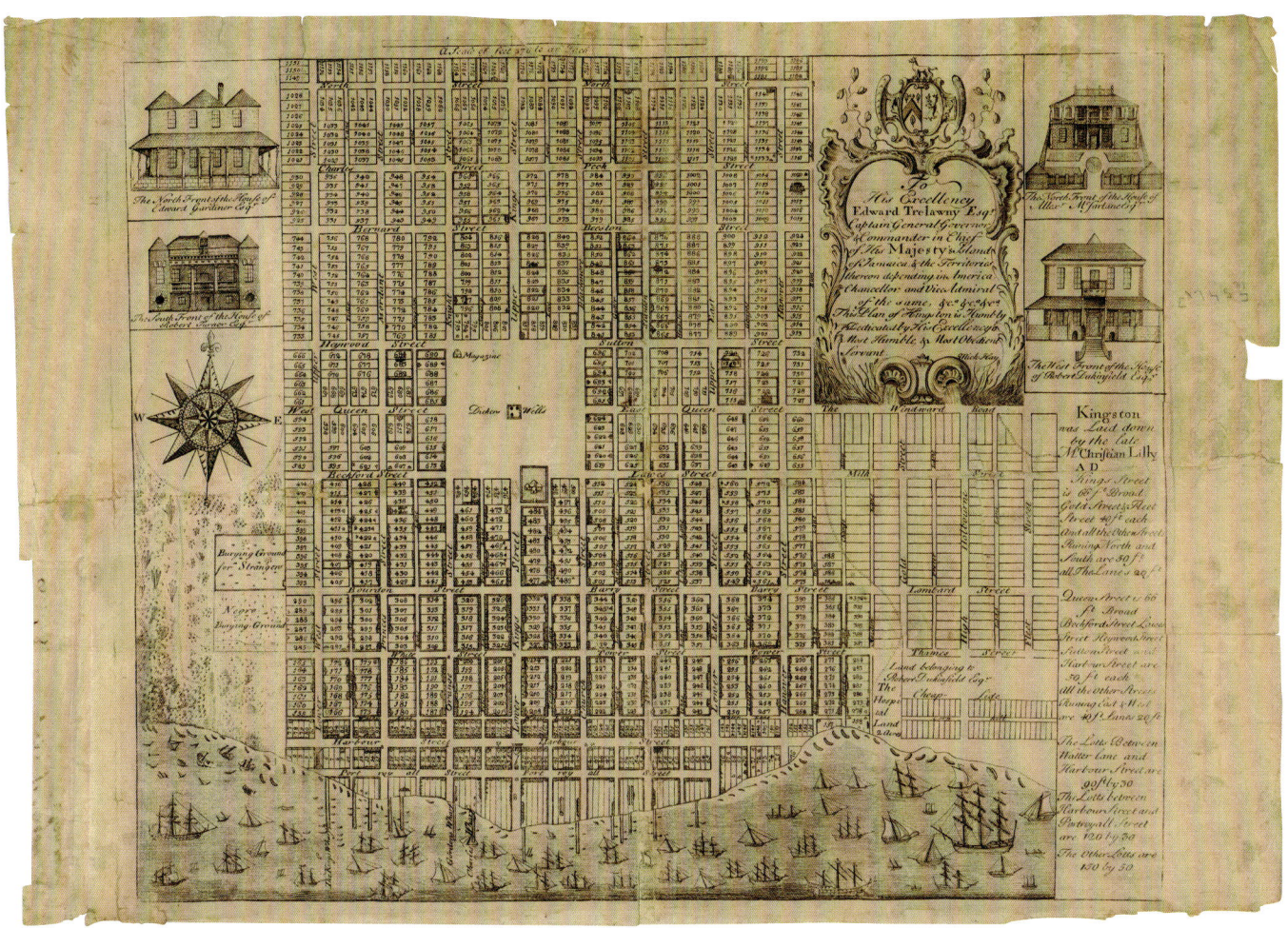

第3章　帝国の時代　1700−1800年

【左】ニューオーリンズの地図、1744年、ジャック＝ニコラ・ベラン作　およそ100の建物が描かれ、そのうち18はランドマークとしてリストに名前があげられている。1718年、フランスによってミシシッピ川のほとりに建設されたニューオーリンズの最古の地図である。幼かったフランス国王ルイ15世の摂政だったオルレアン公フィリップの名にちなんで名づけられた。初期のフランスの基地はビロクシー湾（1699年建設）やモビール（1702年建設）もあったが、ニューオーリンズがルイジアナ州の州都になった。

東をさす方位記号が付されたこの地図は、建設当時の町を描いたもので、fosse plein d'eau（用水路）の文字は現在のドーフィン・ストリートにあたる。格子状の道路は川岸のダルメ広場（現在のジャクソン・スクエア）から内陸に向かって広がっている。この地域の中心部は現在ではフレンチ・クオーターまたはヴィユー・カレ（旧区域）と呼ばれる。

[右] **ロンドン、ジョン・ロック作、1746年** ロックの共同経営者ジョン・パインの手になるこの銅版画『ロンドン、ウェストミンスターとサザークの測量』は、18世紀の大都会を描いた地図として、現存するなかでは最も正確かつ詳細なものである。およそ5500の道路および地域の場所が記されている。だが、完全に正確とはいえない。たとえば、教会は綿密に記録されているが、産業関連の建物はそうでもない。寄付によって資金を調達したスイス生まれのロックは1738年に調査を開始した。2点間の角度を測って正確な距離をわりだす三角測量もとりいれられ、その測定に教会の尖塔が使われた。こうした測量法と、足を使った綿密な実地調査のため、製作には時間がかかり、やっと完成したのは1747年だった。

ロックは「景観地図」よりも「計画図」と呼ぶのを好んだが、この図では1マイル（1.6km）が26インチ（66cm）に縮尺され、ウェストエンドのような繁華街がきわめて正確に示されている。細い路地や中庭の多くは省略されたが、「ほどほどの大きさの邸宅や庭園」は描かれた。当時の建造物で今日まで残らなかったもののひとつが「タイバーン・ツリー」である。これは公開処刑のための絞首台で、「タイバーン」にある「ハイドパーク」の外れ、現在のマーブル・アーチのそばに建っていた。サウス・ロンドンには、ロンドン橋に近い古代からの居住区域であるサザークやデプトフォードの造船所、ランベス地区などが含まれる。

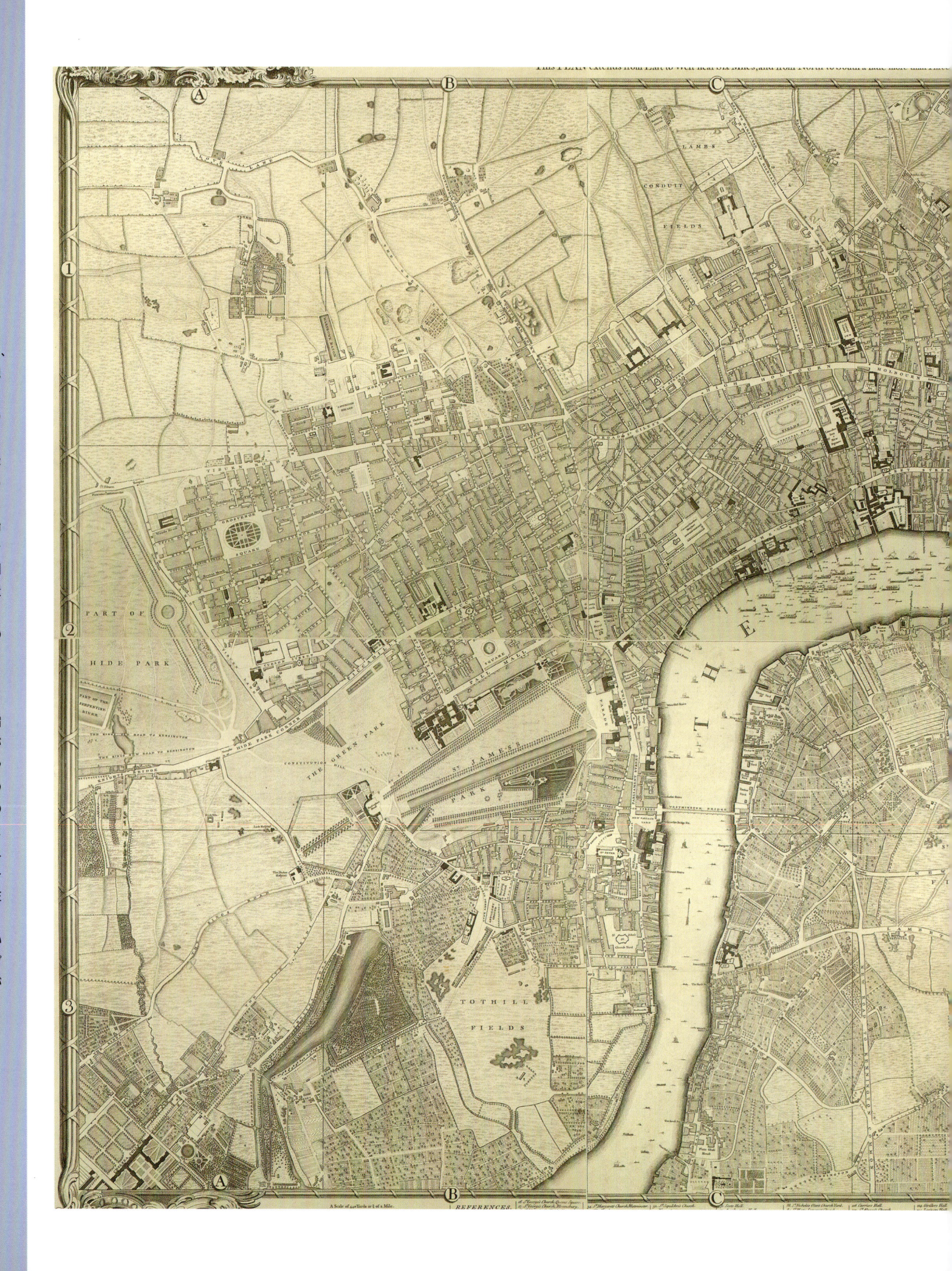

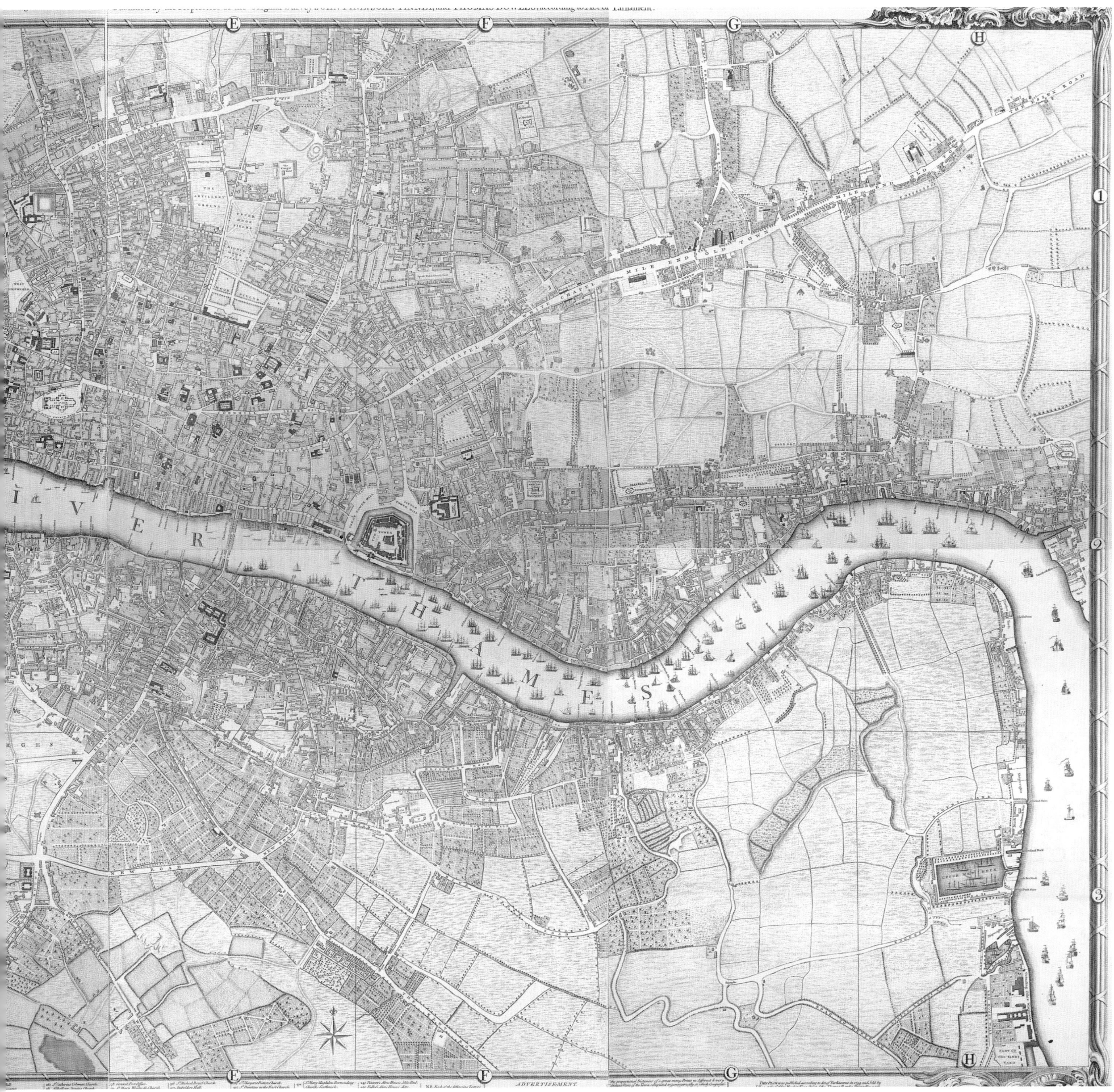
E
F
G
H
1
2
3
I V E R
T H A M E S
WHITE CHAPEL
MILE END OLD TOWN
THE ARTILLERY GROUND
TOWER
NEW ROAD
ADVERTISEMENT

[右] ニューヨーク、1766－1767 年、バーナード・ラッツァー作 このすばらしい都市計画図は、アメリカ独立前の 13 植民地を描いたどの地図よりも正確かつ美しく表現されている。この当時、ニューヨーク市はマンハッタン島の最南端しか含まれなかった。この図では、すべての通りと重要な建築物、さまざまな礼拝の場所が、細部まで忠実に再現されている。また、周辺に広がる郊外の畑や森の地形もよく観察されている。イーストリヴァーの対岸にはブルックランド（ブルックリン）の農場が見える。これらの農場でとれた農作物はフェリーで市内まで運ばれた（フェリー乗り場も地図に描かれている）。

この地図のもとになったのは、1765 年の冬、印紙法を引き金とする暴動が起こっていたさなか、軍事技師ジョン・モントゾールが作成し、1766 年にロンドンで出版された地図だった。ニューヨーク州知事サー・ヘンリー・ムアはこのモントゾールの地図を参考にしてより正確な調査をするようラッツァー（地図上にはミススペルで"Ratzen"と書かれている）に依頼した。

第3章 帝国の時代 1700−1800年

【左】ラッツァーの地図によって、農場や広い土地の所有者の名前、市の道路網からインフラストラクチャーが発展するようす、自然界のさまざまな特徴、牧草地や庭園の造成によって景観がどのように変化していくか、などがわかる。この地図はようやく1770年になってから、ロンドンで印刷された。1775年に戦争が始まると、ニューヨーク市はたちまち独立革命軍に占領されたが、1776年にイギリス軍が彼らを駆逐した。ロウワー・マハッタンで生じた不審火によって市の3分の1が焼失したため、ほんの数年前にバーナード・ラッツァーが記録したニューヨークはその姿を一変させていた。

エディンバラ──２つの町が共存する都市

　このスコットランドの首都は1995年に世界遺産に登録された。都市圏の歴史建築物が世界遺産にふさわしいと評価されたためである。この都市のユニークな特徴は、旧市街と新市街が調和を保っている点である。よく保存された旧市街は中世の高くそびえる建物と細い路地と公共建築がひしめきあっている。きちんとした都市計画にしたがい、18世紀の新古典主義様式で拡張された新市街にはジョージ王朝様式のテラス付の邸宅が立ち並ぶ。これらは当時、指導的な立場にあった市民たちの住まいだった。この傑出した個人たちが、スコットランド啓蒙主義の時代にこの都市を変貌させた。学問と芸術が盛んになり、エディンバラは「北のアテネ」と呼ばれたのだった。

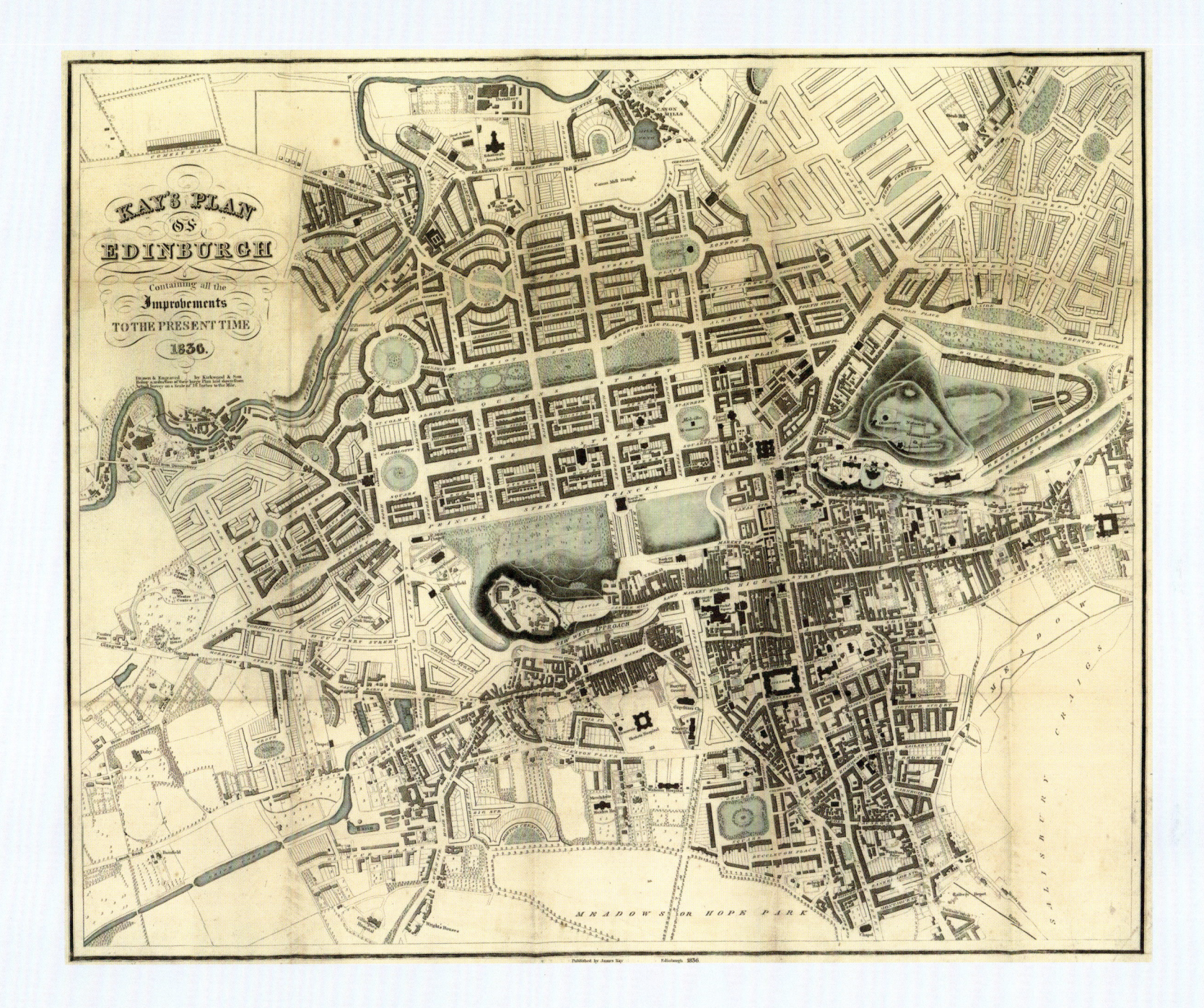

[左] エデンブルク（エディンバラ）、1582年、ブラウンとホーヘンベルフ作 市を南から眺め、スコットランド女王メアリーの時代の服装をした人びとの絵が添えられたこの地図は、1574年に作られたラファエル・ホリンズヘッドによる木版画をもとにしている。西側には大きな城が見える。そこに記された Castrum puellarum（「乙女の城」）という字は、この城なら王女が安全に暮らせるという意味がこめられていたのかもしれない。城につながって水平方向に長く伸びる道路はハイ・ストリートまたは「ロイヤル・ロード」と呼ばれ（現在のロイヤル・マイル）、セント・ジャイルズ大聖堂をへて、市門およびホリルード修道院に至る。この当時、エディンバラには約1万5000の住民がいたが、そのほとんどは中世からの何層にも重なった（多いものでは12階まであった）不衛生な住居にひしめきあって暮らしていた。

[上] エディンバラ、1836年、ジェームズ・ケイ作 エディンバラのニュータウンの都市計画コンペで優勝した最初の案はジェームズ・クレイグのものだった。3本のメインストリートからなる整然とした幾何学的な都市計画案は1767年に実行に移された。1790年代末までに、この設計図のほとんどは実現されたが、そのかげにはロバート・アダムのような人びとの大きな貢献があった。1800年代、一連の大がかりな拡張工事が実施され、ニュータウンは北、東、西の方向へ成長した。このケイによる「改良」地図を見ると、整然たるたたずまいの新市街と混沌とした旧市街の対比が明らかである。さらに、新旧の市街のあいだの移動が楽になったのは、湿地帯だったノア・ロックを排水し、プリンセス・ストリート・ガーデンを建設した結果だということがこの地図から読みとれる。この庭園と近くにある丘はニュータウンの掘削で出た土を使って造営された。

【右】ワシントンDCの簡略な地図、トマス・ジェファソン作、1791年　イギリスからの独立をかちえたあと、アメリカ合衆国は大陸会議の開催地だったフィラデルフィアを首都にしたくなかった。北部と南部の妥協の結果、ポトマック川のほとりの都市が首都に決められた。1791年3月31日、トマス・ジェファソンは新しい連邦直轄地のためのアイデアをスケッチした。Georgetown、Rock Creek という文字が左上に読みとれる。その下のモールには「President、public walks、Capitol（大統領、公共の歩道、連邦議会議事堂）」という註釈が付されている。幅の広い大きな通りは見た目に美しいだけでなく、公衆衛生の上でも利点があるとジェファソンは考えた。この新しい都市は1791年、技師で建築家のピエール・シャルル・ランファンが連邦議会議事堂を中心に作成した計画図にもとづいて建設された。

【次頁】ピエール・シャルル・ランファンのワシントン計画図、1792年、アンドリュー・エリコット作　ワシントンの最初の調査時に作成されたこの地図には、新しい都市の単純化した形が示され、通りの名前も住所の数字もない。付されているのは経度0度という文字だけであり、この新しい都市を子午線の規準に想定している。かつて植民地保有国だったイギリスのグリニッジ天文台から一線を画そうとしたエリコットにとっては重要なことだった。エリコットが輪郭線だけで描いたこの計画図では2つの建物にだけ名前が書かれており（大統領官邸と連邦議会議事堂）、地図上の唯一の橋は現在のアナコスティア川に架けられている。

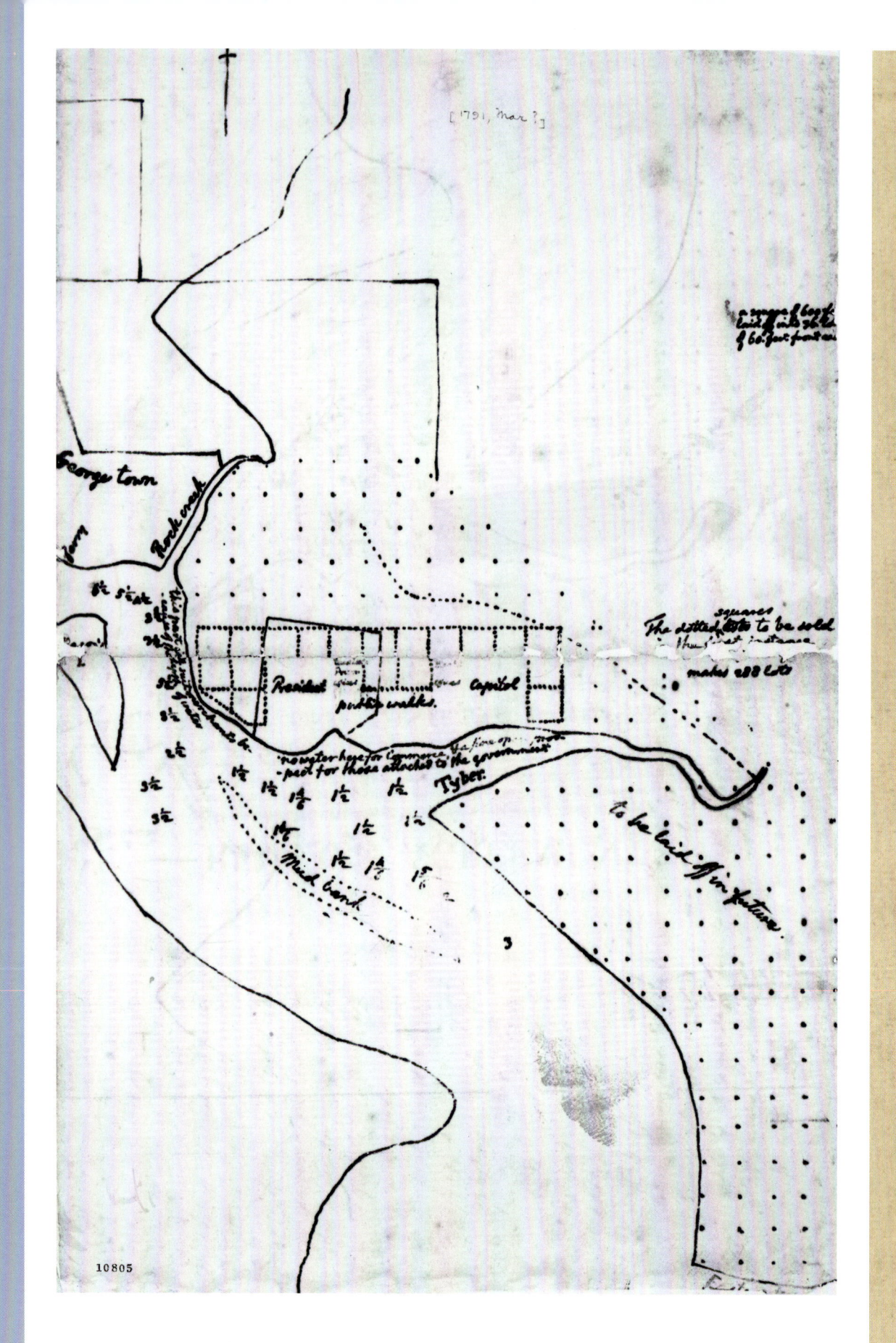

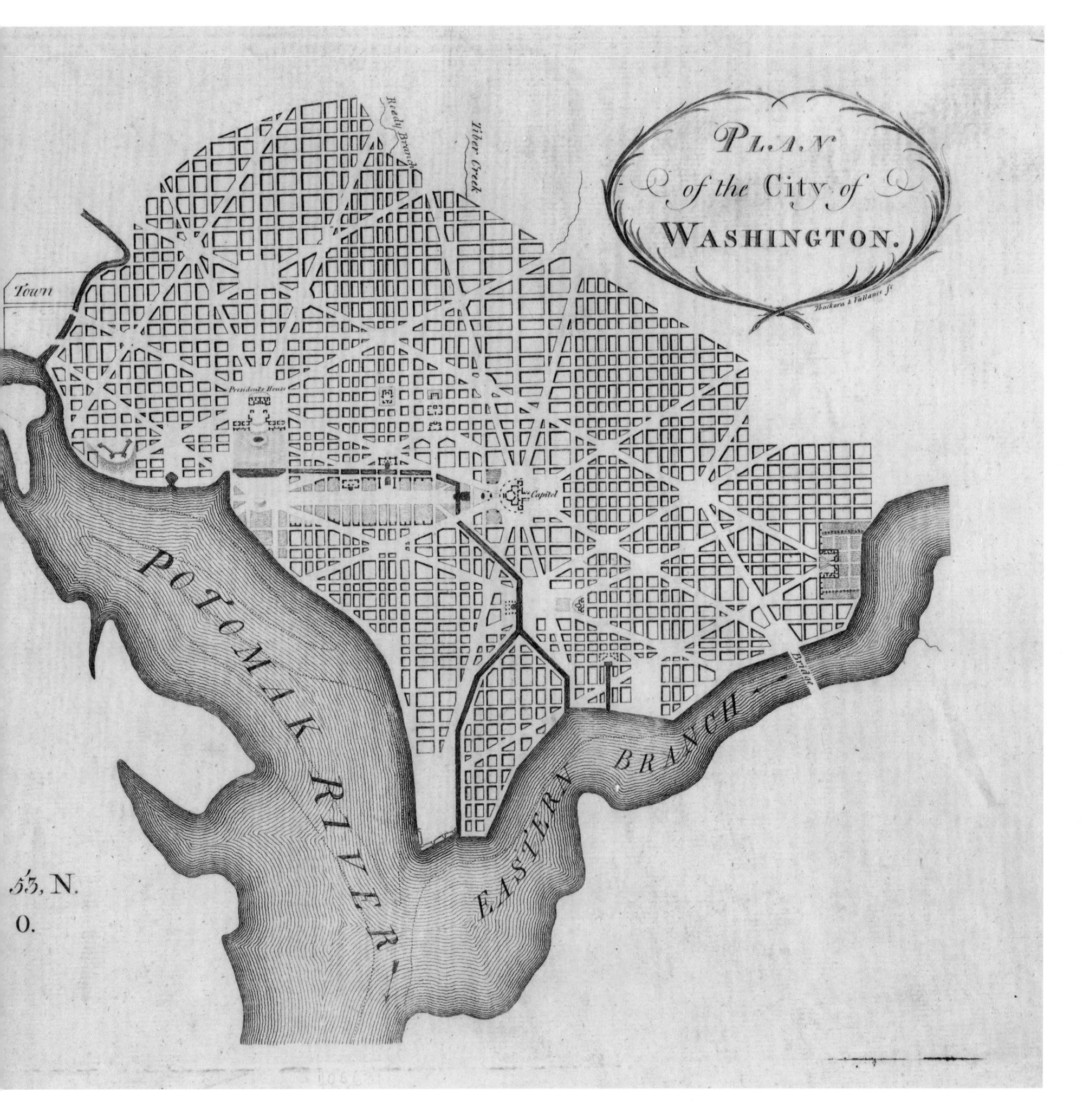

PLAN of the City of WASHINGTON.

[右]1734-1736年のパリ、1739年、ルイ・ブレテ作　テュルゴーの地図として知られるこの図は、パリの商人頭（実質上の市長）だったテュルゴーがパリの評判を高めるために、都市景観図の最高の見本となるよう製作を依頼したものだった。1734年から着手された綿密な測量作業は2年の歳月を要し、その成果である鳥瞰図が刊行されたのは1739年だった。20の区域に分けられた地図帳は、今日のパリ市内の11区から20区にあたる地域が含まれた。技法としては縮尺が400分の1で、不等角投影図法により、南東を上にして描かれている。その正確さは例を見ないものだった。拡大図は、大きな地図の中心部にあたり、コンティ河岸に近いポン・ヌフが示されている。

PLAN DE PARIS

【右】パリと主要な建築物、1789年、ジャック・エノーとミシェル・ラピイ　M・ピションによって1784年に初版が刊行されたこの地図はその後、いくつかの重要な改訂が加えられ、最後の改訂版が出たのは1802年だった。発行人欄は、セーヌ川のニンフや、芸術と科学のシンボルで寓話的に表現されたパリのイラストで飾られている。この地図にはフランス革命直前のパリが描かれている。セーヌ川で2分されたパリは銅版画によって細部まで正確に描きこまれ、余白にはおもな道路、教会区、大学、病院、建築物、広場、その他の名所があげられ、縦と横に分けた区画のアルファベットと数字によって参照できる。さらにその周囲にはパリを代表する27の建築物に加え、ヴェルサイユ宮殿の絵が並んでいる。1792年8月、テュイルリー宮殿（中央下）は革命軍の襲撃を受け、つづいて共和制の成立が宣言された。

第 3 章　帝国の時代　1700－1800 年

[右] **メキシコシティの地図、1794年、イグナシオ・カステラにもとづく** マヌエル・イグナシオ・デ・ヘスース・デ・アギラが都市改良の計画を練るにあたって、ペンとインクで描いたこの地図（東が上になっている）は、それ以前、イグナシオ・カステラが総督パチェコ・デ・パディージャ・レビジャヒヘドの命令で作った1782年の地図がもとになっている。市の境界を越えたところにあるインディオの土地（北側のサンティアゴ地区周辺）は無秩序に広がった貧しい集落のようである。総督の希望は、灌漑システム、公衆衛生、舗装道路の改良であり、この図では道路と住居の状態が色分けして示されている。さらに、都市を四方に拡大する予定もあり、四隅に四角い広場（公共の広場）が作られるはずだった。しかし、じっさいにできたのは南東と南西の2つのパセオ（遊歩道）だけだった。

第 3 章　帝国の時代　1700−1800 年

【下】ミュンヘンの市街地図、J・ストックデール刊、ロンドン、1800 年　要塞で守られたバイエルン州都ミュンヘンはもともと 1806 年（この年バイエルン王国が成立）に基本的な形がととのえられ、1800 年代末に改良の手が加えられた。ストックデールの図は、いくつかの近代化政策が始まる直前の姿をとらえている。中世の古い市壁の外側には、バロック時代に選帝侯マクシミリアン 1 世が築いた要塞のなごりである外周のベルトがはっきりと見える。ホーフガルテン（王宮付属庭園の意、図中の番号 2）は、いちばん外周をめぐる壁の内側にある。しかし、1795 年に選帝侯カール・テオドールが、ミュンヘンは「要塞ではなく、要塞ではありえず、要塞にすべきではない」といって、新しい「開かれた都市」を作ると宣言した。こうして、壁は打ち壊され、市の成長を邪魔するものはすべて取り除かれて、拡張計画が立てられた。

　1800 年にロンドンで出版されたものだが、この図に描かれた都市のようすは 1760 年頃のものと考えられている。少なくとも 1798 年以前であることは確かなようだ。ヨーロッパで最大の広さをもつ都市公園エングリッシャーガルテン（イギリス庭園）は、1789 年から 1792 年にかけて建設された。場所はシュヴァービング市門およびホーフガルテンの北である。

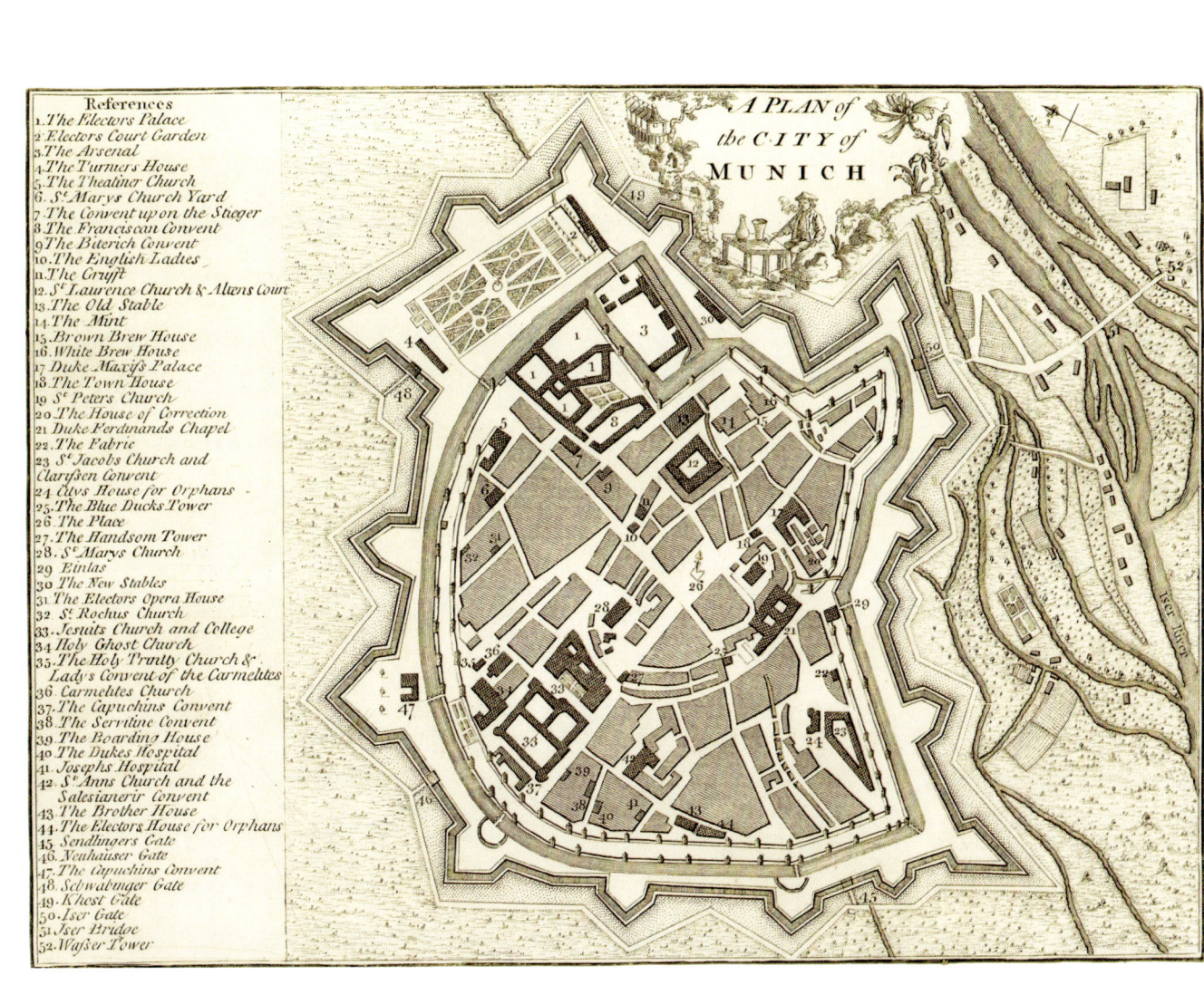

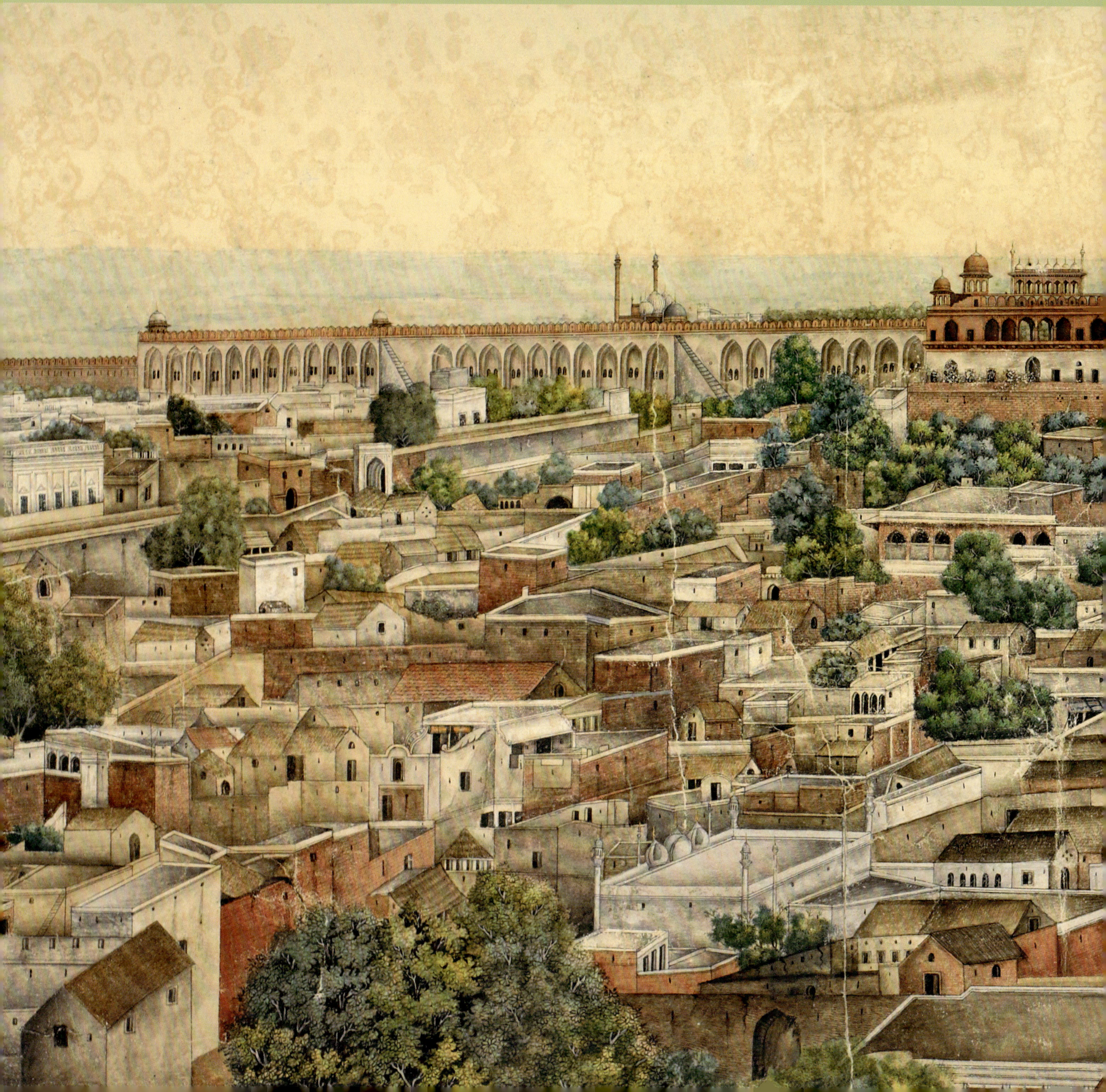

第 4 章　新機軸の温床　1800－1900 年

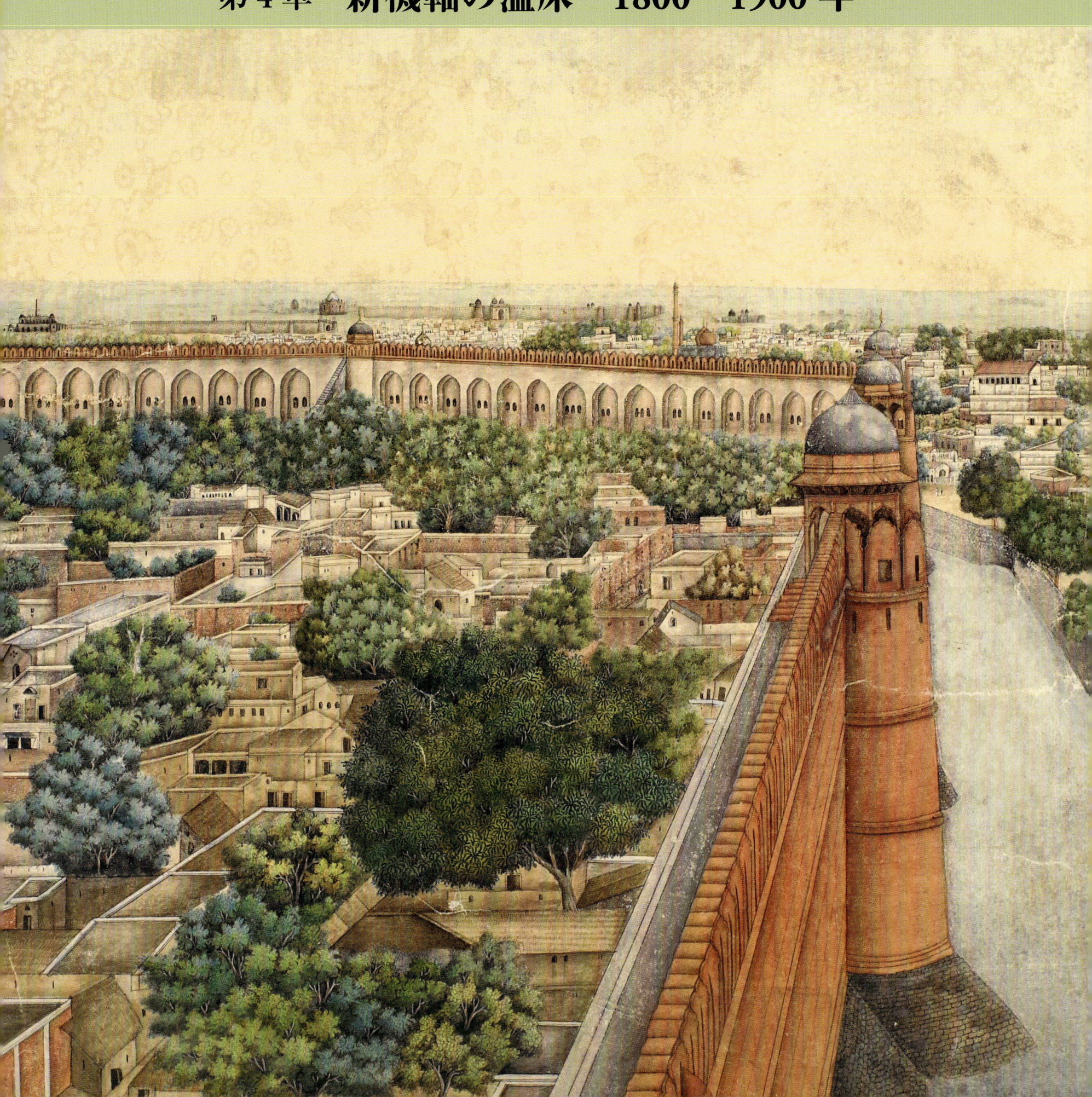

[前頁] **デリーの赤い城塞、マザー・アリ・カーン作、1846年11月** 5枚のパネルに描かれたパノラマの一部。インド北部の都市デリーは12世紀にイスラム教徒に征服された。城門の小塔から見た風景とともに、イスラム統治が終わりを迎えつつあった時代をとらえた作品である。この傑作の完成から10年ほどたってセポイの反乱が起こり、鎮圧された結果、イギリス政府は支配を固めようと、城壁の近くにあったモスクや大邸宅を保安上の理由で取り壊し、デリーとその広大な緑地の様相を一変させた。

[右] **プリーのジャガンナート寺院、作者不詳、19世紀** オリッサ州のベンガル湾に臨むプリーは、クリシュナ信仰の聖地として多くの巡礼者を集める都市である。現地では、クリシュナ崇拝を表現するパタチットラという独特の芸術様式によって、寺院に祀られるジャガンナート（「世界の主」）の姿が象徴的に描かれている。このパタチットラは、ジャガンナートが兄のバラバドラと妹のスバドラーとともに壁の窪みに祀られているようすを描いている。寺院の外にはプリーのその他の寺院および海と天界が描かれている。

19世紀は空前の技術革新、帝国主義、人口増加、産業化、都市化の時代だった。世界的な人口増加は都市の人口増加にもつながり、1851年のイギリスの国勢調査では、史上初めて国民の大部分が都市生活者となったことがわかっている。他国も同じ道をたどったが、変化の速度はイギリスに比べてゆるやかだった。そのような事情もあり、イギリスの都市は市街図作りの重要なテーマとなった。

産業と人口

この都市化の要因は、農業生産力の向上をはじめとする数々の発展にあったほか、オーストラリアの羊肉、アルゼンチンの牛肉、北アメリカの穀物など、遠隔地から食糧が輸入されたことにもあった。その結果、西欧や合衆国北東部では、都市生活者を養うために農業従事者となる必要性は薄れていった。さらに、産業化で誕生した大工場に多くの労働者が雇用され、ロンドンやニューヨークなどは現在では考えられないほど工業都市としての色彩を強めた。地方の伝統産業の中心地も発展し、たとえばフランスのリヨンでは、それまで主力だった絹織物などの繊維産業に化学産業や製薬産業が加わった。アメリカの1860年の国勢調査では、3150万にのぼる人口の3分の1が直接間接を問わず製造業に従事していたことがわかっている。

多くの都市で死亡率が高かった（1840年のグラスゴーの出生時平均余命は27歳である）ことから、都市の人口急増は移住によるものだった。製造業だけでなく、商業、輸送業、建築業、行政、家事奉公に従事する者も多かった。ただし移住者は住宅難にみまわれ、結果的に貧困をもたらす人口過密が起こった。1801年に8万人強だったリヴァプールの人口は半世紀のうちに4倍以上に増加した。リヴァプールはイギリスの大西洋貿易を支える要港都市だったが、超過密、劣悪な衛生状態、病気の蔓延にも悩まされていた。統計によれば、国内で最も住宅事情の悪いリヴァプールの年間死亡率は人口1000人あたり34.3人だった。1846年には市内に538軒の売春宿があり、1857年には12歳未満の売春婦が少なくとも200人いた。当時の市街図では世界有数の大規模なドックが異彩を放っているが、このような深刻な統計値は貿易の拡大にともなう人間の苦悩を物語っている。

幹線交通網

都市は交通網の中枢であることからも地図製作の重要なテーマだった。都市の発展は、新しい輸送システムを構築して収益をあげられるかどうかにかかっていた。19世紀初頭の新輸送システムは運河と道路であり、とくに運河はバラ荷の輸送に不可欠だった。たとえば、ロンドンはイングランド中部地方につながる運河網が確立されたことで恩恵を受けた。ニューヨークは1825年のエリー運河の開通によって西部への輸送システムの重要拠点となった。地図を見ると、運河のルートによって一国の都市の序列がどれほど変化したかがわかる。

この変化をさらに促進したのが、シカゴのような都市の発展に重要な役割をはたした鉄道の発明である。アメリカは太平洋に向かって大陸横断的に発展したが、19世紀末の時点でこの国を経済的に支配していたのはボルティモアからボストンまでの東部沿岸の都市と、西はシカゴ、ミルウォーキー、セントルイスまでの地域だった。これらの都市は金融および企業活動の面で優位に立っただけでなく、多くの製造業をかかえる人口密集地となった。

南部や西部には、自分たちが経済、金融、政治の面で東部の都市に支配されているという感情があった。この敵対意識は20世紀初頭の反大企業や反トラストの動きにつながった。南部の政治家や実業家は、シカゴを中心とする北部の鉄道網に代わるものを作ろうと考えた。1883年にカリフォルニアとニューオーリンズ間で開通したサザン・パシフィック鉄道は、その代表例である。

発展を支えるインフラ

鉄道によって都市の様相が変化すると、地図作りの現場は多忙になった。都市の変化は、鉄道が運河とちがって貨物と乗客の両方を輸送したことによるものだった。鉄道は、新興の裕福な中流階級が緑豊かな郊外に移り住むことを可能にし、郊外化を促進して都市の形を変えたのだ。このような変化にともなって新しい地図が必要になった。また、鉄道は操車場や橋や駅などの新しいインフラを必要とした。これらのインフラは、辻馬車や乗合馬車から地下鉄にいたる市内交通網の新たな中枢となっただけでなく、都市中心部の景観を一新した。

地図は都市の急速な発展を明示すると同時に促進した。テキサス州のヒューストンは、ほぼ何もない状態から1世紀たらずのうちにアメリカ最大級の都市へと発展した。ロサンゼルスの1849年の測量図には、土地改良費用として200ドルを支払った者に市内の土地が譲渡されたことが記録されている。1850年代なかば以降の地図を見ると、ロサンゼルスの周辺には平原が広がっており、それが都市のスプロール化（無計画な郊外への拡大）につながっていったことがわかる。

　さらに、人口が集中する大都市の政治的な影響力は、ヨーロッパの大部分やアメリカ、オーストラレーシア（オーストラリア、ニュージーランドと近海諸島）の例に見るように、民主主義体制の広がりとともに増大した。イギリスでは、1832年の第1次選挙法改正によって都市の重要性が高まった。議席が再配分されたことで、大都市は自分たちの代表を国会に送りこめるようになったのだ。イギリス以外でも同様のことがおこなわれ、改革の動きに勢いがついた。

　都市は武力による政府転覆の舞台にもなった。ヨーロッパ各地で起こった1848年革命である。パリでは1792年に

[右] 江戸名所の全景、鍬形紹真（蕙斎）作、1803年　本所から見た江戸全市の鳥瞰図。前方に隅田川（大川）と4本の橋が描かれている。よく見ると情報量が多く、小さな文字で260か所もの名所が紹介されていることがわかる。大江戸は緑豊かな街であると同時に大名屋敷が建ちならぶ街でもあった。現在、広大な大名屋敷の跡地は公園、官公庁、大学用地として使われている。東京大学の本郷キャンパスにはかつて、加賀藩前田家の上屋敷があった。

王権が崩壊していたが、1830年と1848年にも反乱によって政治体制が崩壊した。1852年、ナポレオン3世は、パリを統治しやすく帝国にふさわしい首都とするために、1850年代から1860年代にかけてオスマン男爵に新しい大通りを整備させた。このような近代化計画は、目的や手法はちがってもコペンハーゲンやウィーンやベルリンなどでも実施された。

多くの都市「改良」計画には、景観の美化という目的のほかに、ロンドンで「ルカリー（カラスの巣）」と呼ばれていたようなスラムの一掃という目的があった。当局にとってスラムは法の支配がおよばない場所であり、全市民をおびやかす犯罪と病気の巣だった。とりわけ公衆衛生の問題は、19世紀の都市計画を大きく左右していった。社会統制と連動した再開発は、さほど発展していない都市でもおこなわれた。ローマでは、1870年代に貧困層が市街地から郊外のスラムに追いやられ、ナポリでは1884年にコレラが流行したことを受けて港湾周辺のスラムが一掃され、国王の名にちなんだウンベルト1世大通りが市街地の中心に建設された。

地図作りと科学技術

出版技術が進歩し、安価な地図を量産できるようになったことで、地図作りは大きく変化した。蒸気動力によって大量生産が可能になった結果、地図は大量市場向けの商品

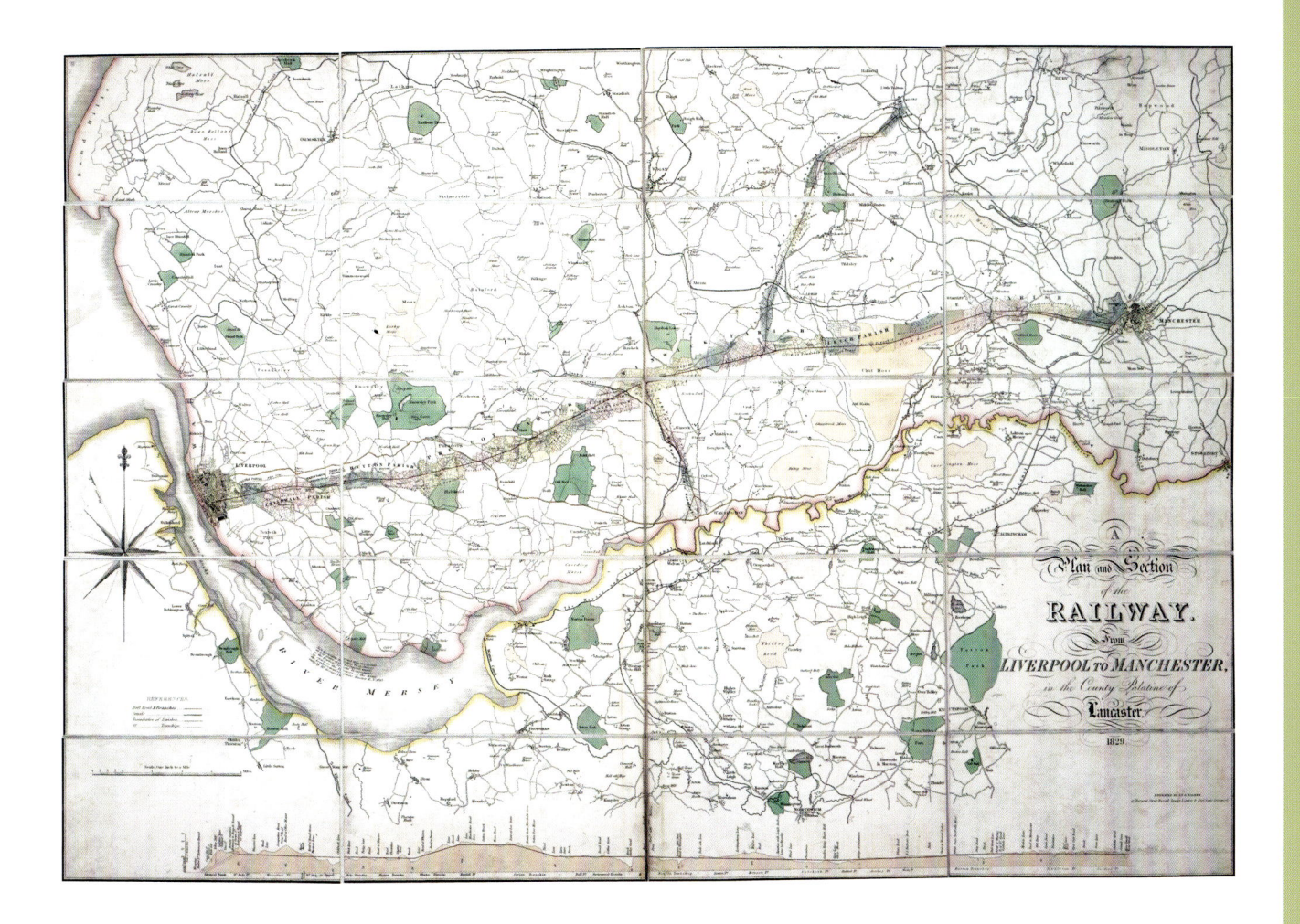

第4章 新機軸の温床 1800–1900年

[左] ジョージ・スティーヴンソンによるリヴァプール・アンド・マンチェスター鉄道の路線地図、1827年 この鉄道は1830年に開業した世界初の都市間輸送路線であり、綿花などの貨物をリヴァプール発着で運河網よりも速く安く輸送する目的で建設された。しかし、この高速輸送路はほどなく旅客にも利用されるようになった。やがて長距離路線網が形成され、1838年にはロンドンからバーミンガムまでの路線が完成し、1840年にはサザンプトンまでの路線が完成した。都市では商業形態が変化し、行政区が再編されて鉄道、貨物操車場、中心部のターミナル駅が建設され、鉄道駅が重視されるようになって都市街路のレイアウトも大きく変化した。

になった。1800年代に製紙工程の機械化が商業ベースに乗り、安価な紙が大量に生産されるようになった。蒸気動力による印刷機も同時期に発達した。1820年代以降は石版印刷の登場が大きな変化をもたらし、地図の発行数と種類を増加させた。石版印刷では、凹版用の図案が石版石に転写されたが、石版石は修正がきくため、原版を傷めずに境界線を引きなおすことができた。石版石に修正を加えながら版を重ねられたために、都市の規模の変遷を記録することも可能になった。

1850年代末以降も金属板は彫られていたが、直接印刷に使われることはなかったようで、それらは石版印刷の原版としてのみ使用された。石版印刷は、従来よりもずっと細い線やきれいな文字を容易に印刷できたうえに、銅板印刷よりも安あがりだった。

また、カラー印刷が地図作りにより重要な役割をはたすようになった。銅版画の誕生によって、複数の版を使っておこなう多色印刷はすでに可能になっていたが、あまり普及しなかった。19世紀に地図彩色の工程が手作業からカラー印刷にとってかわり、伝えられる情報が多くなった。それによって説明書としての地図の使い勝手が向上し、特定のテーマをもった地図が数多く刊行されるようになった。地図製作者の従来の関心事だった地形や航海にかんする要素に加えて——または代わって——衛生状態や人口密度など、土地にまつわる興味深い情報が盛りこまれるようになった。

多色印刷は製作意欲と購買意欲の両方をかきたてた。とくに、さまざまな要素を抜き出してわかりやすくまとめる手法によって、標準的な地図にも多くの情報が盛りこまれるようになった。

大量市場の需要を満たせるようになったことは、このような地図を特定の市場で売ることにも役立った。教育制度が普及したことで、地図の販路は学校にも広がった。一般

[右] ボルティモアの鳥瞰図、エドワード・ザクセ作、1869年　ドイツ移民の石版工ザクセが4人の芸術家とともに3年がかりで完成させた大作（約152×335cm）。製作資金は公募寄付と、100社を超える地元企業に地図の周囲の広告スペースを売ることでまかなわれた。地図としては上出来だったが、売り上げは伸びなかった（現存が確認されているのは10部たらずである）。

商工業都市として栄えた当時のボルティモアの範囲は、南北がノーザン・アヴェニュー（現ノース・アヴェニュー）からパタプスコ川の河口港まで、東西がカントンからグウィンズ・ランまでだった。

ザクセは市内のすべての建物、橋、教会、企業、公園、広場を正確な縮尺で詳細に記録したとされている。大きな例外は、地図製作時に建設中だった中央付近の市庁舎である。ザクセは正面を南向きに描いたが、1875年に完成した建物は東向きだった。

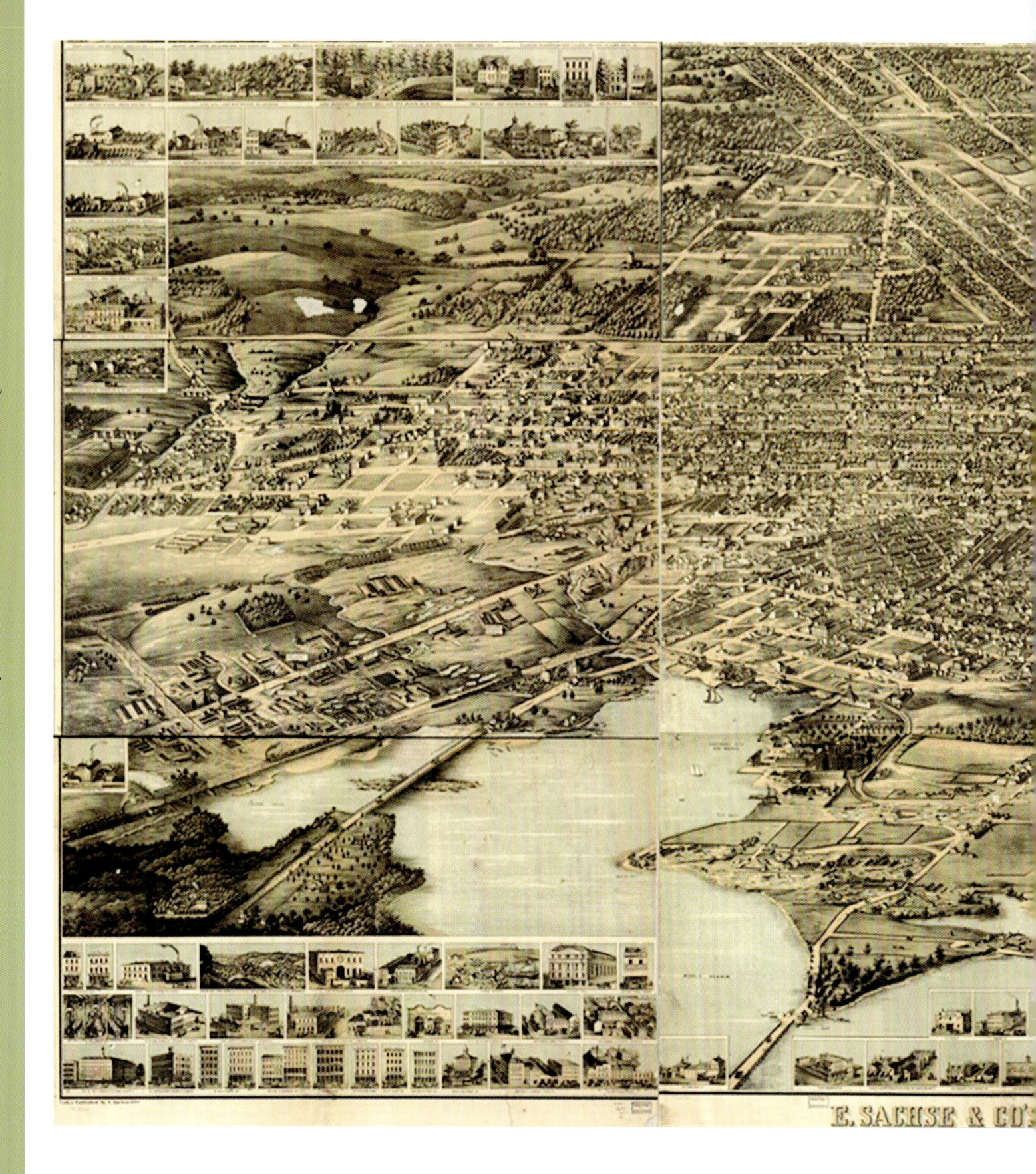

消費者の地図にたいする関心も高まった。これは、人口の増加にともなってレジャーへの関心や教養娯楽支出が増えたり、学校教育によって識字率が大幅に上昇したりしたためである。

19世紀を通じて、地図の製作はいぜんとして都市でおこなわれることが多かった。比較的小さい都市でも地図は作られており、エディンバラにはW・アンド・A・K・ジョンストンやバーソロミュー・アンド・サン、ドイツのゴ

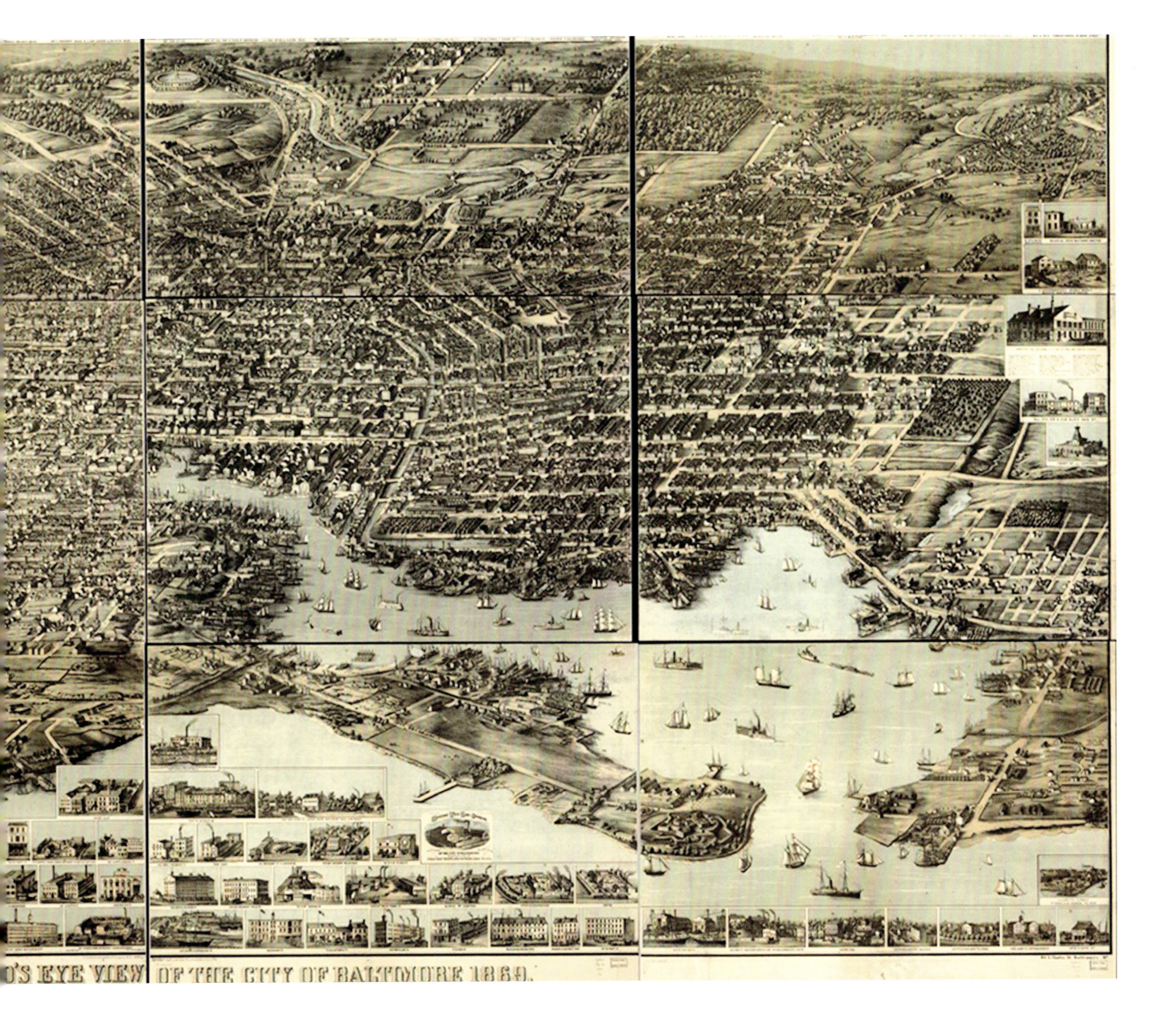

ータにはユストゥス・ペルテスといった出版社もあったが、全体として見れば、重要な拠点は首都やニューヨークやフィラデルフィアなどの主要都市だった。地図製作の世界的な主要拠点はロンドン、パリ、ニューヨークであり、代表的な出版社としてはロンドンのアロースミスやジョージ・フィリップ・アンド・サン、ニューヨークのコットンなどがあった。

【右】ウィリアム・W・トマスが配布した
ヒューストンのポケットマップ、1890年
現在のテキサス州ヒューストンはアメリカ第4の都市だが、19世紀末にはまだ発展の途上にあった。地元有数の不動産業者だったウィリアム・トマスは、ヒューストンを売りこんでテキサス州の中枢都市にしようと、このポケットマップを全国に配布した。

中心部の北西にあたる河川にかこまれた地域（ヒューストン・ハイツが大部分を占める歴史地区）は、1891年にテキサスで最初の計画集落となった。ヒューストンに近かったが、正式に市に編入されたのは1919年であり、現在では建築学的な特色にあふれた地区となっている。一区画の大きさが多様だったために社会階層の混在が起こりやすく、宅地の多くは、高温多湿な夏にそなえて建物が東向きか西向きになるように区画されていた。商工業地区はすべて最初から計画されていた。

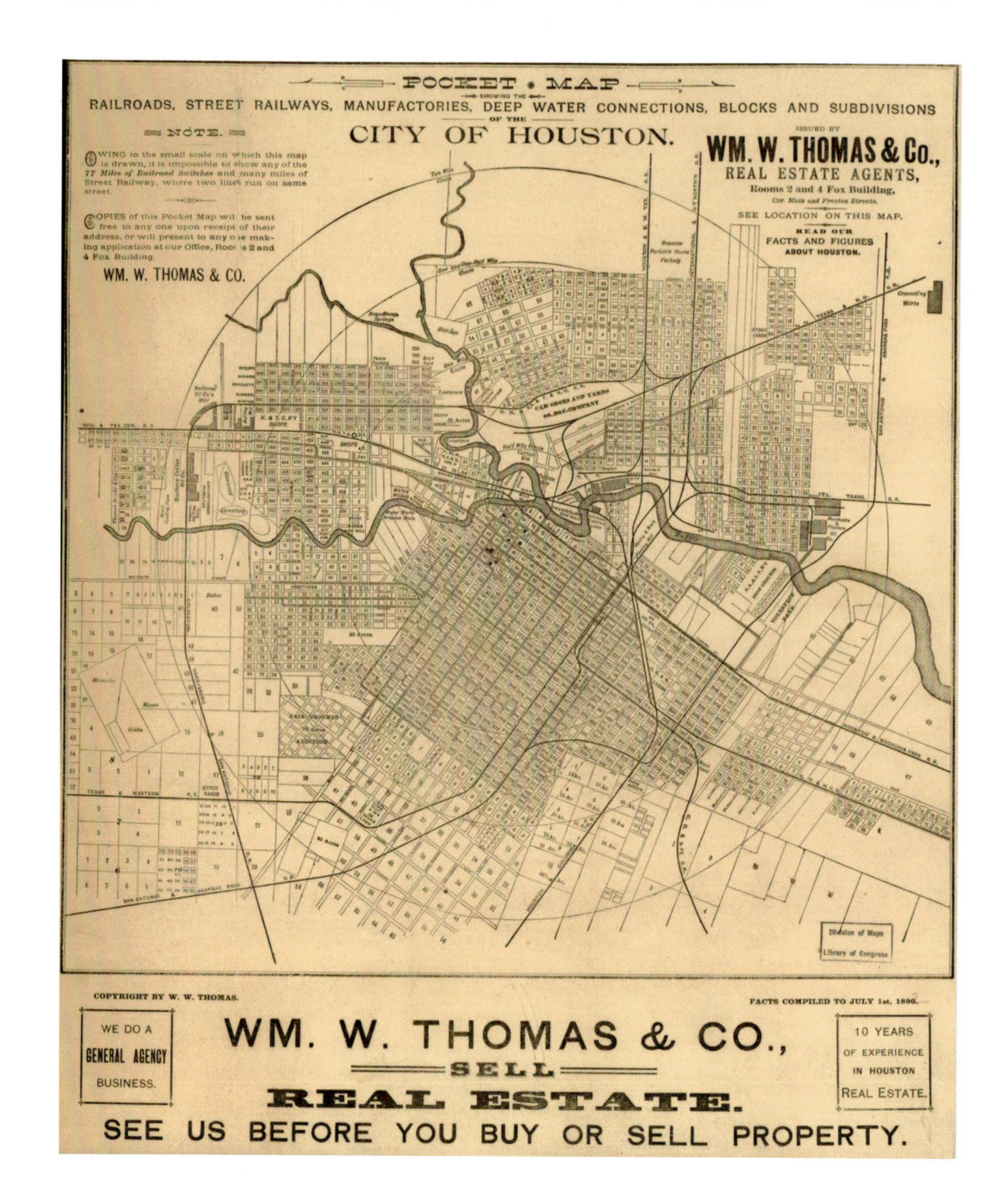

情報化時代

　主題地図の発達はとりわけ重要であり、貧富の差が激しかった当時の都市生活の実状を浮き彫りにすることに役立った。チャールズ・ブース（1840-1916年）の「ロンドン貧困地図」（1889年）は、彼の『ロンドン市民の生活と労働にかんする調査』のなかで最も注目すべき成果であり、実験データを時間、場所、社会階層と関連づけようとする試みとなっている。

　ブースはリヴァプールを本拠とするブース汽船会社で財をなした著名な統計学者であり、王立統計学会の会長をつとめた（1892-1894年）。彼は、労働人口の4分の1が貧困状態にあるという社会民主財団の1886年の報告書に疑問をいだいたが、じっさいに調査したところ、貧困率はそれを上まわる30.7％だった。

　当然、現在の一般的な視点とは異なり、ブースの1889年の地図は極貧の居住者の道徳レベルの低さを指摘し、彼

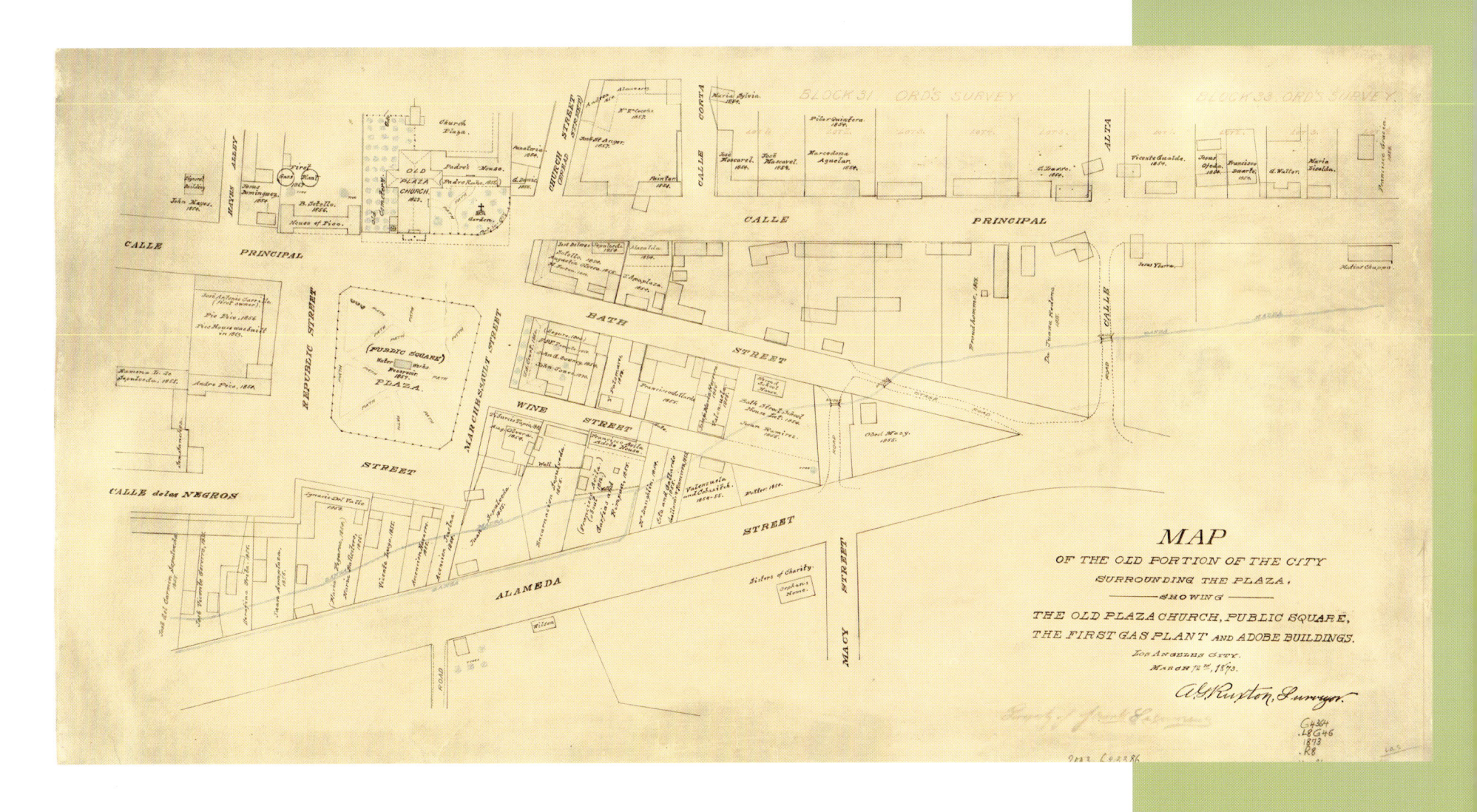

変わりゆく都市世界

　地図製作のおもなテーマは西洋の都市だったが、たんなるもの珍しさからとはいえ、西洋以外の都市もしだいに関心を集め、重視されていった。都市がもつ多義的な性質は、奴隷制度（19世紀の大きな道徳・社会問題）にはたす役割にあらわれていた。都市は組織的な奴隷貿易や奴隷労働の舞台となる一方で、奴隷が逃げこめる自由の地でもあったからだ。たとえば、奴隷として捕らえられたアメリ人船員のロバート・アダムズは、1811年の西アフリカのトンブクトゥでの奴隷狩りについて記述しており、1873年には、中央アジアのヒヴァを攻略したロシア軍が3万人の奴隷を解放している。1888年、ブラジルは西欧諸国の旧植民地で最後に奴隷制を廃止したが、それまでにブラジルへ送られたアフリカ人は、北米全体とカリブ海諸島に送られた人数を超えていた。しかも、ブラジルの奴隷制度はつねに都市型であり、1550年にはすでにリオデジャネイロの人口の40％弱を奴隷が占めていた。奴隷制度が廃止された時点で、リオの奴隷の比率は3世紀前よりもやや高く、古代

　らを「最貧層、不道徳、準犯罪者」と表現して居住地を黒色で示している。それ以外の2つの貧困層は、青色の濃淡で塗り分けられている。地図には地域ごとの明確なパターンがあらわれている。たとえば、ウェスト・ロンドンのベルグレーヴィアに富裕層を示す黄色い部分があるのにたいして、イースト・ロンドンのスピタルフィールズ、ウォッピング、ホワイトチャペルにはそのような色が見られない。

　労働者階級の貧困状況が明確に記録されたのに加えて、住宅の質や過密などの問題にも関心が向けられた。コペンハーゲンでは、住宅問題への意識が高まった結果、労働者向けの安価な住宅が建ちならぶ街区が19世紀末に作られた。産業と輸送の一大拠点であり、1871年にドイツ帝国の首都となったベルリンでは、1850年から1870年までに人口が3倍に増えて87万人となったため、トイレ設備のないミーツカゼルネ（「賃貸兵舎」）と呼ばれる集合住宅が量産された。19世紀なかばに立案された都市拡張のためのシュミット計画は、10年後にジェームス・ホープレヒトの手で具体化された（p.132参照）。

【上】測量技師A・G・ラクストンが記録したロサンゼルス発祥の地、1873年　ロサンゼルスの最も古い筆写地図であり、スペイン人の10家族ほどがエル・プエブロ・デ・ヌエストラ・セニョーラ・レイナ・ロス・アンヘレス（天使の女王の町）を築いて約1世紀後に描かれた。レンガ造りの上水道が青色で示され、広場をかこむ土地の所有者が記載されている。所有者にはスペイン語の名前が目立ち、女性も多く含まれている。現在の歴史的保存地区の中心部であるオルベラ街（旧ワイン・ストリート）には、日干しレンガ造りのアビラ・アドービ・ハウス（地図上に記載あり）が現存する。

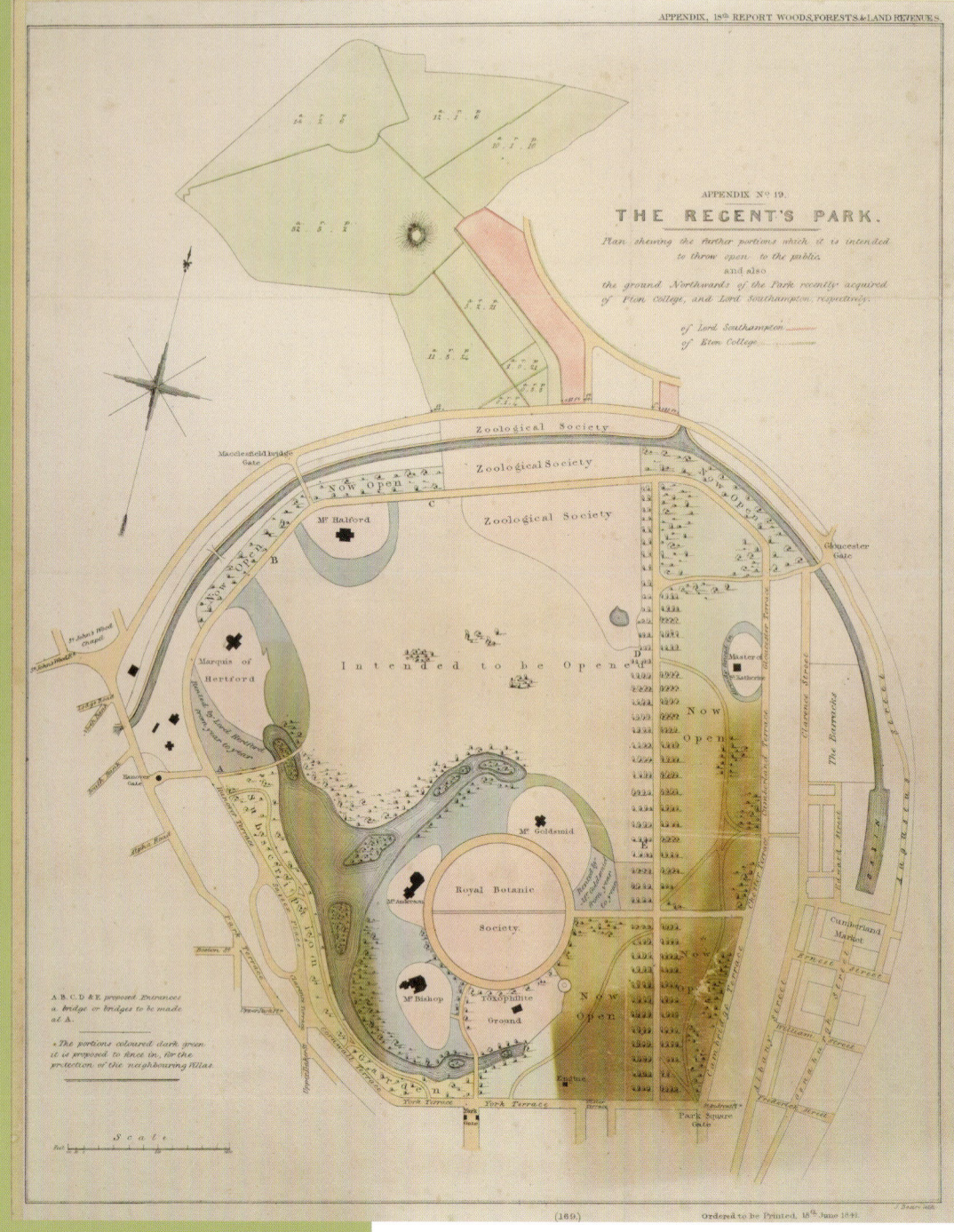

【上・次頁】ジョン・ナッシュによるロンドン改造計画のための平面図、1812年
ロンドンは大規模な都市計画の例が少なく、1666年の大火後の最も有名な計画も不完全なものだった。しかし、ロンドンが国際的に重要性を増していた19世紀初頭には、無秩序な街路を整備しつつ、健全で景観のよいオープンスペースを確保したいという新たな要望が生まれた。

ローマ以来、奴隷の都市への集中度が最も高かった。リオの港に面したサウデ地区やガンボア地区には約400万人の奴隷が上陸し、ヴァロンゴ埠頭や場外市場で売買された。リオに上陸した奴隷の数は、米国全土に入国した奴隷の10倍にのぼった。サンバ発祥の地としても知られる最初のスラム街は、かつての奴隷たちが19世紀末に港湾地区のプロヴィデンシアの丘に作ったもので、「リトル・アフリカ」と呼ばれるようになった。

変わりゆく世界秩序は都市に多大な影響をおよぼした。1842年、イギリス軍が南京に迫ったのち、中国は、上海、厦門（アモイ）、福州、広東（広州）などのいわゆる条約港を開いて貿易を自由化した。1853年、日本の江戸はアメリカの艦隊に脅かされ、1860年、北京は第2次アヘン戦争によってイギリス・フランス連合軍に占領された。1900年に起こった義和団の乱では北京の各国公使館が包囲され、最終的に西洋と日本の軍隊によって解放された。1882年にはエジプトのアレクサンドリアとカイロが、1898年にはスーダンのハルツームが、1904年にはチベットのラサまでがイギリス軍に占領された。帝国の富を背景に、ブリュッセルなどのヨーロッパの多くの都市ではすでに壮麗な建築物が作られていたが、産業による富はますます重要になっていった。

世界秩序における重要性を増していた西洋の主要都市は、相互に脅威を与えあっていたが、非西洋の軍隊に攻撃されるおそれはなかった。都市の象徴的な力は、大博覧会を開催して科学技術力を披露することで示された。1851年のロンドン万国博覧会につづいて、1853年にはニューヨークで第2回万国博覧会が開かれ、現在のブライアント・パークにロンドンの水晶宮を模した建造物が作られた。エジプシャン・リバイバル・クロトン給水所は、鉄とガラスでできたこの大建造物の背景として劇的な効果をあげた。

西洋の支配や権勢の影響下にあった非西洋の都市は、鉄道駅、大通り、電信施設、大型ホテルといった西洋の特色を数多くとりいれた。1888年には、オリエント急行の東の終着駅であるシルケジ駅がコンスタンティノープルに完成した。それは、同じ公共施設とはいえ、都市景観を特色づけるモスクや宮殿とは異なる価値を示していた。

そのころ、西洋の帝国主義国は自国の優位を示すために既存の都市を改造したり、来たるべき新世界で重要な役割をはたすことになる都市を新たに建設したりしていた。

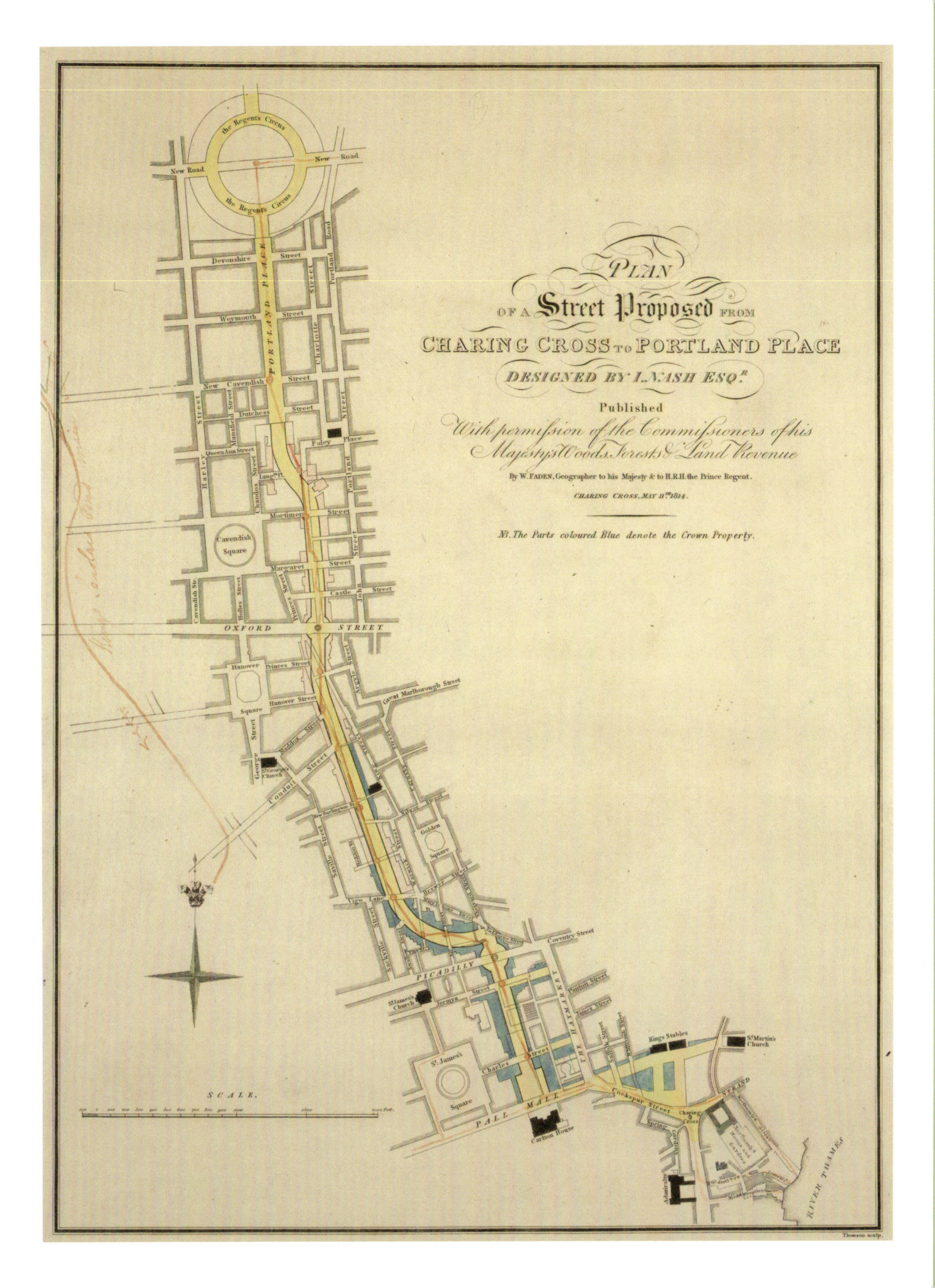

第4章　新機軸の温床　1800–1900年

【左・前頁】ロンドンは、過密で埃っぽい工業地帯からなる東部と富裕層の住宅地だった西部に自然と二分されていたが、東部の貧民が西部に流入することが懸念される地域もあった。このような状況のもとで、摂政皇太子(プリンス・リージェント)に寵愛された都市計画家のジョン・ナッシュが一連の都市「改造」計画の立案をまかされた。彼の計画の目玉は南北方向に延びる大通りであり、これによって、皇太子の夏の宮殿を含む富裕層向けの住宅街と、ロンドン中心部の皇太子の居城カールトン・ハウスが結ばれる予定だった。

計画の大部分は実現しなかったが、いくつかの重要な施設が作られた。リージェンツ・パークは周辺の魅力的なテラス式ハウスとともに完成した。この公園は1820年代には王立植物協会の本拠地であり、ロンドン動物学協会用の庭園（ロンドン動物園）だった。ランガム・プレイスにはオールソウルズ教会が建てられ、大通りはそこから北に延びて既存のポートランド・プレイスに接続し、南に延びて新設の優雅なリージェント・ストリートに接続した。重要なのは、オックスフォード・ストリートとソーホーにあった多くのスラムが一掃され、イーストエンドとウェストエンドの場所が確定されたことである。

【右】マルティン・キンクによるウィーンの環状道路の平面図、1859年　19世紀を通じて、ヨーロッパの都市の多くは中世風ではなくモダンなスタイルでの開発をめざして変化した。一般的に見て要塞都市の時代はすでに終わっており、皇帝フランツ・ヨーゼフが1857年に市壁の撤去を決定したことにより、都市改造のための土地が生まれた。やがて、ルートヴィヒ・フォン・フォルスターらによる建築委員会の監督のもとに完成した環状道路（1858－1865年）は模範的な並木街路となり、それに沿って新しい公共建築や民家が建てられた。

【次頁】エミール・ベレンツェンによるコペンハーゲンの石版地図、1853年　この地図からわかるように、19世紀のなかばまで、コペンハーゲンは濠と城壁と城門をもつ要塞だった。1807年のイギリス軍による砲撃、無血革命、人口過密による公衆衛生問題（1853年のコレラ流行によって約5000人が死亡したこと）などから、都市の近代化と拡張が急務となった。都市計画家フェルディナント・マイダールのもとで、濠は公園へと改造されたが、最も重要なのは、郊外の宅地開発計画によって都市の衛生問題の解決が図られたことである。

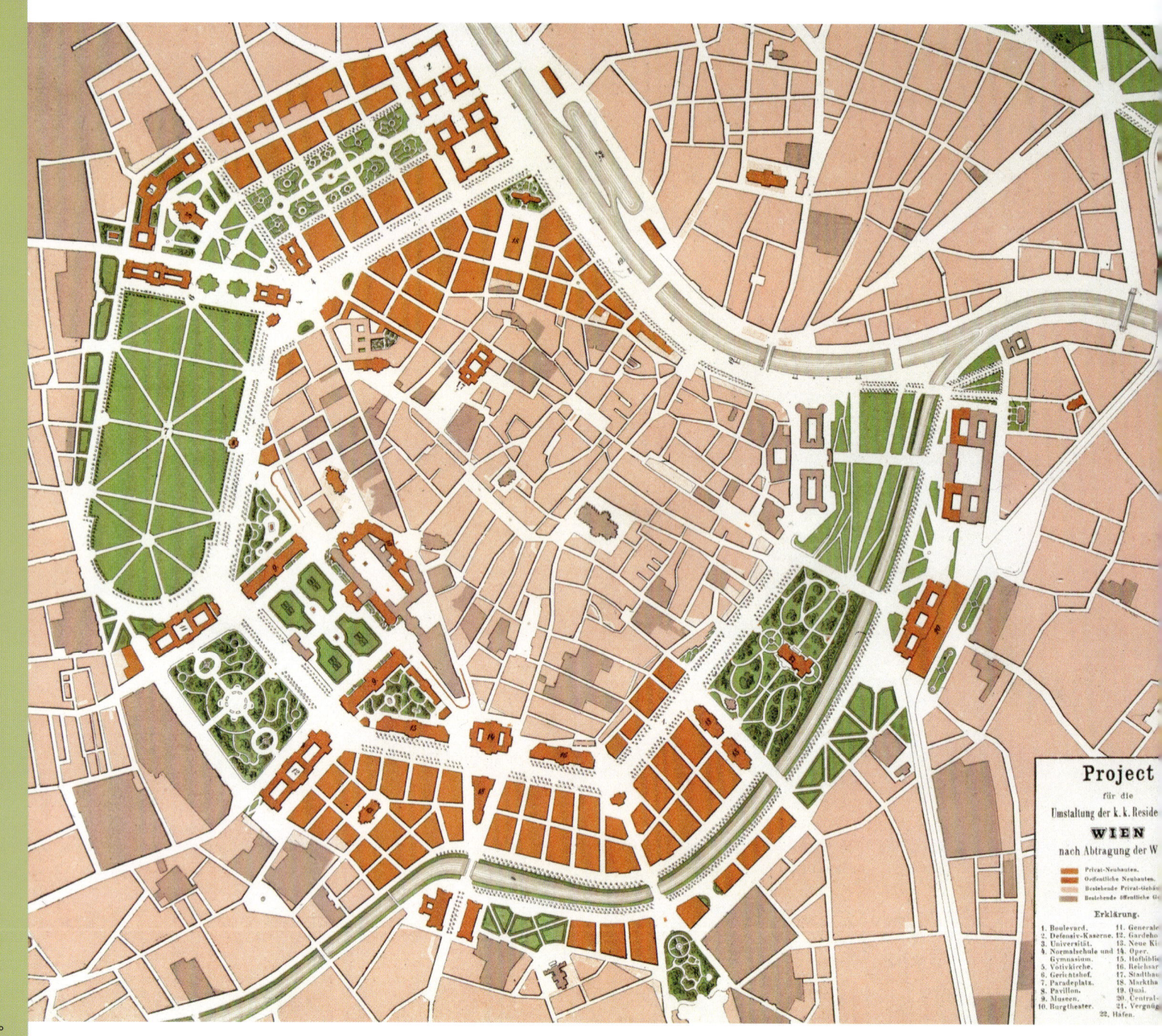

　1819年、イギリスはシンガポールを大水深港として設立し、その人口は1860年までに8万人となった。クアラ・ルンプールは、スズ炭鉱作業員用の木造家屋のひしめくスラム街だったが、1900年には人口4万人の都市へと変容し、英領インド風の印象的な大建築が建てられた。イギリス帝国第2の都市であるインドのコルカタ（カルカッタ）の官庁街には、高等法院（1872年建設）をはじめとする庁舎が軒を連ねていた。1841年にイギリスに占領された香港は世界有数の港湾都市として発展した。1855年に総督官邸が完成し、1864年には香港上海銀行が設立されて金融取引に重要な役割をはたした。

　汽船と鉄道による蒸気輸送機関も、西洋の植民地の拡大

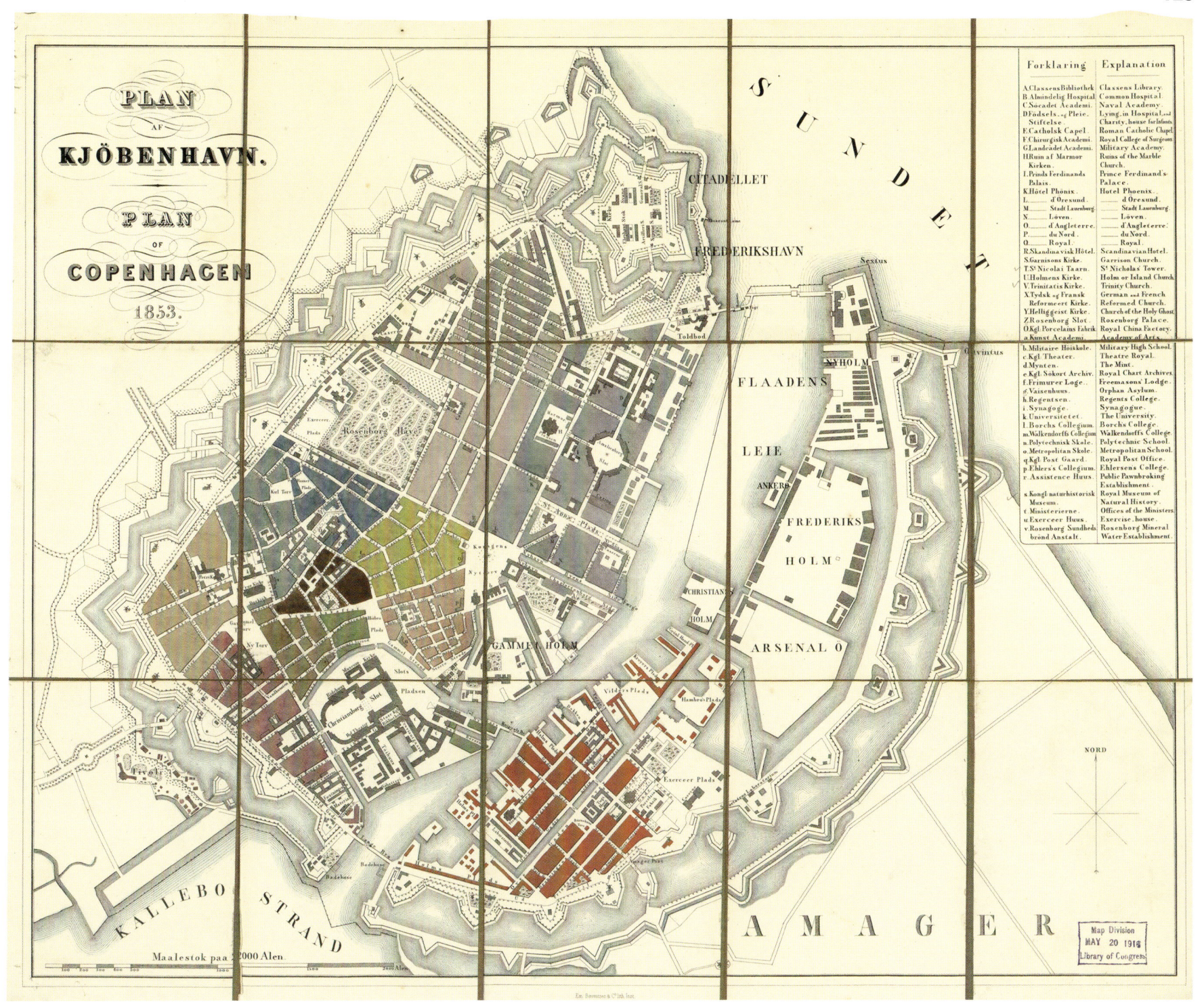

や都市の建設に重要な役割をはたした。多くの都市は港湾と鉄道の中心地として発達した。たとえばヴァンクーヴァーが都市として発足した 1884 年、カナダ太平洋鉄道はここを大陸横断鉄道の終点とすることを決定した。ゴールドラッシュの時代、汽船と鉄道は一攫千金をねらう人びとも輸送した。1849 年のカリフォルニアのゴールドラッシュでは、移民レベルの人口移動がサンフランシスコなどの都市の発展を後押しし、アジアからの移民を引き寄せるきっかけにもなった。世界は発展する都市を通じてつながっていった。

【次頁】リヴァプールの地図、ジョン・タリス作、1851年 バーケンヘッドのマージー川からヴィクトリア朝中期の地平線へとつづく光景が画面いっぱいに描かれている。長年にわたる商業発展の結果、船渠建築士ジェシー・ハートリーによって、建物に完全にかこまれた係船ドックが世界で初めて作られたのを機に、16kmにおよぶ岸壁の56万m²のドックエリアにアルバート・ドック（1843-1847年）などが建造されていった。1840年代にはサミュエル・キュナードが大西洋横断便の運航を開始していた。

海運業による富を背景に、プリンシズ・パーク（1842年開園。地図の右端に見える）などの新しい郊外型公園や多くのすぐれた公共建築が作られた。この地図は欄外の挿絵も魅力的で、汽船と帆船のほか、右上から時計回りにセント・ジョージ・ホール、海員会館、税関が描かれている。人口はかつての4倍の30万人に達し、莫大な富とともに衛生問題も発生したため、リヴァプールはほかの都市に先がけて市営住宅の建設計画に着手した。

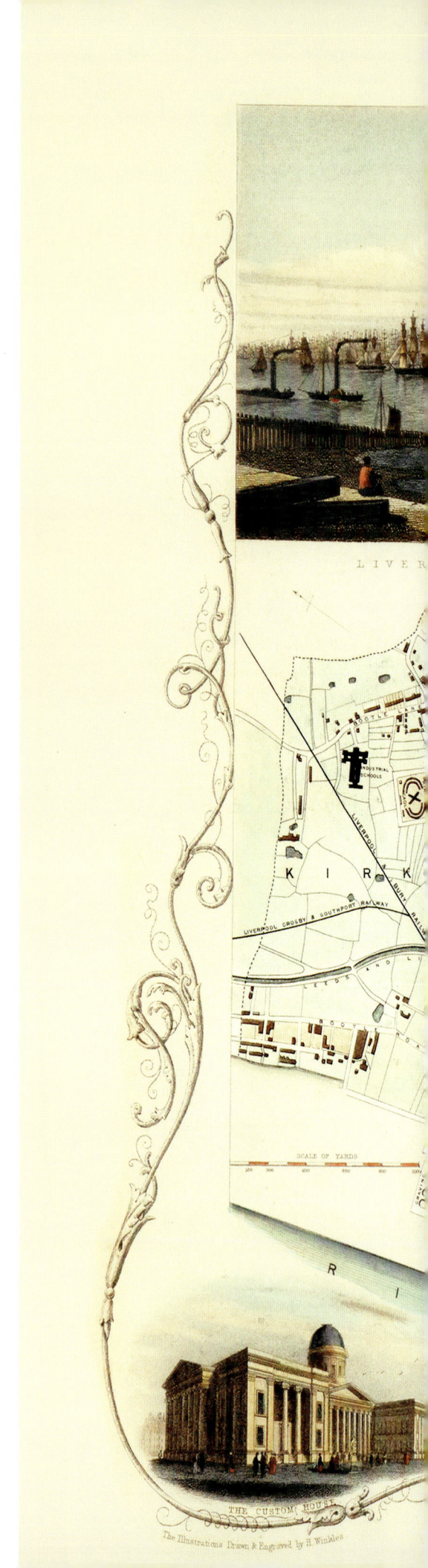

LIVERPOOL

FROM BIRKENHEAD

St GEORGE'S HALL

THE SAILORS HOME

JOHN TALLIS & COMPANY, LONDON & NEW YORK

The Plan Drawn & Engraved by J. Rapkin

【右上】シカゴの食肉加工場とユニオン・ストック・ヤードの鳥瞰図、チャールズ・ラッシャー作、1890年　この興味深い透視図には、シカゴの「食肉加工」地区の街路、建造物、鉄道が描かれている。1860年代なかばにシカゴ市南部の湿地に開設された悪名高い地区であり、アプトン・シンクレアはここを舞台に小説『ジャングル』（1906年）を書いた。食肉用家畜の輸送と加工による巨大産業は（1971年に施設が閉鎖されるまで）1世紀つづき、1890年までは年間900万頭もの家畜を数千人の労働者で処理していた。

【右】カンザスシティ、アウグストゥス・コッホ作、1895年　カンザスシティのウェスト・ボトム地区を描いた鳥瞰図。家畜収容所、鉄道操車場、工場のほか、手前にミズーリ川、奥にカンザス川が見える。リード・ブラザーズ・パッキング・カンパニー（挿入図）は、カンザスシティと隣接のアーマーデールのこの地域に多かった食肉加工会社のひとつであり、カンザスシティが中西部の牧草地に近いことから、食肉加工業の一大中心地の地位をシカゴから奪えると考えていた。しかし、低地であるために洪水にみまわれやすく、わずか10年後には多くの会社が移転した。線路の向こうの飼養場に畜牛が詰めこまれているのが見える（中央左上）。

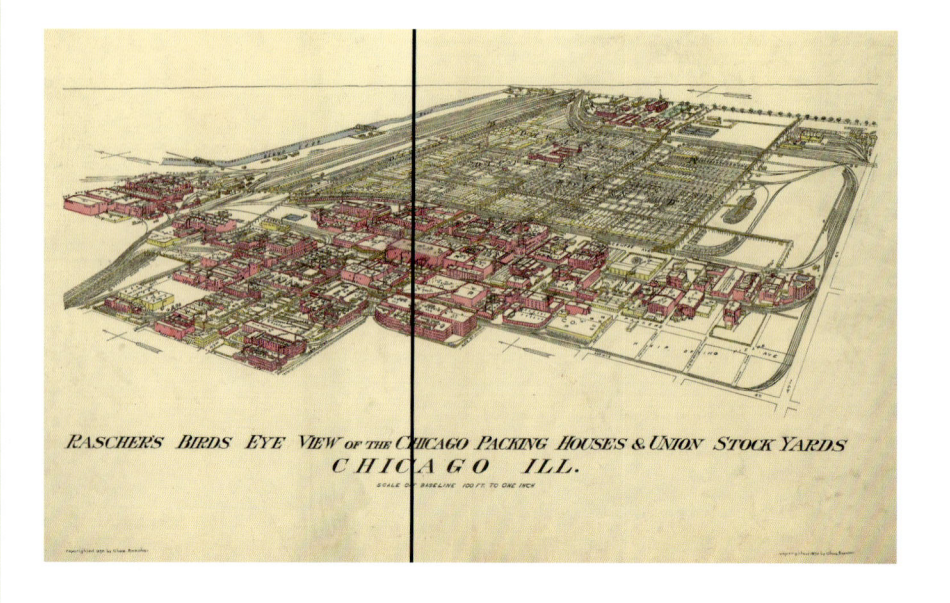

【次頁】ロック・アイランド・アンド・パシフィック鉄道を紹介するシカゴの鳥瞰図、プール・ブラザーズ社刊、1897年　1860年代以降、アメリカでは高架鉄道が一般化した。湖畔から見たこの詳細図では、ロック・アイランド駅を中心にループ線が描かれている。1900年代なかばのパーマタリーによる地図と湖畔のようすがちがっているのは、グラント・パーク地区が整備されて湖上の線路がなくなったためである。

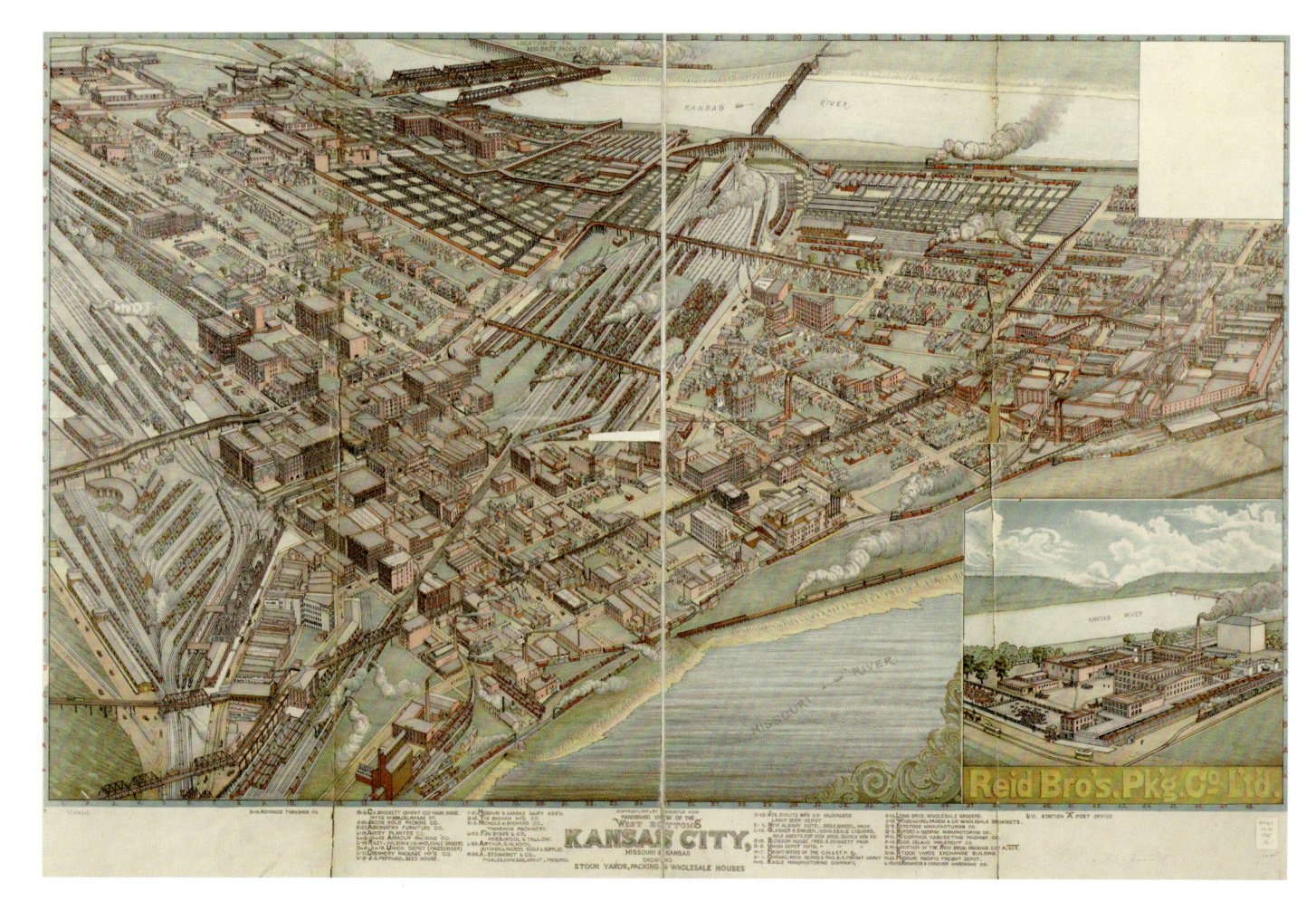

ALL ELEVATED TRAINS IN CHICAGO STOP AT THE
Chicago Rock Island and Pacific Railway Station
ONLY ONE ON THE LOOP

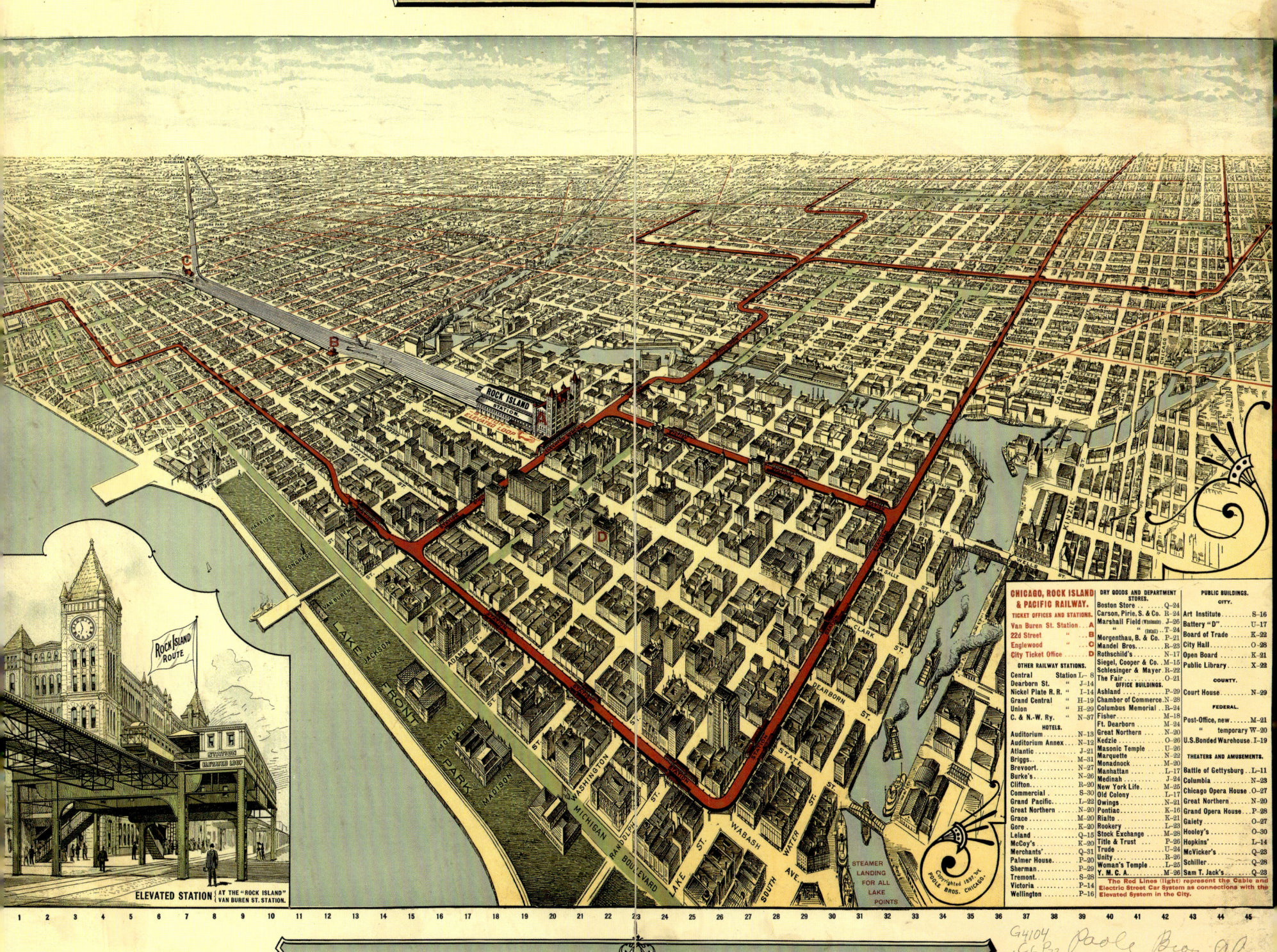

社会を地図化する──科学の時代

19世紀のなかば、大都市では生活環境や労働環境への関心が高まりを見せはじめた。社会改革家や活動家たちは、貧富の別なく人びとを襲う伝染病の元となる極度の貧困、過密状態、非衛生的な環境を文明社会から根絶すべきだと主張した。科学的なデータ収集や、多様な問題を解説する主題地図の発達は、政治、医学、社会にたいする意識の変革につながった。

[右] グラスゴーの伝染病発生地図、ロバート・ペリー作、1844年 ロバート・ペリーはグラスゴーにある王立診療所の医師だった。彼の著作『グラスゴーの衛生状態にかんする事実と所見』（1844年）は、貧困と病気と犯罪が相互に関連することを統計表と地図によって裏づけていた。グラスゴーのインフルエンザ発生を示すこの地図では、地区ごとに番号がふられ、人口が最も密集している地区で感染者数が最も多いことを示すために、より濃い色が使われている。ちなみに、グリーン（公園）北側のガロウゲート通りのそばに家畜市場がある。

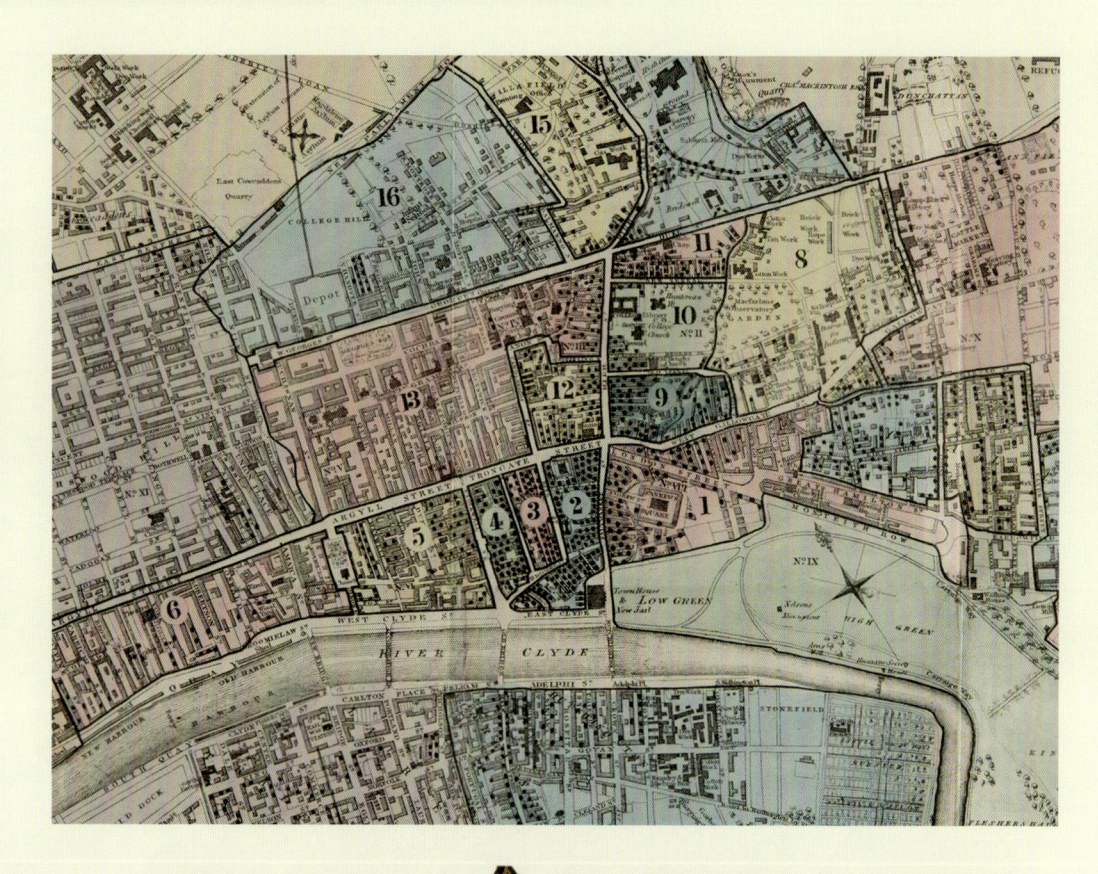

[右] リーズの公衆衛生地図、ロバート・ベイカー博士作、1842年 エドウィン・チャドウィックは、この地図を自著『イギリスの労働者階級の衛生状態にかんする報告』に再掲した。1832年、ベイカーはコレラなどの伝染病が発生した集落を地図上に記録し、公衆衛生の重要性を説いた。1839年、政府に委託されて国内の貧困層の生活を調査したチャドウィックは、貧困の原因が個人の不道徳な行為や怠惰にあるというよりは近代化された都市生活にあるという意外な事実をつきとめ、それを機に、国民の健康改善や都市改造のための計画が進められた。

第4章 新機軸の温床 1800-1900年

【左】チャールズ・ブースの「ロンドン貧困地図」の一部、1889年 貧困地図はブースの『ロンドン市民の生活と労働にかんする調査』（1886-1903年）の最も注目すべき成果である。左図には、スピタルフィールズ、ウォッピング、ホワイトチャペルの各地区が示されている。本文は8つの社会階級構造にもとづいて書かれているが、地図の凡例は7つに色分けされている。「黒：最下層。不道徳、準犯罪者。濃い青色：非常に貧しく、不安定。慢性的な困窮状態。薄い青色：貧困層。中規模家庭の週給が18から21シリング。紫：富裕層と貧困層の混合地域。ピンク色：かなり裕福。所得は中の上。赤色：中流階級。裕福。黄色：上位中流階級と上流階級。富裕層」。

　色が混在している部分（濃い青色や黒色など）は、異なる階層同士がかなりの割合で含まれることを示している。最下層をあらわす黒色の地域の住民には「不定期労働者、密売人、浮浪人、犯罪者および軽犯罪者も含まれる。彼らの生活は未開人の暮らしのように困難をきわめ、唯一の贅沢といえば飲酒くらいである」とブースは書いている。最貧層の居住地域の多くは表通りから引っこんだ「袋小路」にあったことがわかる。「使用人雇用者階級」（黄色）の下に位置するのは下位中流階級で、赤色で示された。「小売店主、中小企業主、会社員および準専門職であり、勤勉で慎み深く、活力にあふれる」この階級の人びとは、大通り沿いに居住していた。

【右】ジェームス・ホープレヒトによるベルリン周辺の改造計画、1862年　同時代のオスマンによるパリ改造計画とちがって、ジェームス・ホープレヒトが委託されたベルリンの都市計画は、歴史地区の取り壊しや再開発をともなわなかった。ホープレヒトの計画は、大都市の成長と拡大を見すえた未来都市構想だった。

ベルリンの住宅問題、工業地帯の発展の遅れ、輸送網の不備を指摘したのはホープレヒトが最初ではなかったが、これらの問題へのとりくみに向けて一貫性と柔軟性のある計画を（1850年代のシュミット計画を部分的にとりいれつつ）立案したのは彼が最初だった。

ホープレヒトはパリ、ロンドン、ウィーンで採用された解決策を研究し、ベルリンを管理しやすい14の行政区に分けることを提案した。この行政区での開発は、規格化された集合住宅群（ただし、彼は建物の美観には口出ししなかった）をとりまく街路配置のほか、外郭環状道路や主要な放射状道路を利用して進められた。開発にともなう過密状態は、四角い広場や緑地を随所に配置することで解消される予定だった。ホープレヒトのアイデアがすべて実現したわけではないが、19世紀末のベルリンは彼の都市計画にもとづいて拡大した。マーク・トウェインはベルリンの発展に感銘を受け、「ヨーロッパのシカゴ」と呼んで称賛した。

第 4 章　新機軸の温床　1800－1900 年

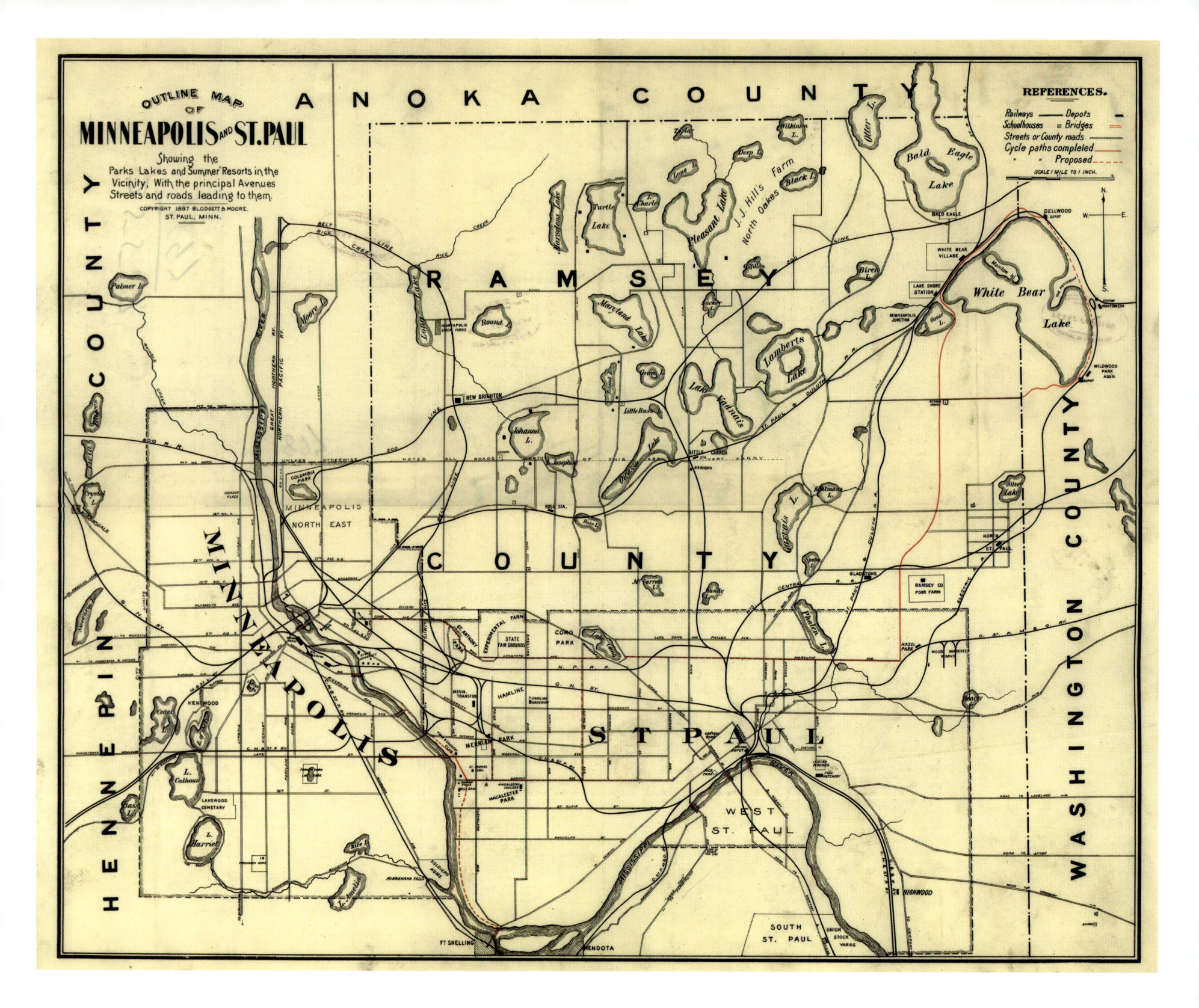

【上】「ツイン・シティーズ」（ミネアポリスとセントポール）のレジャー情報地図、1897年

1880年代に「安全型自転車」が発明されたのにつづいて、1890年代のアメリカでは一時的なサイクリング・ブームが起こり、走行しやすい道路の建設を求める声があがった。1895年、「ツイン・シティーズ」のサイクリストたちが資金を出しあい、総延長10kmほどの自転車専用道路を作った。1897年から翌98年にかけて、そのような道路の総延長は2倍以上に増えたが、建設費の大部分はセント・ポール自転車道路協会を通じて個人の手でまかなわれた。野外活動やレジャーへの関心が高まるにつれて、サイクリストに最善のルートを示すこのような地図が作られるようになった。

CENTRAL PARK

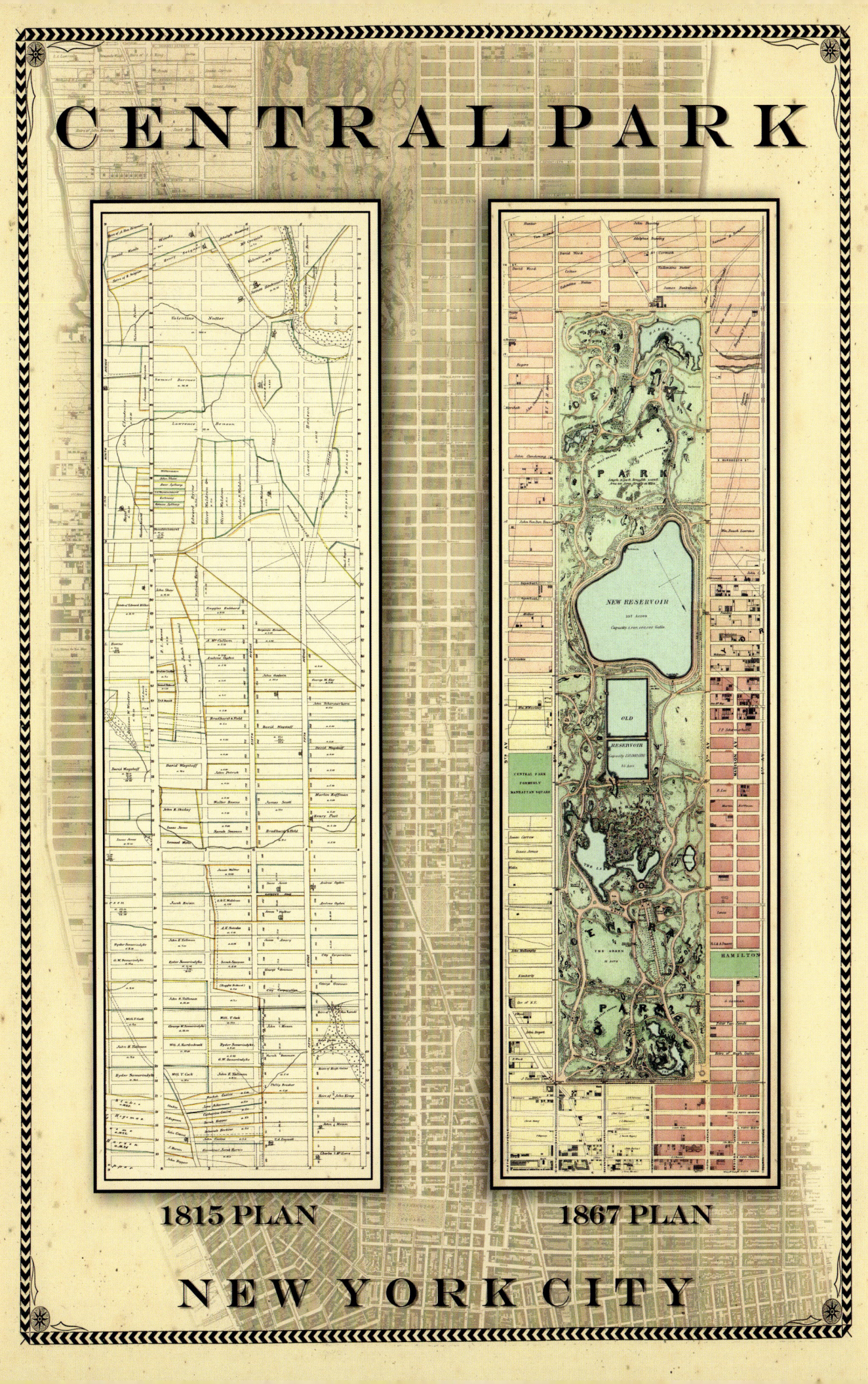

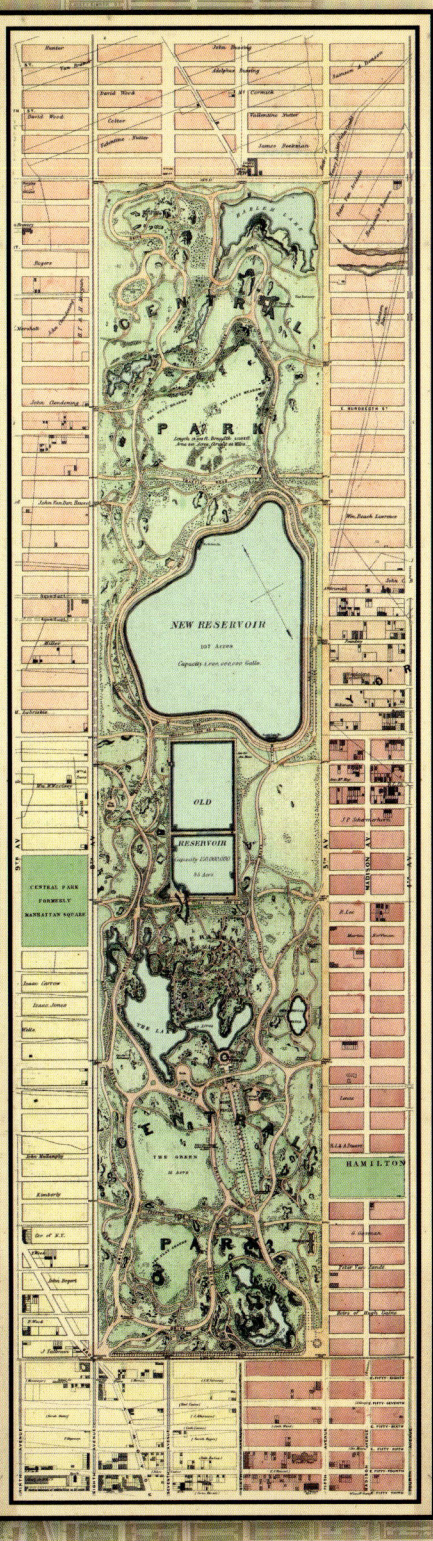

1815 PLAN　　1867 PLAN

NEW YORK CITY

第 4 章　新機軸の温床　1800−1900 年

【左】ニューヨーク州の監督委員会によるセントラル・パークの造成、1867 年

1800 年代以前、ニューヨークのアッパー・マンハッタンと近隣のハーレムは共有地によって隔てられていた。独立革命後、ニューヨーク市は測量をおこなって土地を売却し、1815 年までには、その多くが 1660 年代に入植してきたウォルドロン家などの所有地となった。先の測量で計画された道路はやがて五番街と六番街になった。1850 年代、ニューヨークにも「都会のオアシス」となる広い公園が必要と考えられるようになり、数年にわたる議論ののち、中心となる用地が 1854 年に選定された。公園は、マンハッタンの地形だけでなく社会的な状況も塗りかえた。岩の多い湿地帯に住んでいた人びとは立ち退きを迫られ、高級住宅街となるアッパー・イースト・サイド地区が形成されていった。公園の設計競技が実施され、フレデリック・ロー・オルムステッドとカルヴァート・ヴォークスによる自然主義的な「緑の芝生計画」が優勝した。2 人は、人びとが身分の別なく自由に交流できる民主的な空間をめざした。1858 年に造成工事が始まり、1860 年代なかばまでに 340ha の公園がほぼ完成した。園内には小道や遊歩道、森と湖、橋、建築物、田園の風景（岩石や珍しい樹木などを使った）や貯水池も作られた。この貯水池は、現在ニューヨーク公共図書館になっているクロトン給水所（1842−1877 年）の代替施設として 1933 年まで使用された。

【右・挿入図】ジェームズ・パーマタリーとクリスティアン・インガーによるシカゴの鳥瞰図、1857年 詳細をきわめる石版地図。湖畔の倉庫、穀物倉庫、貯木場が描かれており、商業中心の都市のようすがわかる。1848年に鉄道路線が到達して、シカゴはアメリカの鉄道網の中心となり、西部の資源と東部の都市を結ぶ役割をはたした。手前に見えるのはイリノイ・セントラル鉄道の列車で、防波堤に沿った鉄道橋を走っている。湖畔の車両基地まで線路を引くために建設された防波堤によって入り江ができ、多くの屋敷を水から守った。グラント・パークの造成（シカゴ大火で生じた瓦礫による埋め立て工事）はまだ始まっていない。

地図中央の川の南側には新しい郡庁舎（1853年築。のちの市庁舎）があり、北から時計まわりにランドルフ通り、クラーク通り、ワシントン通り、ラサル通りにかこまれている。最も古い入植者が住んでいた川の北側（右）には、1871年の大火で焼失したセント・ジェームズ監督教会とホーリー・ネーム大聖堂が見える。挿入図は、被災者への義援金を集めるために作られた地図である。出火元は、ワシントン通りとクラーク通りが交わる地域（地図上の円の中心）ではなく、もっと南のジェファソン通りとクリントン通りにはさまれたデコーヴェン通りだった。火の手は川に阻まれることなく、北東方向に広がった。結局、最も甚大な被害をこうむったのは市の北部地域だった。

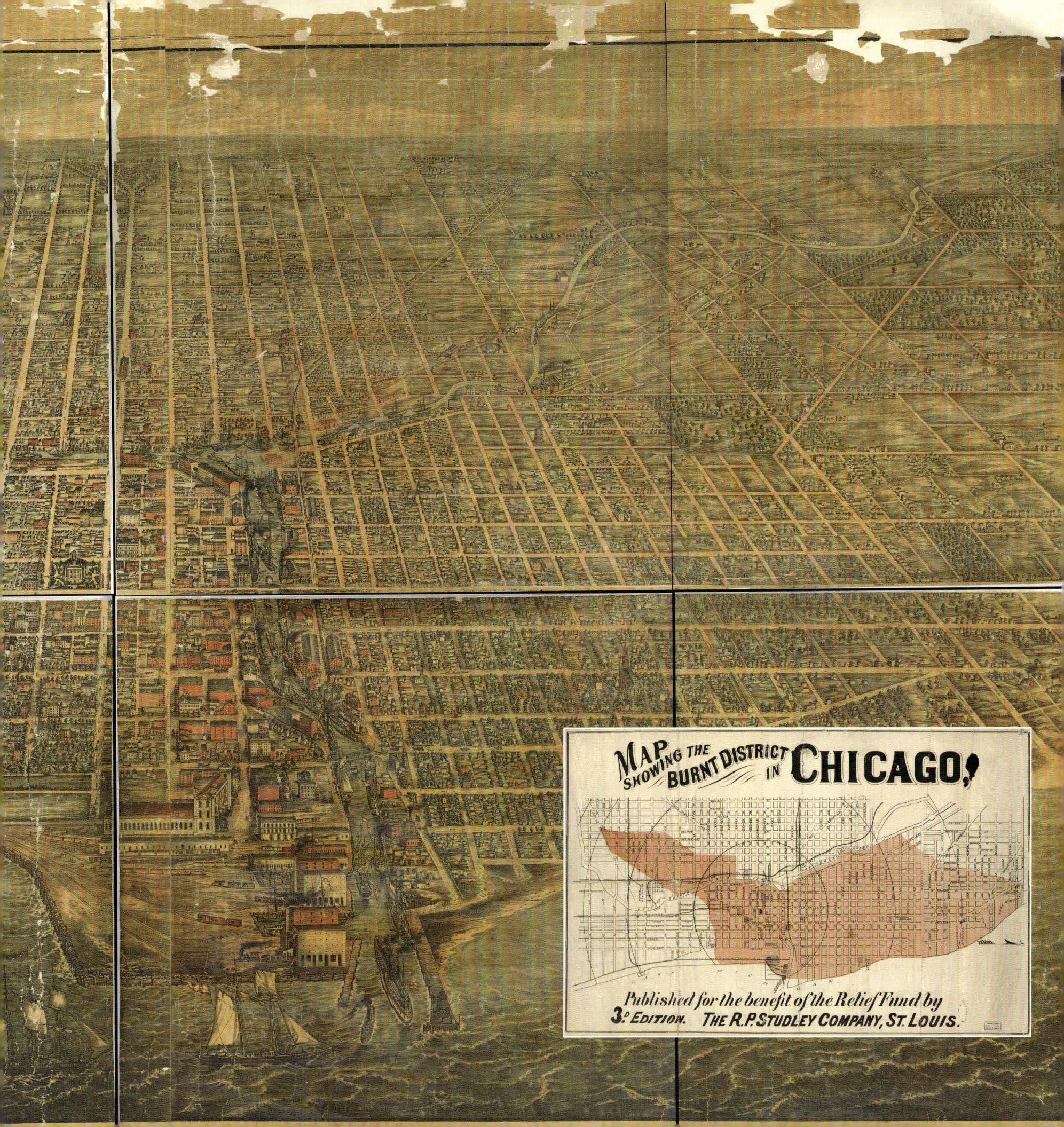

MAP SHOWING THE BURNT DISTRICT IN CHICAGO!

Published for the benefit of the Relief Fund by
3rd Edition. THE R. P. STUDLEY COMPANY, ST. LOUIS.

【右・挿入図】**サンボーン社によるボストンとワシントンDCの火災保険図、1867年、1888年** 火災保険図は18世紀末にロンドンで初めて作られた。マサチューセッツ州の測量技師D・A・サンボーンは、自作の地図を掲載した『ボストン火災保険図』で成功を収めたのち、1867年にサンボーン地図出版社を設立した。この火災保険図は29の地図からなり、各地区の不動産を詳細に検分することで保険会社のリスク評価というニーズに応えている。

サンボーンは色と文字をくみあわせた凡例（青色は石やコンクリートの建物、黄色は木造家屋、ピンク色はレンガ、Fはフラット、Dは戸建て）を使い、建物の構造をこまかく分類した。「とくに有害なリスク」は緑色で示された。

このボストンの地図（1867年）にあるオールバニー通りの131番地（大工作業場付近）で、1861年に独立記念日を祝う爆竹から火災が起こり、ハドソン通り沿いの20戸の3階建てが焼失した。この日、ボストンは14件の火災によって約100万ドルの損害をこうむった。

右のワシントンDCの地図は全体索引図であり、色のちがいは各地図の範囲を示しているにすぎない。これを見るかぎりでは、都市の東部と南部、およびザ・モールと大統領官邸から西側の開発が遅れている（ただし、ザクセの1884年の地図では、それらの地域に建造物があったことがわかる）。

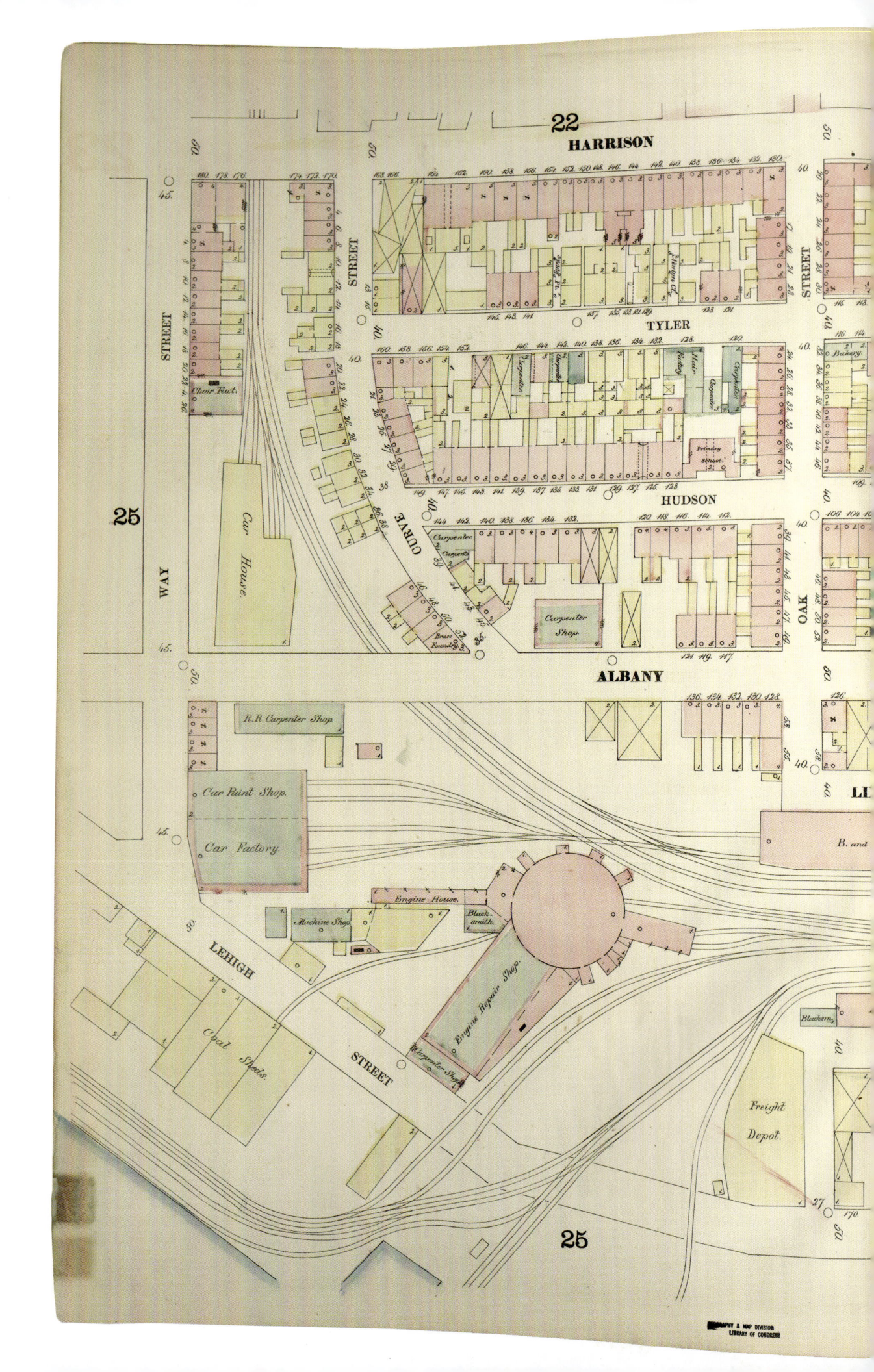

第4章 新機軸の温床 1800−1900年

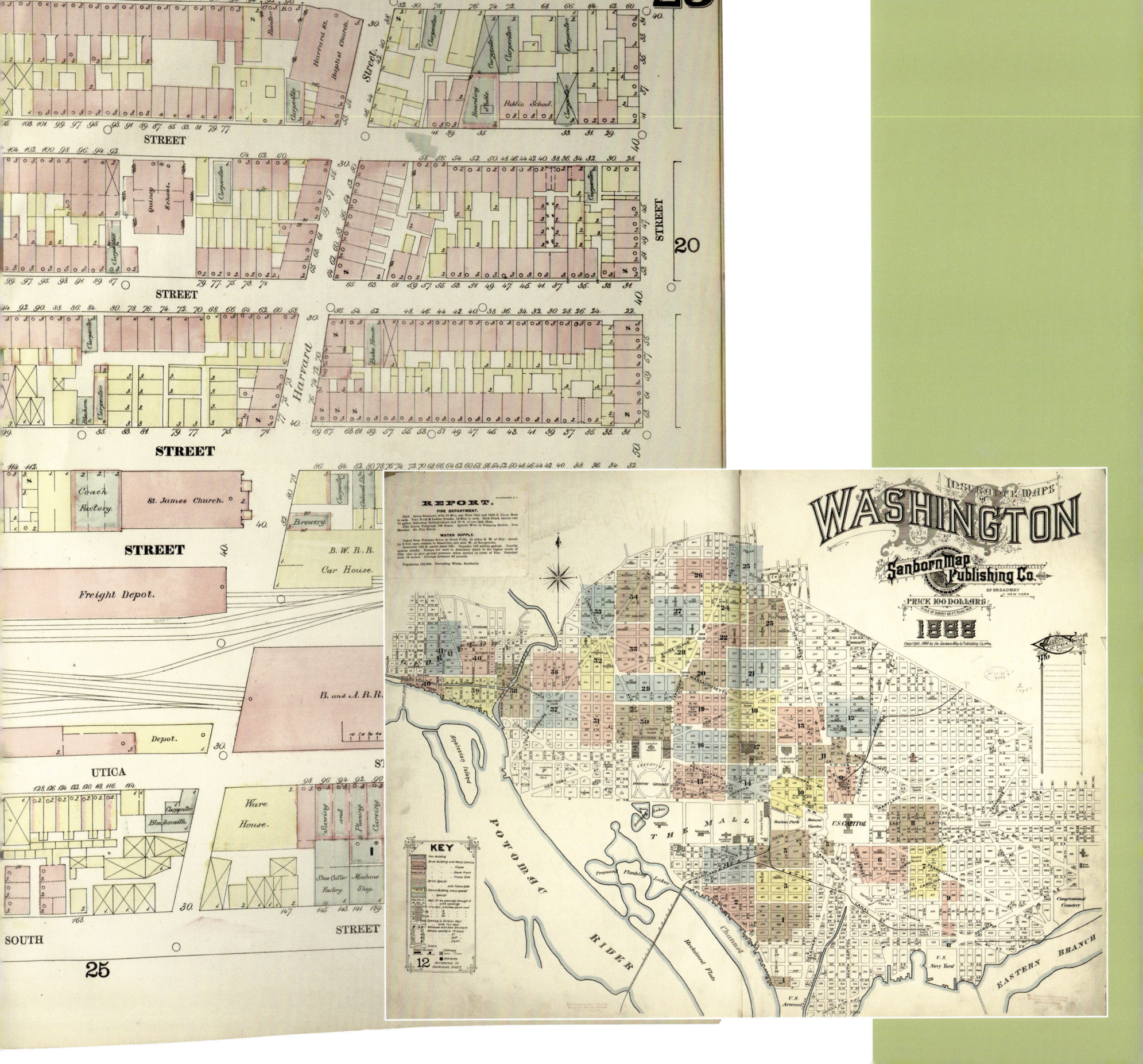

【上】城壁をめぐらした南京の景観、1850－1853年　左上が北になっている。南京は太平天国の乱（1851－1864年）のさなかの1853年3月に占領され、天京と改称された。13の城門のなかで最大の、城郭のような中華門（聚宝門）が右下に描かれている。清朝軍は雨花台の野営地から南京を包囲しはじめた。物売りなどの非戦闘従事者も描かれている。反乱軍の兵士たちは、頭髪を剃って弁髪にする満州族の風習を拒絶した。野営地の床屋の横で生首が頭髪で吊るされているのはそのためである。

第4章 新機軸の温床 1800-1900年

【下】杭州、1867年 杭州は中国の七大古都のひとつであり、南京、長春、昆明とならぶ四大「田園都市」のひとつである。市内随一の景勝地──西湖と周囲の寺院や邸宅──は一目でわかる。当時すでに2300年を経ていた大運河によって、杭州は夾城（湖に面した西部地域）と羅城（東部地域）に二分されていた。1293年以来、この大運河は杭州と北京を結び、途中で黄河と揚子江の水系に接続している。マルコ・ポーロは杭州をキンザイと呼んだ。彼は、水の豊かな土地柄（杭州は銭塘江に面している）と、橋や温泉や活気のある市場が多いことに驚き、畏敬の念をもって「奇跡の都市」であると言った。

142

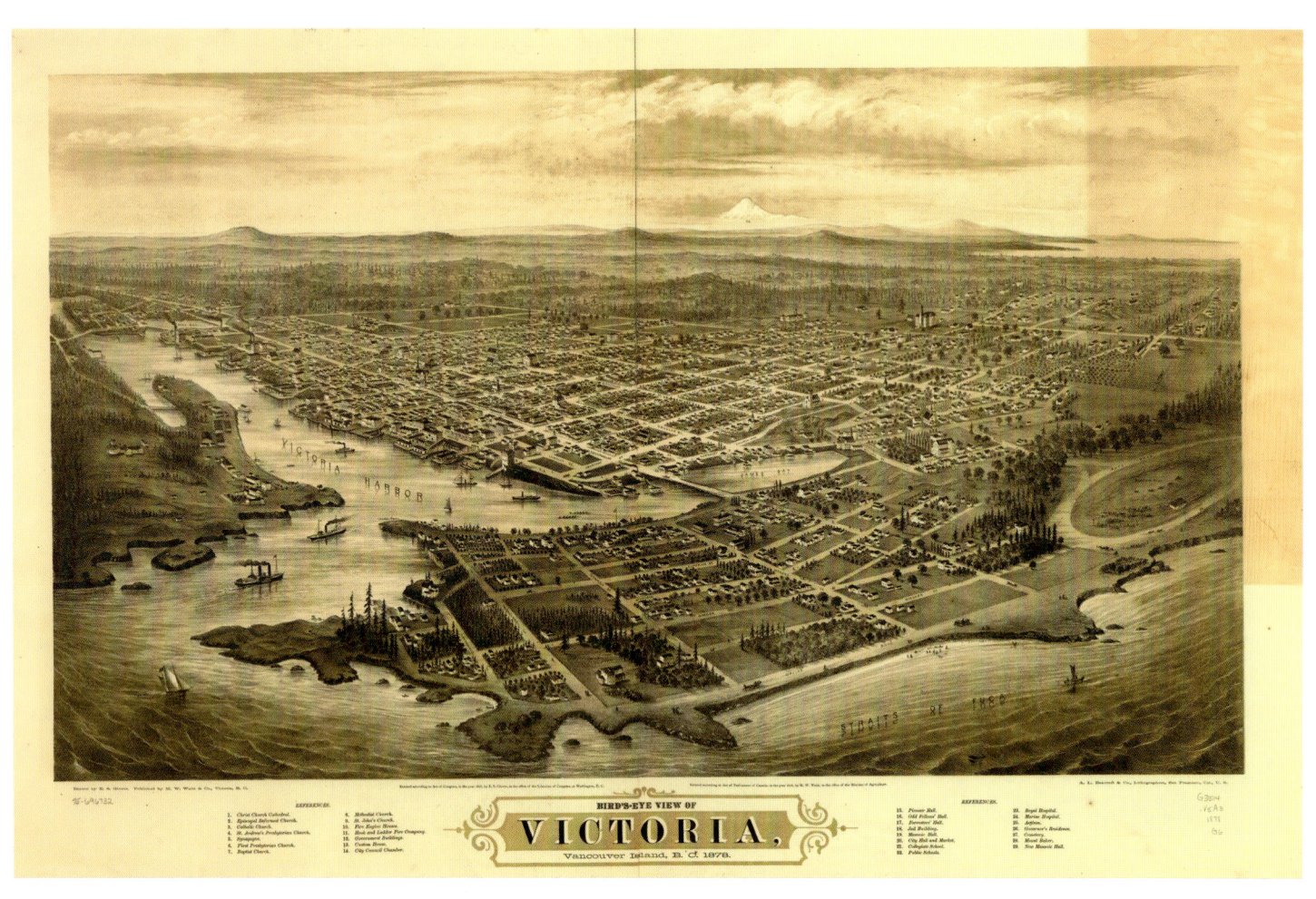

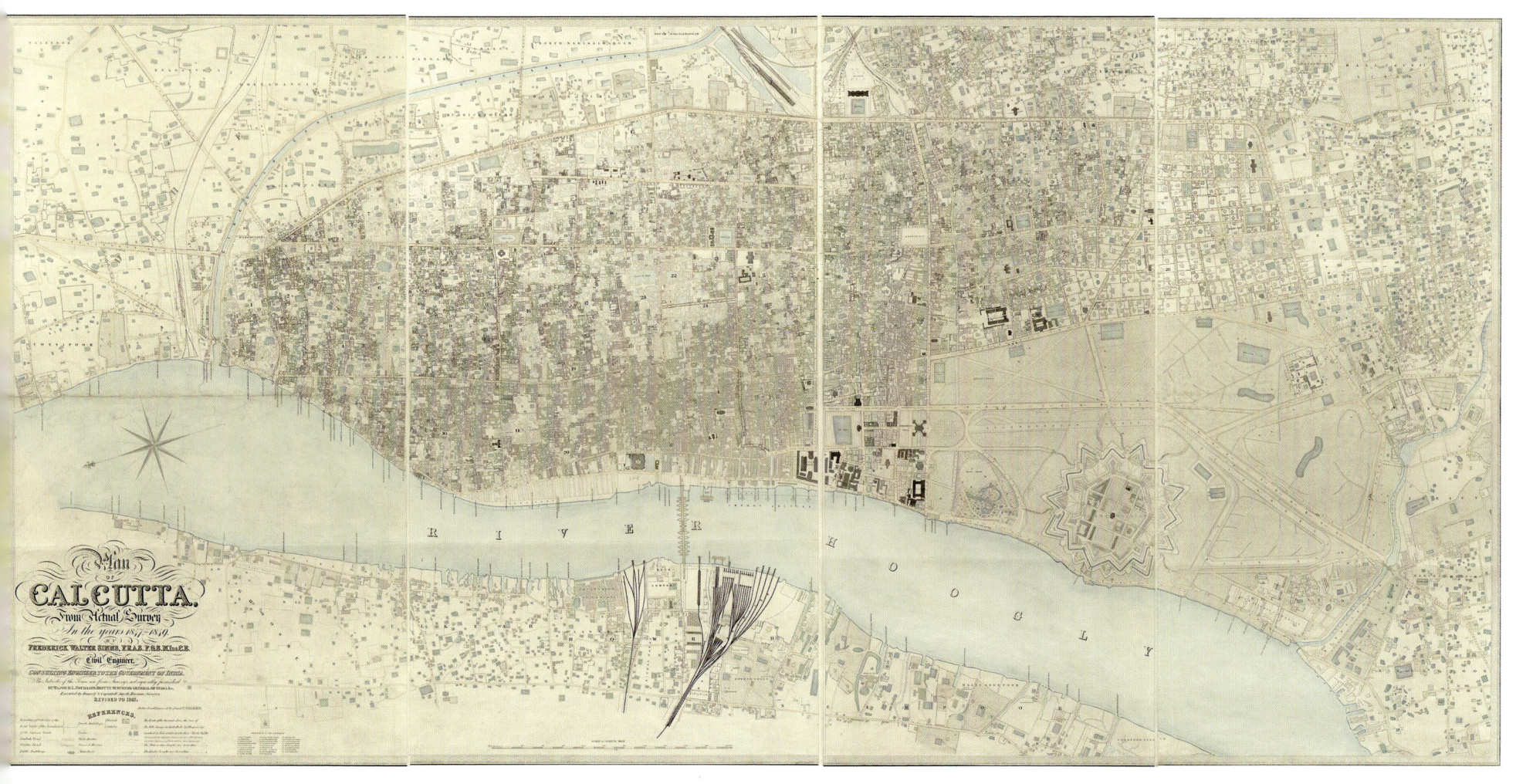

第4章 新機軸の温床 1800–1900年

【左】インド局測量部によるマドラスの市街および周辺図、1861年　マドラスは1640年に海辺の租借地に建設され、免税措置によってまず交易業者がセント・ジョージ要塞周辺に定住した。壁にかこまれたこの町は「ブラック・タウン」と呼ばれ、そこから市街地が南へ広がって現在のチェンナイに発展した。かつての村落も市街となっている。

【前頁上】ブリティッシュ・コロンビア州ヴィクトリア、イーライ・グラヴァー作、1878年　ヴィクトリアはハドソン湾会社がカモサックに築いた要塞として誕生した。1846年にイギリス女王に敬意を表して命名され、1858年以降、フレーザー川のゴールドラッシュで急速に発展した。港湾地区は地図の左側、ジェームズ湾は中央寄りに位置する。下部に書かれた数字のついた凡例は、税関（13）、市庁舎と市場（20）などの名所を示している。雪を頂くベーカー山（28）が遠くに見える。現在は公園になっているビーコンヒルが右下にある。

【前頁下】コルカタ（カルカッタ）の地図、フレデリック・ウォルター・シムズ作、1857年　1847–1848年の測量データにもとづいたうえで、1849年の測量による郊外の拡張地域を加えた東インド会社の地図。道路、民間と公共の重要な建物、寺院、公設水道、貯水池、排水溝が描かれている。コルカタは1911年まで英領インドの首都であり、多くの重要な建造物が存在した。

【次頁】リオデジャネイロの地図、E・アンド・H・ラメルト社刊、1867年　1800年代の初期、多くのポルトガル人がリオに移住した。1821年には人口が8万6000人になったが、その半分弱は奴隷が占めていた。1890年までに奴隷はいなくなり、リオの人口は約42万人となった。ブラジルの公共施設の多くがリオに設立された。港に大規模な乾ドックが作られ、1861年には湾内のコブラス島に海軍施設などが建造された。1859年以降の鉄道馬車の登場は、都市が広がって郊外化が進みはじめたことを意味していた。

リオは山が多く、現在は「救世主キリスト」の像が建っているコルコヴァドの丘（左上）などがある。この地図はハッチングで土地の起伏を表現している。非常に詳細な地図であり、番号のついた凡例によって教会、学校、広場、劇場など90の地区や名所がわかるようになっている。

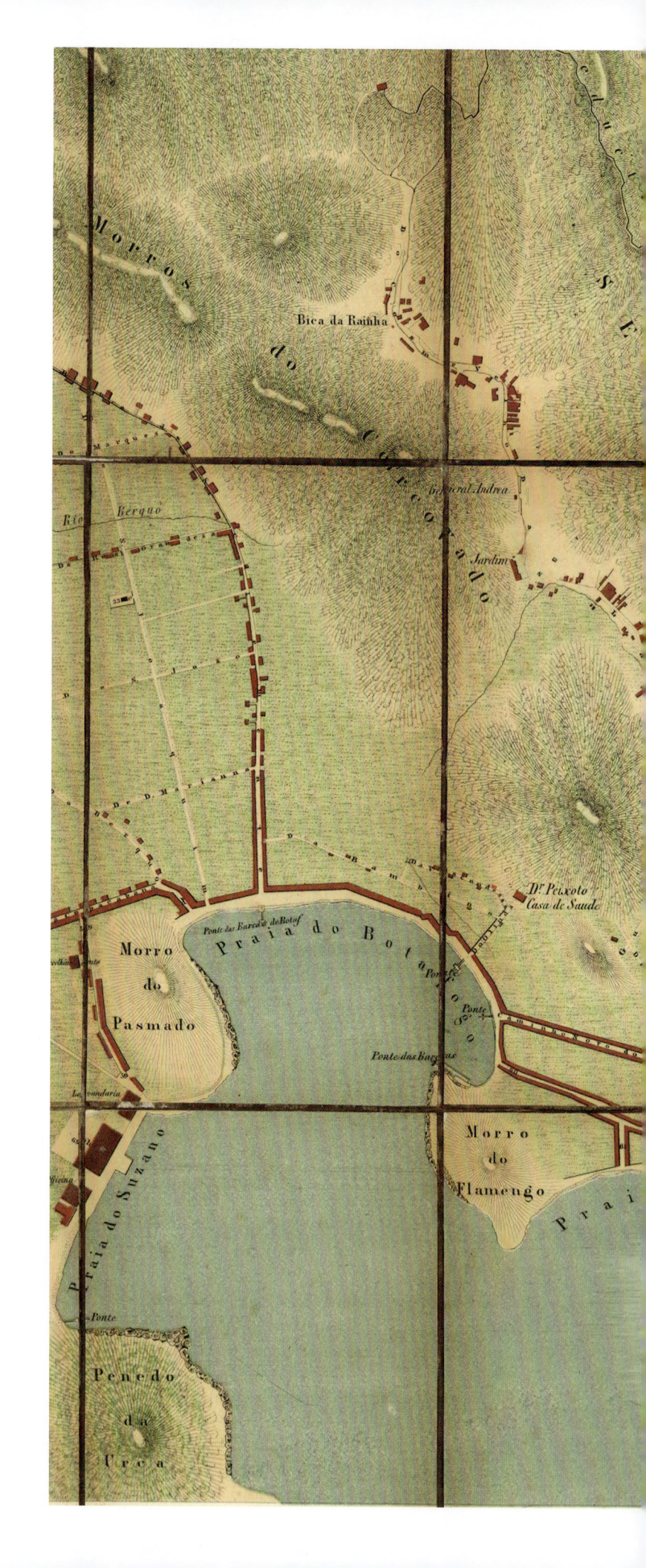

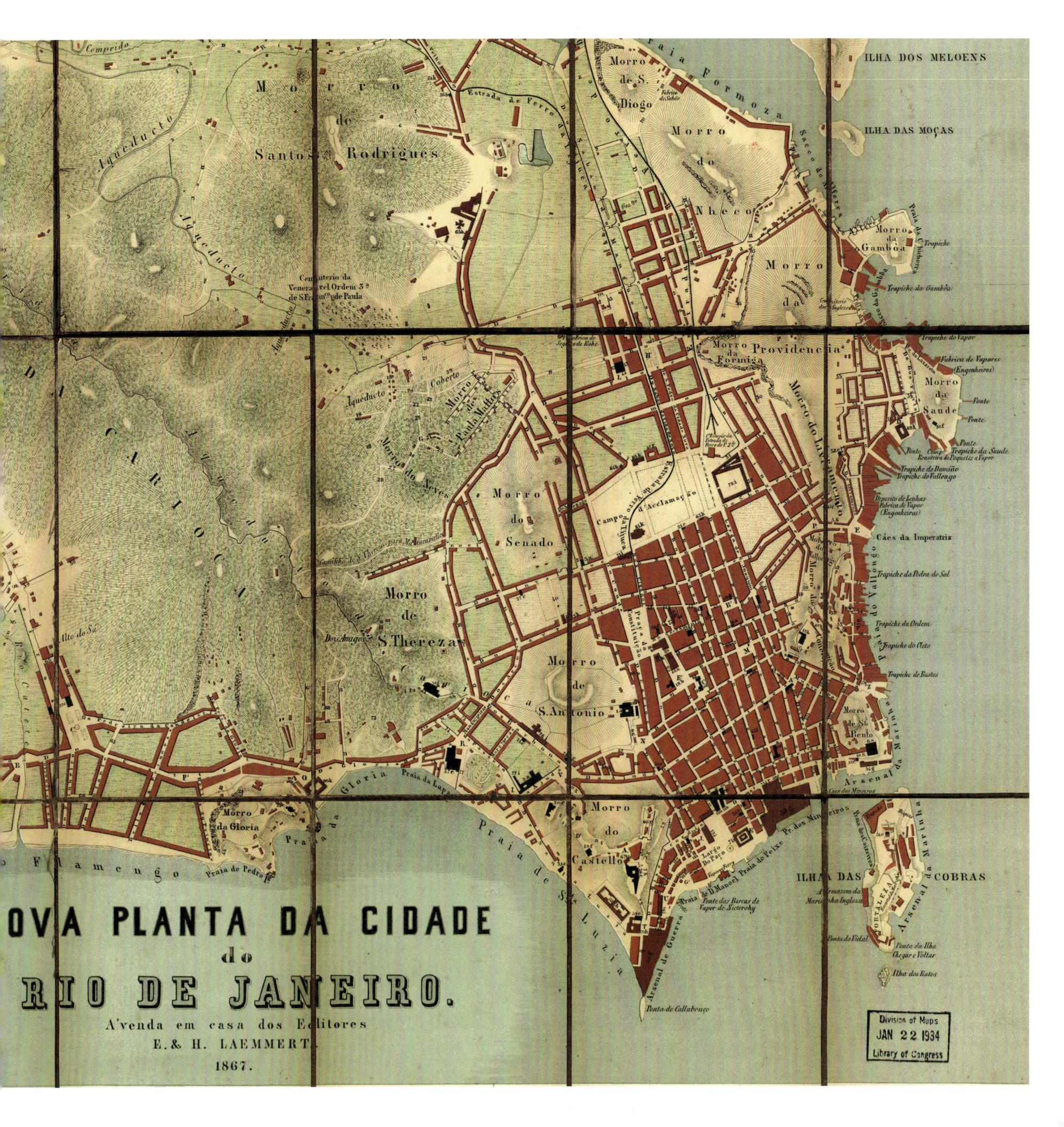

NOVA PLANTA DA CIDADE do RIO DE JANEIRO.

A'venda em casa dos Editores
E. & H. LAEMMERT.
1867.

【下】パリの新名所案内図、F・デュフール作、1878年　鉄道による観光客の誘致を見こめたことから、この地図は市内の観光案内図として作られた。新名所が多いのは、セーヌ県知事（1853-1870年）ジョルジュ・オスマンの近代化計画によってパリが生まれ変わったためである。街路が拡張され、新しい大通りや橋が建設され、モンスリ公園やビュット・ショーモン公園（それぞれ城壁の内側の南東側と北東側にある）などが整備された。凱旋門の周囲の放射状道路も7本が新設されて12本になった。

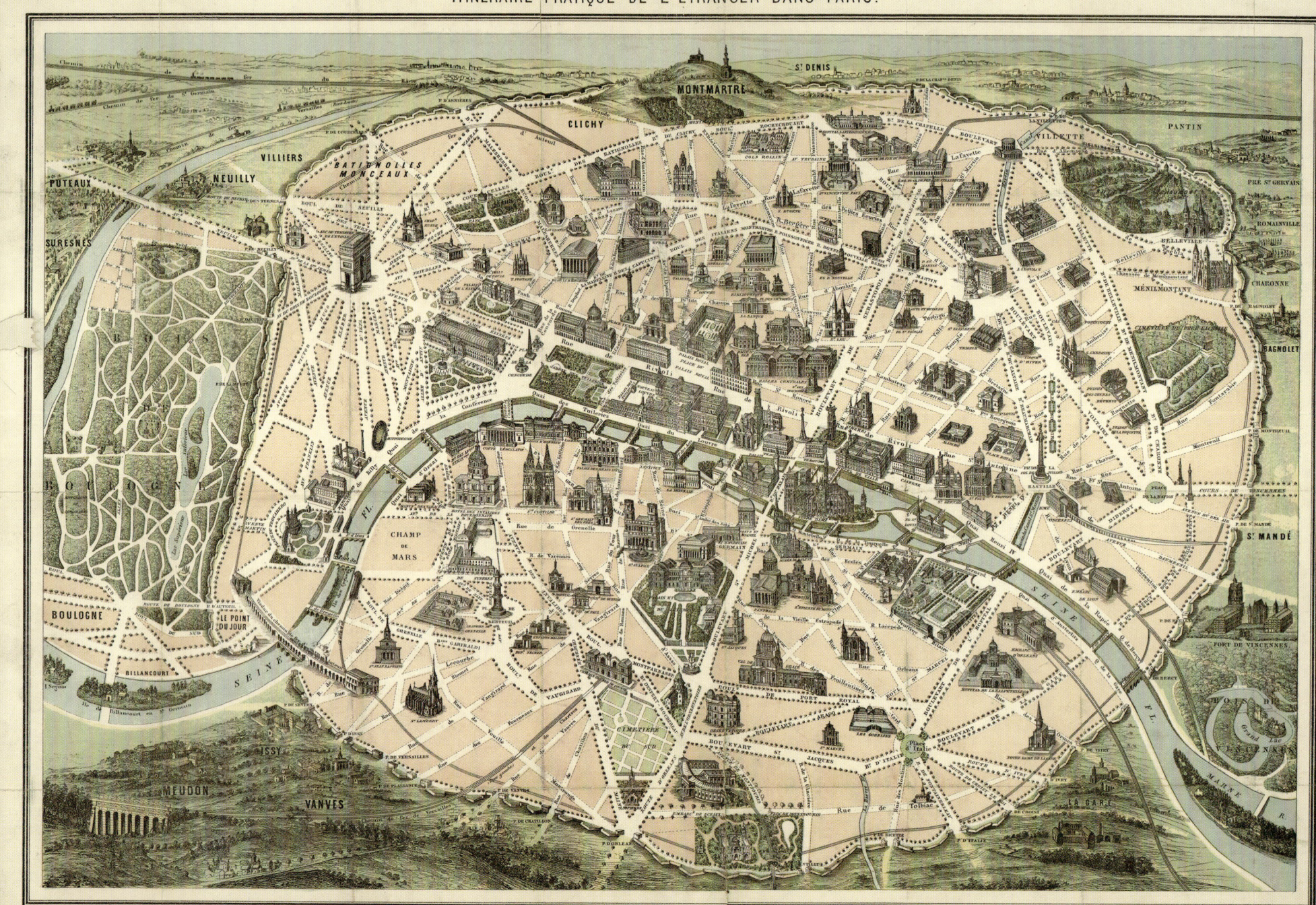

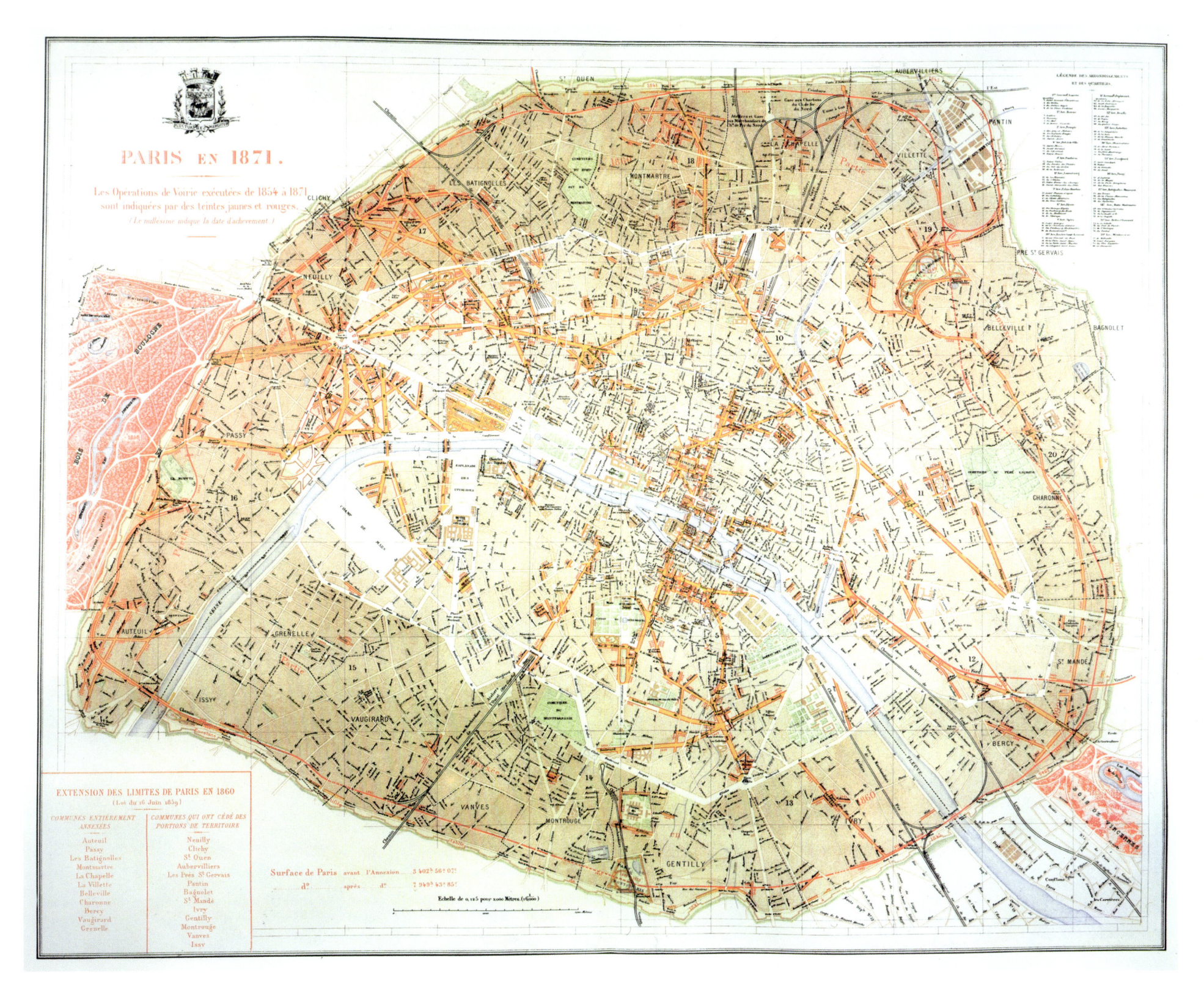

【上】**1871年のパリ、ルイス・ヴューラー作** この地図は、1859年6月の市域拡張（ベージュ色の部分）により、24の郊外コミューンの全体または一部が併合されて20の行政区ができたことを示している。1860年にフェルミエー・ジェネロー（徴税請負人）の城壁（1784-1791年に建設）が撤去されたが、この城壁の目的が防御よりも徴税にあったことから、人びとは無関心だった。コミューンの併合後、ノートルダム・デ・シャン（リュクサンブール公園付近）など人気薄だった一部の地域が高級化し、モンソー公園などの新しいエリアが中流階級にもてはやされるようになった。この公園では、1871年に多くのコミューン支持者が虐殺された。

【右】上海の地図、点石斎工房刊、1884年　地区ごとに色分けされた上海の「租界」地図である。かなり退色しているが、北から順にオレンジ色（アメリカ）、青色（イギリス、1843年）、赤色（フランス）で示されている。フランス租界の下は中国の（壁にかこまれた）直轄地域であり、黄色く塗られている。『点石斎画報』（絵入新聞）は19世紀末（1884-1898年）に刊行され、社会の変化や世界主義に翻弄される上海の姿を伝えた。発行人は外国人だが、この新聞は地元の読者向けに中国語で書かれていた。治外法権によって、中国政府の見解を無視した自由な編集方針をとることができたのである。

【次頁下】天津の条約港、馮啓凰作、1899年　左上が北になっている水彩の地図であり、華北平原の端に位置する天津の城郭都市が描かれている。第2次アヘン戦争後の1858年、天津は開港場となってイギリスとフランスの租界が設置され、1895年から1902年にかけてその他の国の租界も設置された。海河と大運河の周辺に在外商館や鉄道が描かれているのはそのためである。中央の四角形の城壁は明朝時代にさかのぼり、1404年の最初の居留地が要塞都市となった。天津は大運河の北の端という立地によって北京の玄関口となり、1644年以降の清朝支配のもとで繁栄した。

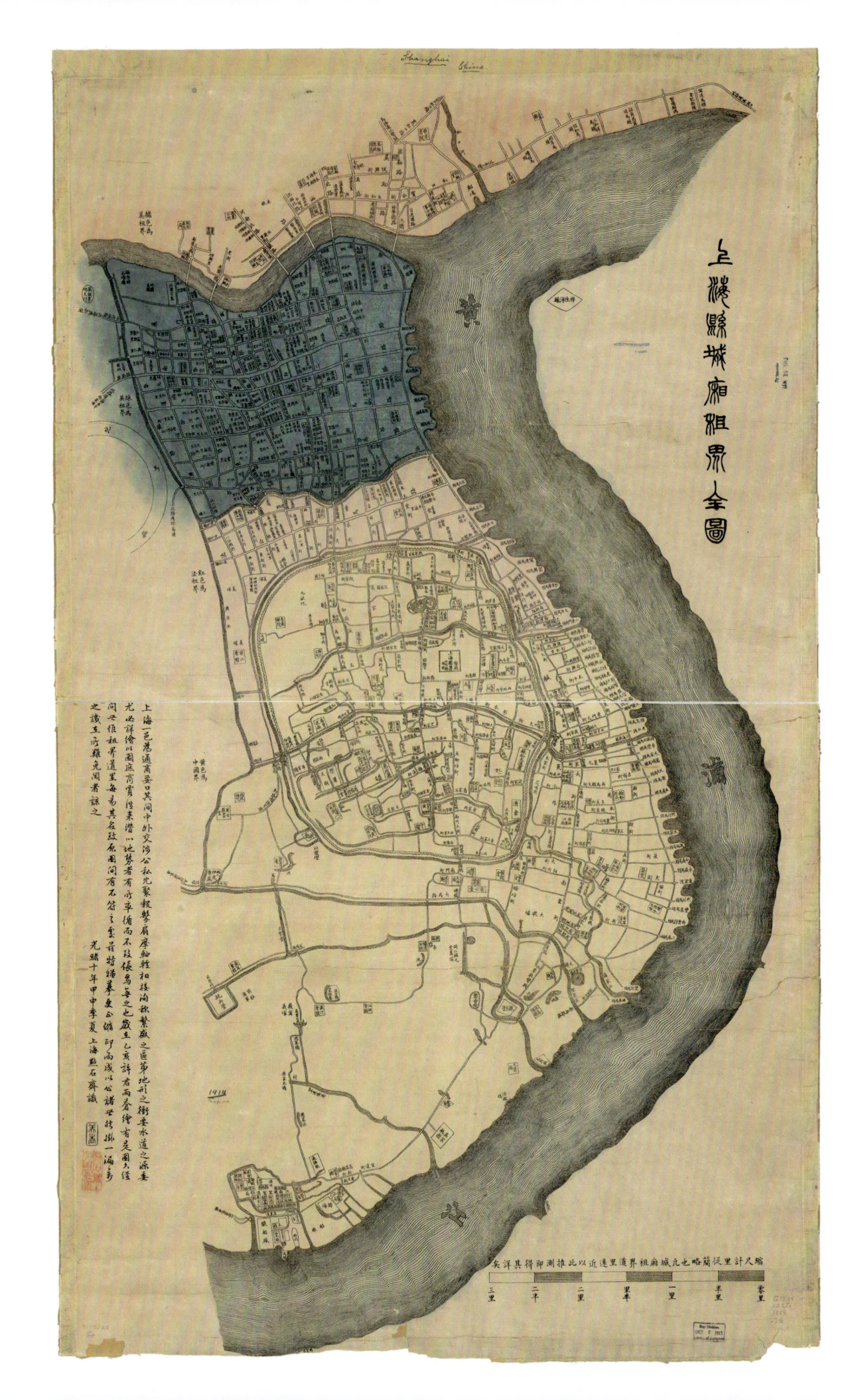

第4章 新機軸の温床 1800–1900年

【左】福州の地図、J・レスガッセ作、1884年 福州はアヘン戦争後の条約港のひとつとして西洋に開かれた。1868年の測量にもとづくこの地籍図では、倉山地区の外国人の財産所有権が記されている。この地区の北側には閩江（右下）が流れており、左岸には平底帆船が停泊していた。左岸地域は中州と万寿橋を経由して南側と連絡している。地図には住宅と商館の両方が示されているが、商館の多くは茶をあつかっていた。

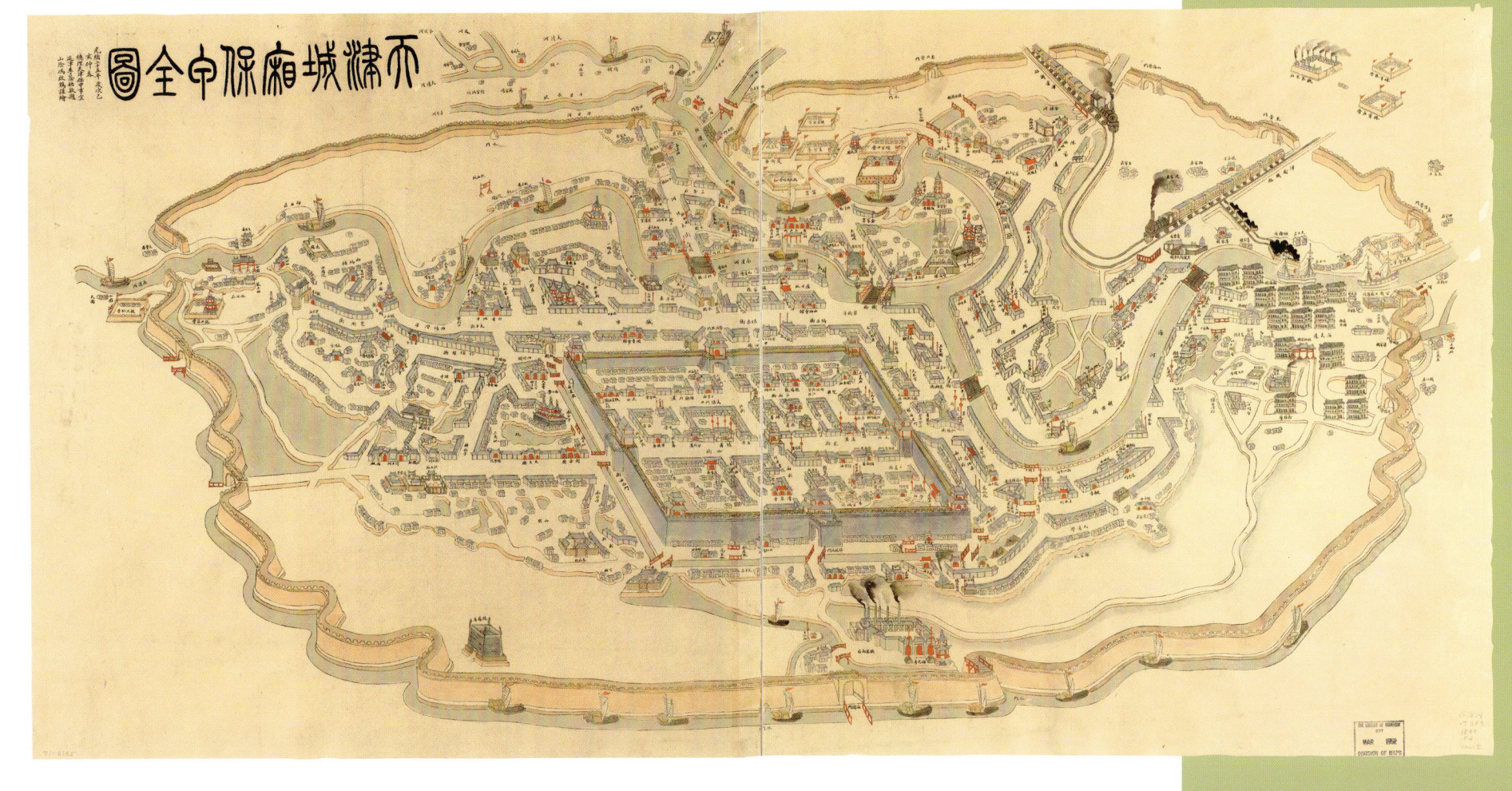

【上】サンフランシスコの地図、チャールズ・R・パーソンズ作、1878年 サンフランシスコは、1848年の時点では建築戸数が100に満たない入植地だったが、金鉱の発見によって数十年のうちに大都市へと発展した。市の南西から太平洋を望むこの独創的なスケッチは、カリアー・アンド・アイヴズ社から石版画として出版された。画面左のハンターズ・ポイントやミッション・ベイから右のフォート・ポイント、ゴールデン・ゲート海峡、ライム・ポイントまでを一望する湾の風景が描かれている。1906年の地震と火災からの復興で市内のようすは変わったが、有名なランドマークであるユニオン・スクエアと市庁舎は現存している。

第4章　新機軸の温床　1800–1900年

[下］サンフランシスコのチャイナタウンの病巣、1885年　移民労働者である中国人は鉄道建設に従事することを奨励されていたが、1870年代以降、彼らを排除しようとする差別的な法律が成立した。チャイナタウンは当局によって堕落と犯罪と病気の巣であるとされた。この地図は、12ブロックの全戸調査にもとづいて、建物の用途を以下のとおり色別に示している。ピンク色（賭博場）、黄色（アヘン窟）、緑色（中国人女性のいる売春宿）、青色（白人女性のいる売春宿）、赤色（寺院）、オレンジ色（一般的な中国人の占有建物）。伝染病の発生地域を示す地図に似ており、中国人が厄介者あつかいされていたことがわかる。

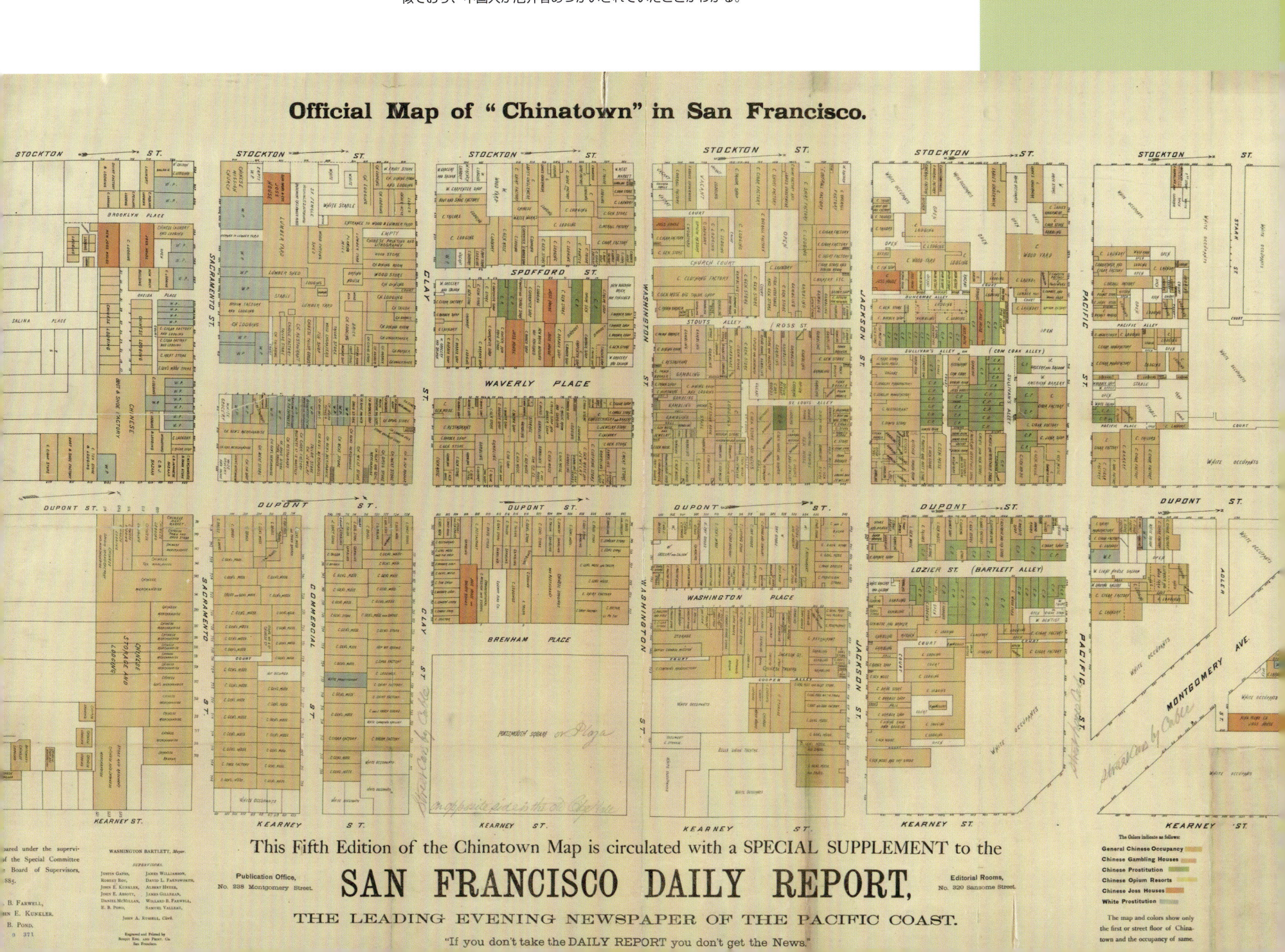

[右] 首都ワシントンDC、1884年　この詳細図は、1883－1884年にアドルフ・ザクセが議会議事堂の東側から実際の風景を見て描いたものである。この版は、議事堂のすぐ北側に駅舎のあるB＆O（ボルティモア・アンド・オハイオ）鉄道のスポンサーマークがついており、ワシントン記念塔が完成する直前に刊行された。現在、記念塔の南側にはタイダル・ベイスンが広がっており、対岸にジェファソン記念館、その西側にリンカン、フランクリン・デラノ・ローズヴェルト、マーティン・ルーサー・キング・ジュニアのための記念建造物や、ヴェトナム戦争戦没者慰霊碑がある。つまり、ここに描かれているナショナル・モールは、陸軍工兵隊がポトマック干潟の干拓工事を開始して2年後のようすである。この工事は1890年代までつづいた。浚渫によって川の深水部が広がり、船舶が航行しやすくなると同時に、洪水や（ワシントン運河から干潟に流れこむ）汚水の蓄積が防止された。一方、工事で出た堆積物は川岸の湿地帯の埋め立てに使われた。埋め立てによってイースト・ポトマック・パークができ、モールはワシントン記念塔の先まで延び、ワシントンDCの面積は240万m²あまり広がった。

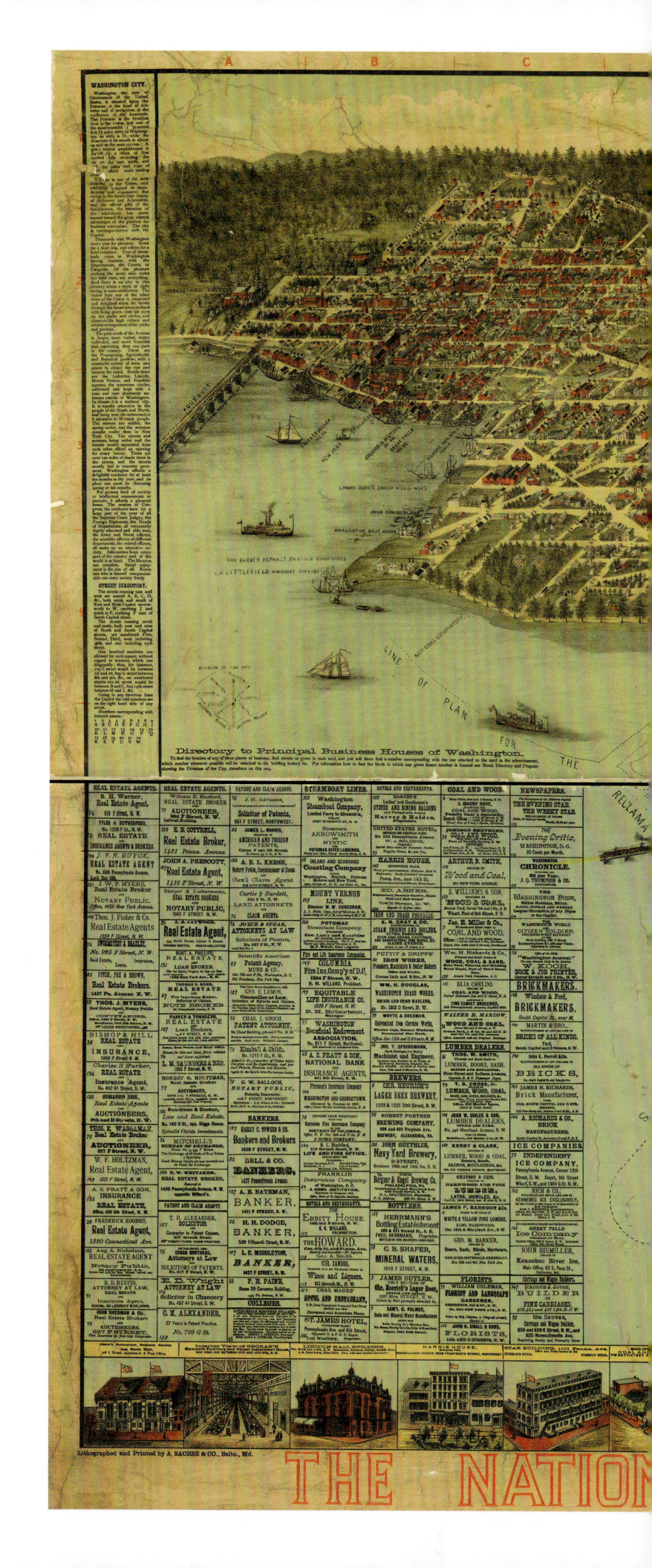

CAPITAL WASHINGTON CITY D.C.

【次頁】ワシントン市の年次報告書、1880年　南北戦争後のワシントンDCは、未舗装の道路に下水溝が掘られているような状態だったため、コロンビア特別区は公共事業委員会を設立し、大規模なインフラ改良計画に着手した。1870年代、アレグザンダー・ロービー・「ボス」・シェパードの監督のもと、委員会は運河を埋め立て、数百マイルの舗装道路と歩道、下水道、水道管、ガス管、街灯を設置し、交通システムを整備し、樹木を植えた。

　この取り組みは数十年間つづき、19世紀末の年次報告書の地図に進捗状況が記録されている。ここに掲載した4枚を見ると、行政サービスが拡大して道路清掃や課税目的と思われる地価の査定がおこなわれていることがわかる。行政サービスやインフラの供給と地価を対比すると興味深い。ホワイトハウスと議事堂を結ぶペンシルヴェニア通り周辺のザ・ディヴィジョンと呼ばれた中心部は地価が高く、現在では人気の高いジョージタウンは比較的安かった。

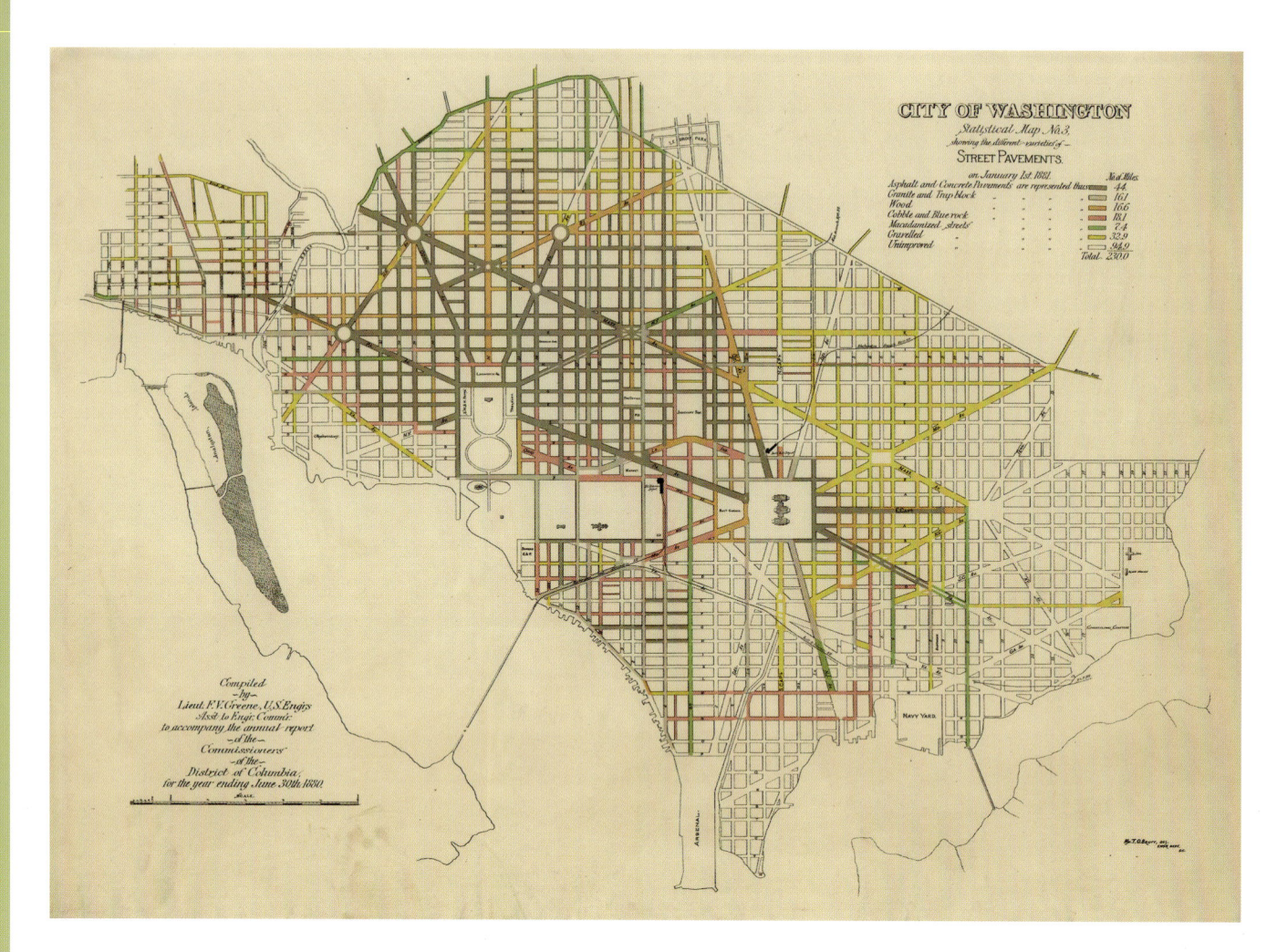

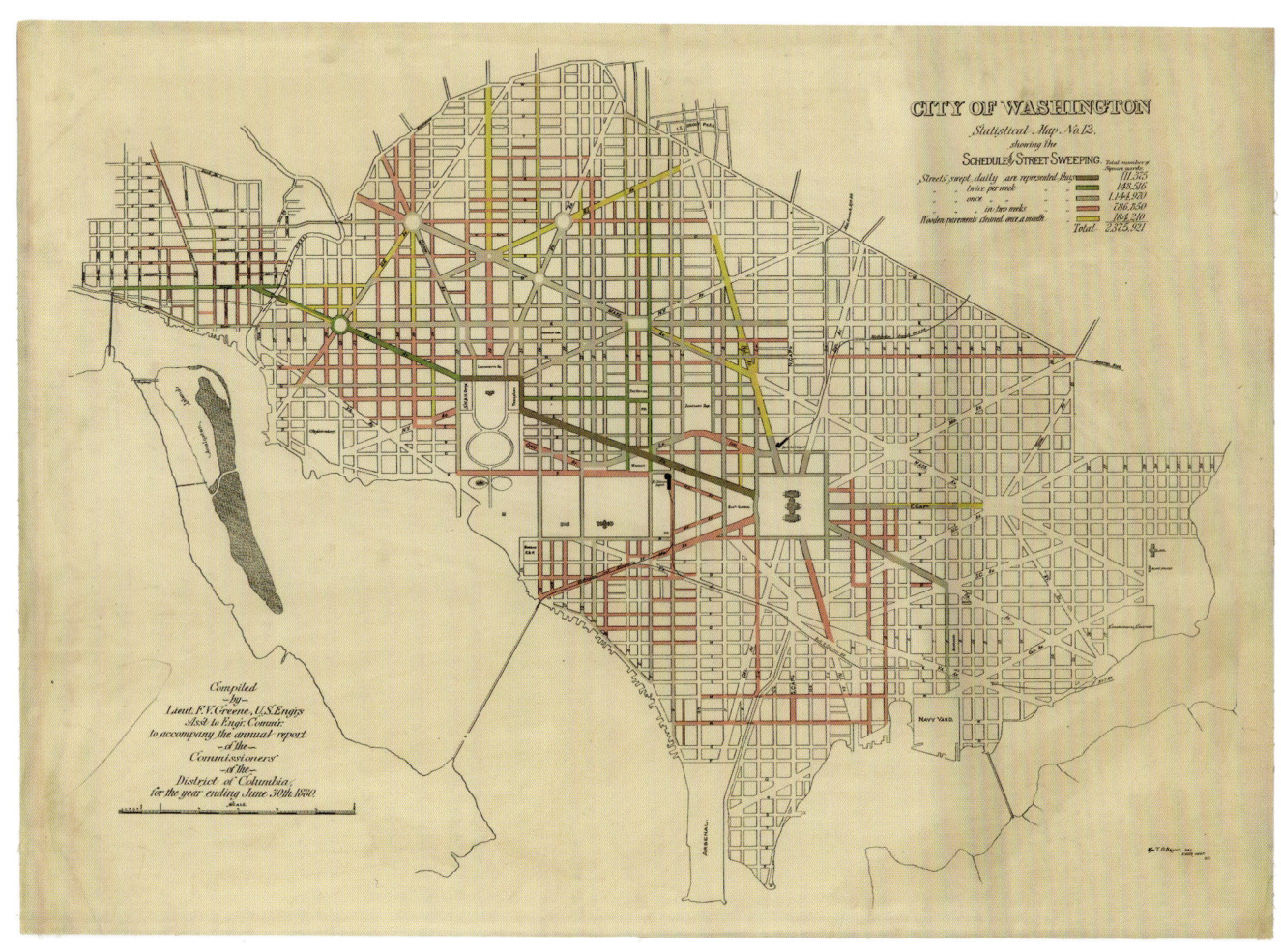

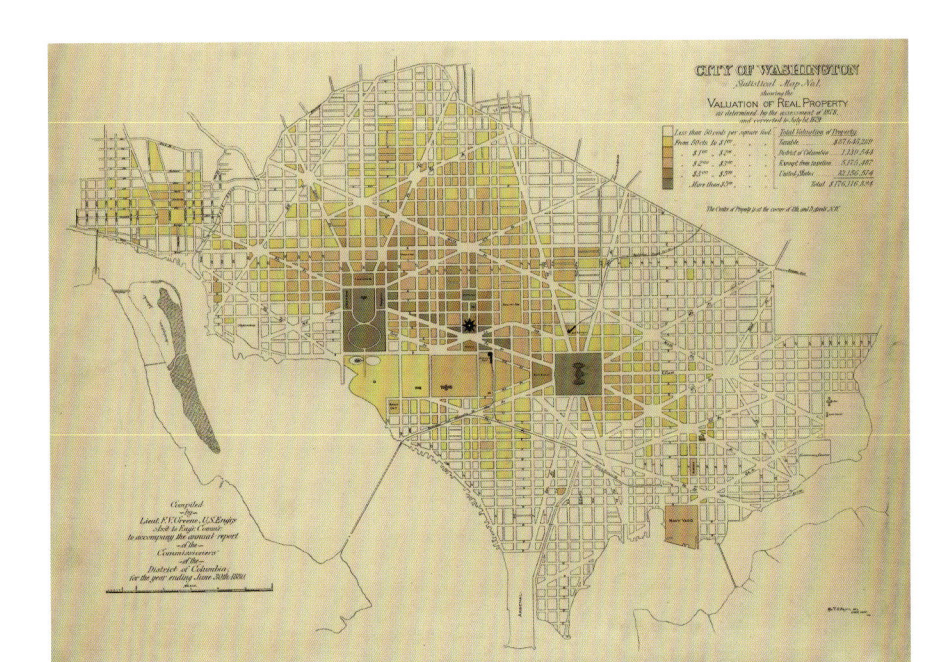

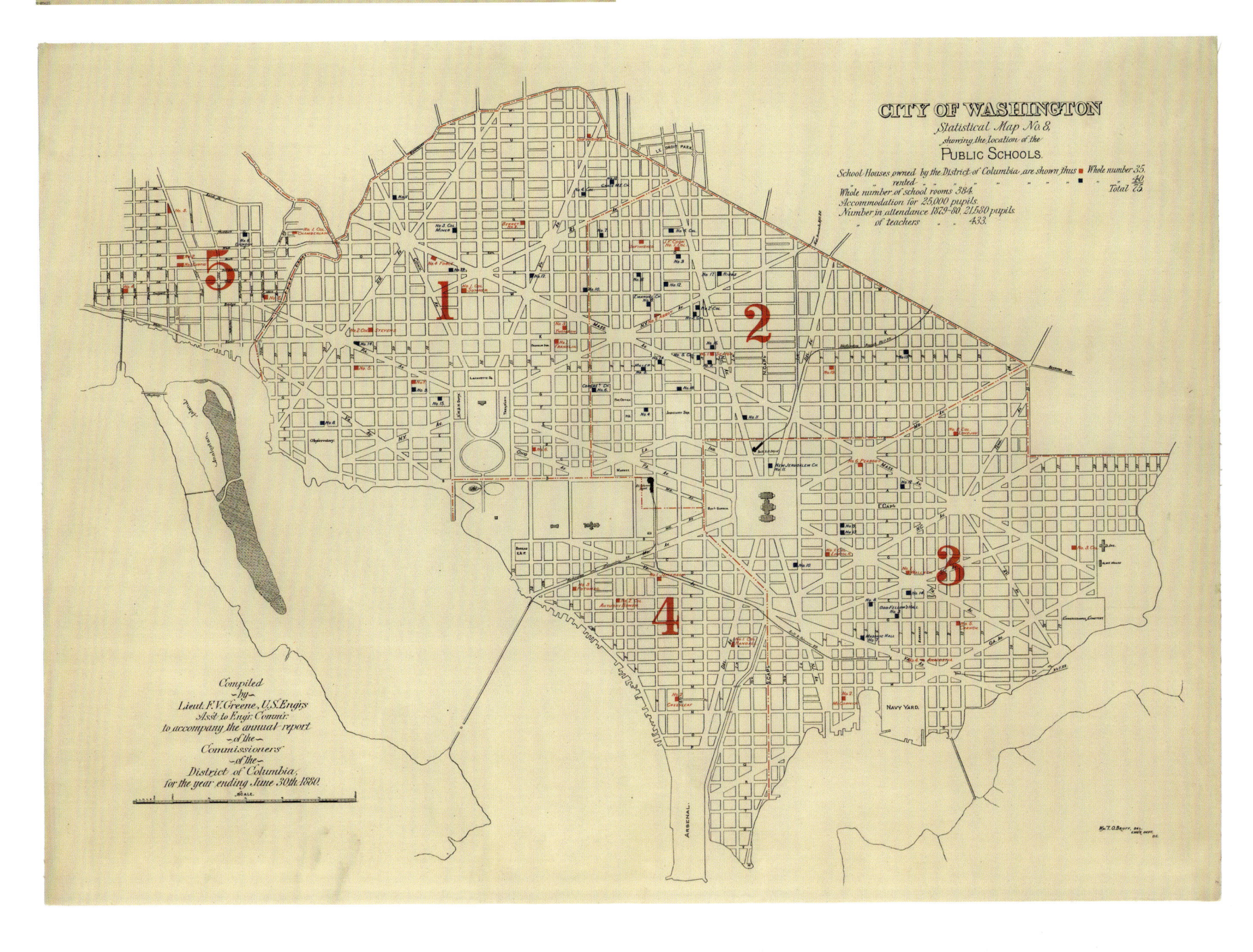

第 4 章　新機軸の温床　1800−1900 年

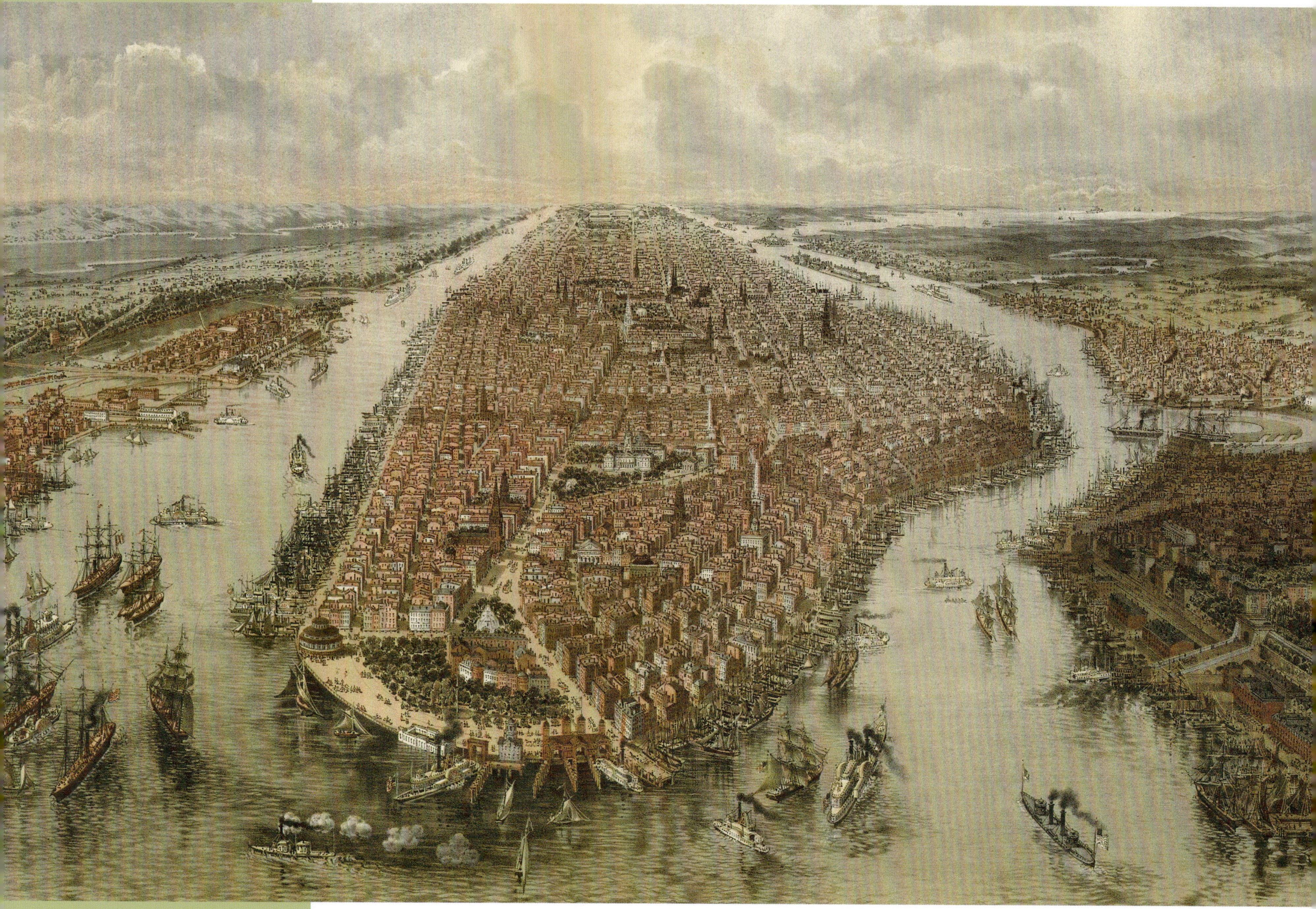

第 4 章　新機軸の温床　1800−1900 年

【前頁・上】1865 年と 1884 年のニューヨーク　ニューヨーク中心部とブルックリンの鳥瞰図。どちらも南側から見た風景であり、手前にバッテリー・パーク、左上にニュージャージー州の陸地、右下にウィリアムズバーグ（ブルックリン）が見える。1865 年の地図（左）は、発展途上にあるニューヨークの鳥瞰図製作に大きく貢献したジョン・バッハマンの作品であり、1884 年の地図（右）はカリアー・アンド・アイヴズ社による作品である。ニューヨーク名物の褐色砂岩の建物は 1865 年の時点ですでに密集しているようすが見てとれるが、なんといっても目を引くのは右側の図に見える 1883 年開通のブルックリン橋である。

【上】「日光御山之絵図」、植山彌平作、1880年代頃　図案化されたポケットマップであり、地形を正確に再現したものではない。栃木県の有名な参詣地である日光には、多くの神社仏閣のほか、山や滝などの神聖なスポットや御神木がある。秋の中禅寺湖（左上）はとくに美しい。日本有数の豪華さを誇る神社、東照宮（右上）が描かれている。東照宮は初代将軍・徳川家康を祀る神社であり、近くには孫の家光を祀る大猷院霊廟（中央上）がある。この絵図では東照宮のすぐ下に輪王寺の建築群がある。

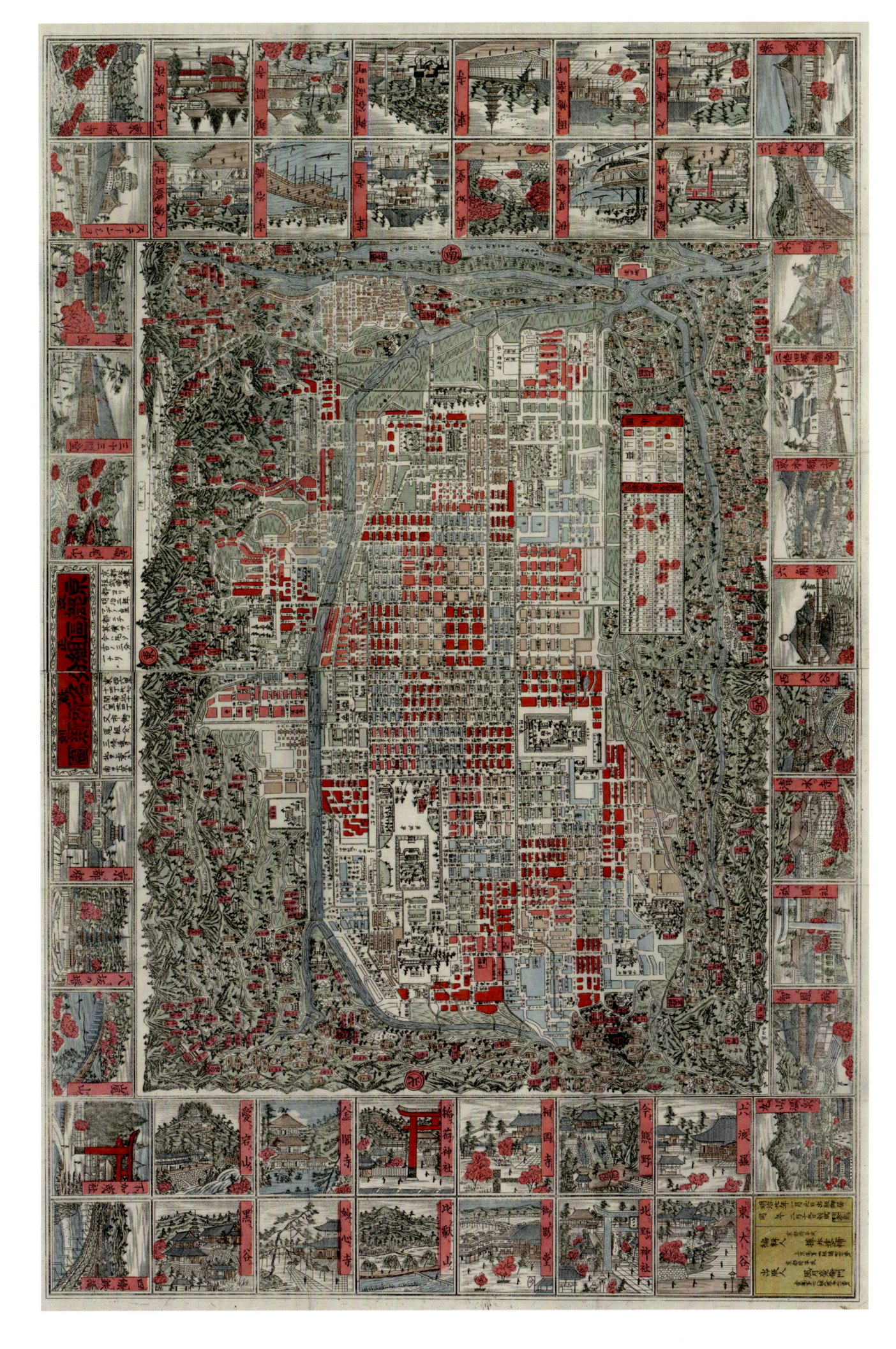

第4章 新機軸の温床 1800−1900 年

【左】「京都区組分名所新図」、樺井達之輔、風月庄左衛門作、1887 年 京都のおもな見どころを絵入りで紹介する形式の地図。京都の街が地区ごとに色分けされ、そのまわりに数々の名所が描かれている。北を上にして見ると御所は右上にあり、二条城は中央左寄りにある。このエリアには約2000 の神社仏閣があり、大小あわせた霊場の宝庫となっている。この地図が作られたのと同じ年、日本政府は外国人観光客の誘致を目的とする貴賓会を設立した。

HARPER'S WEEKLY

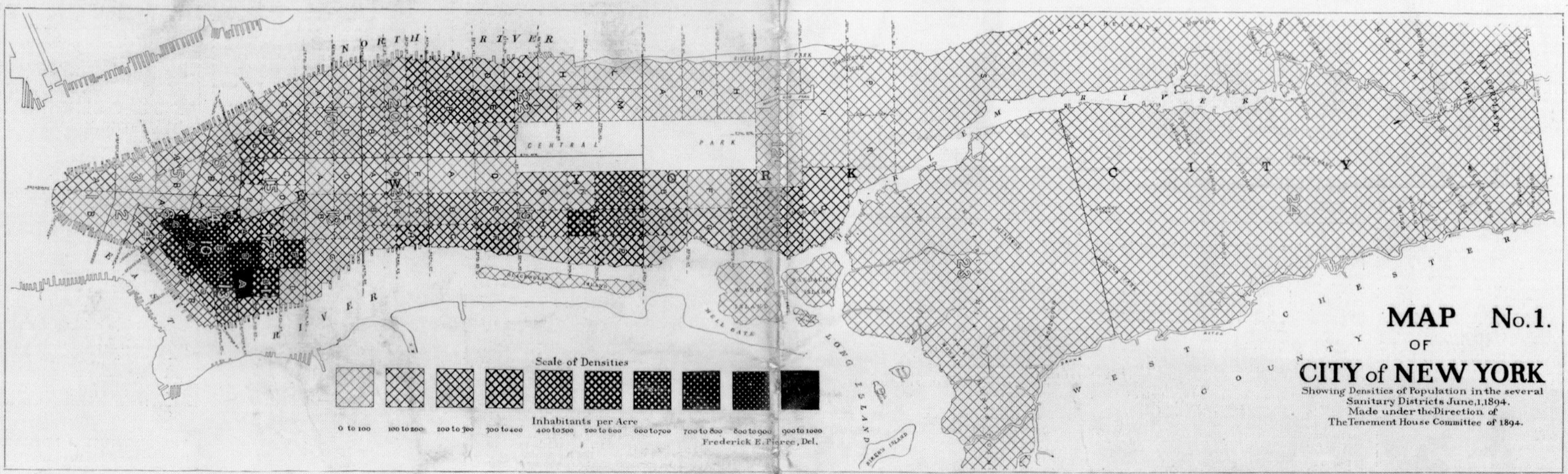

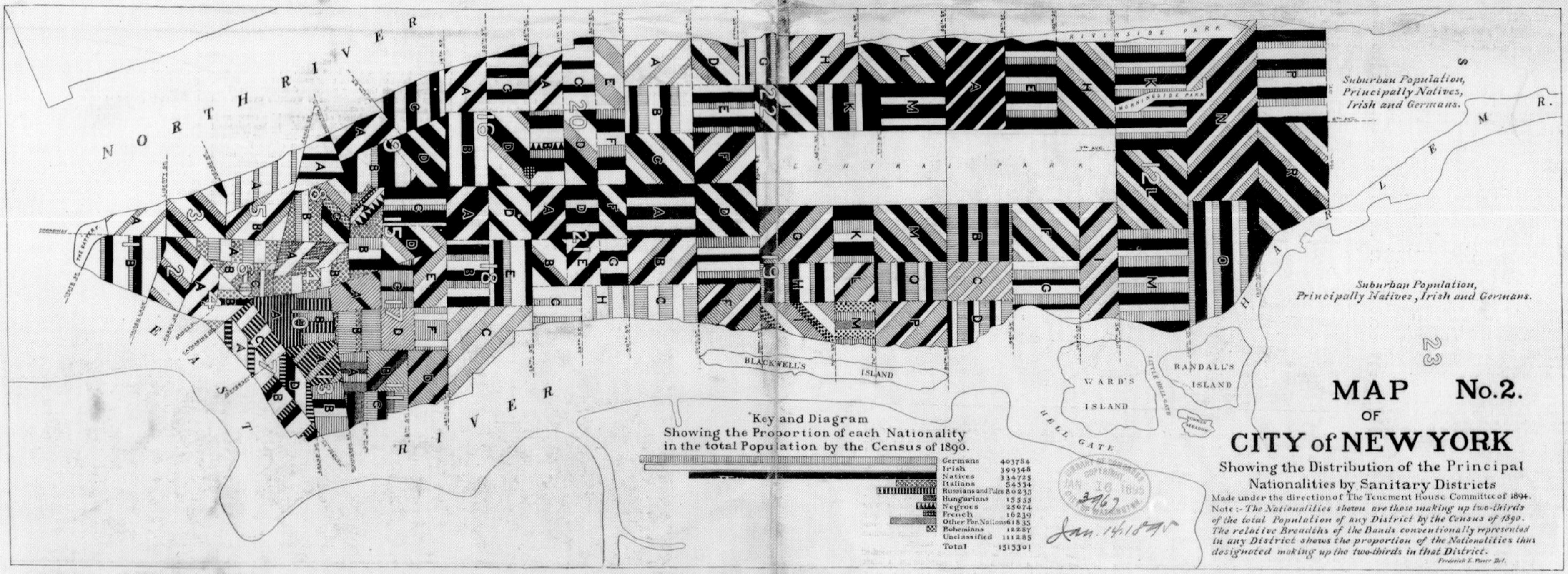

THE TENEMENT-HOUSE COMMITTEE MAPS.—Drawn by Frederick E. Pierce.—[See Page 62.]

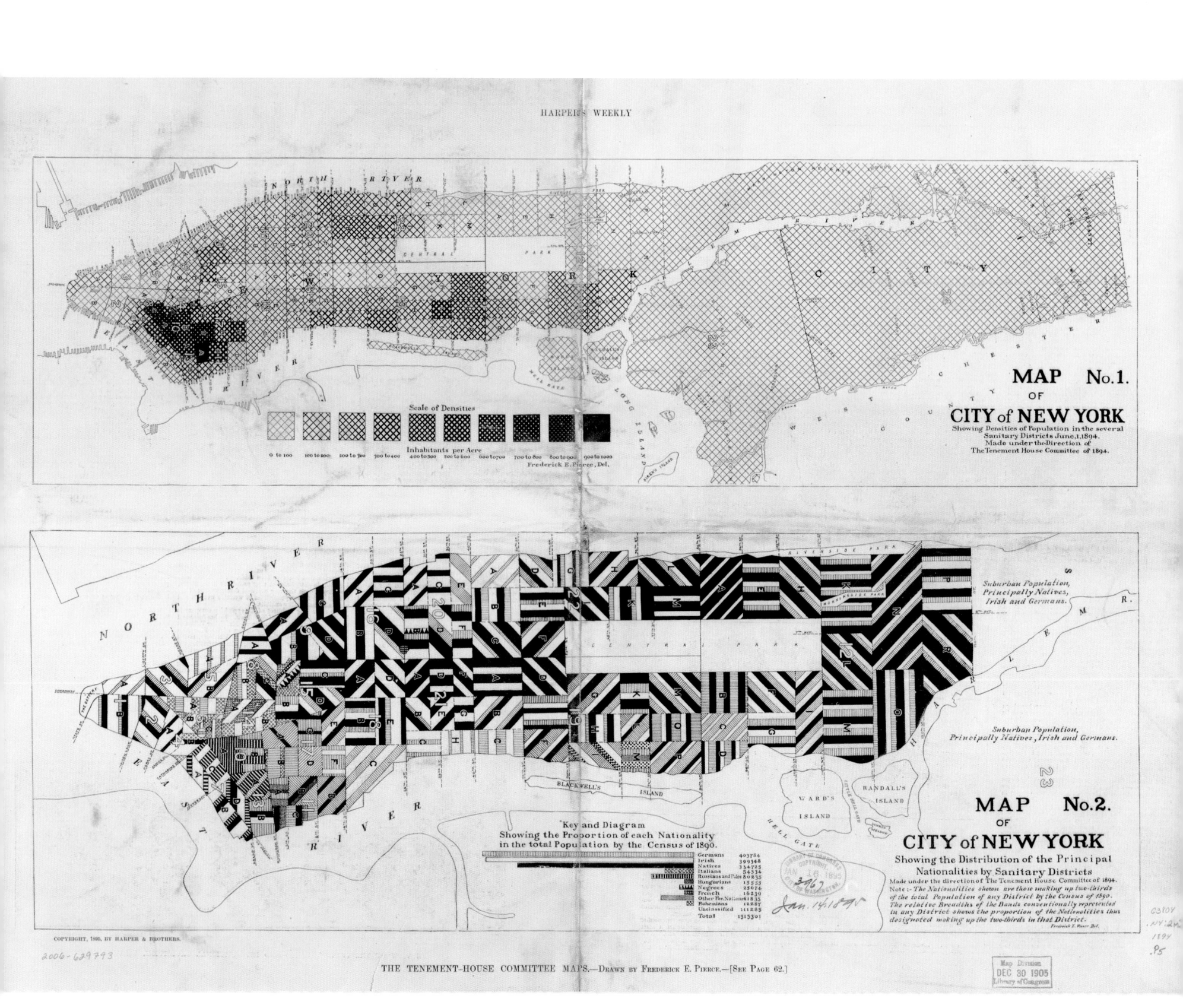

第 4 章　新機軸の温床　1800－1900 年

【前頁】ニューヨーク市テネメント・ハウス（貧困層向け共同住宅）委員会の地図、フレデリック・E・ピアース作、1894 年　これらの地図は、国勢調査報告書の情報をもとに、人口密度と出身国が一目でわかる斬新な方法でデータを提示している。市内のテネメント・ハウスや公衆衛生問題への関心、または暗に人種への関心を反映して、1895 年 1 月の『ハーパーズ・ウィークリー』誌に初めて掲載された。世界で最も人口密度が高い場所は、ドイツとアイルランドからの移民が大多数を占める 11 区の衛生管理区域であるとされた。

【下】J・T・ロイド社によるボルティモアの高層建築、1891 年　この地図はボルティモア市内の商業地区の名建築をテーマに地元の地図出版社が作成した。それらの建築物の多くが 13 年後に失われたことを思えば賢明な選択だった。1904 年 2 月 7 日から 8 日にかけ、衣料品を扱うハースト商会の地階を火元とする大火災が起こった。それは、ホプキンズ・プレイスとリバティ・ストリート（ジャーマン・ストリートの南）の間にあった建物で、地図の中央に描かれている。当時のアメリカで史上最大の惨事となったこの火災により、57ha の商業地区にあった 1500 戸が全半焼し、数千社が被害をこうむった。

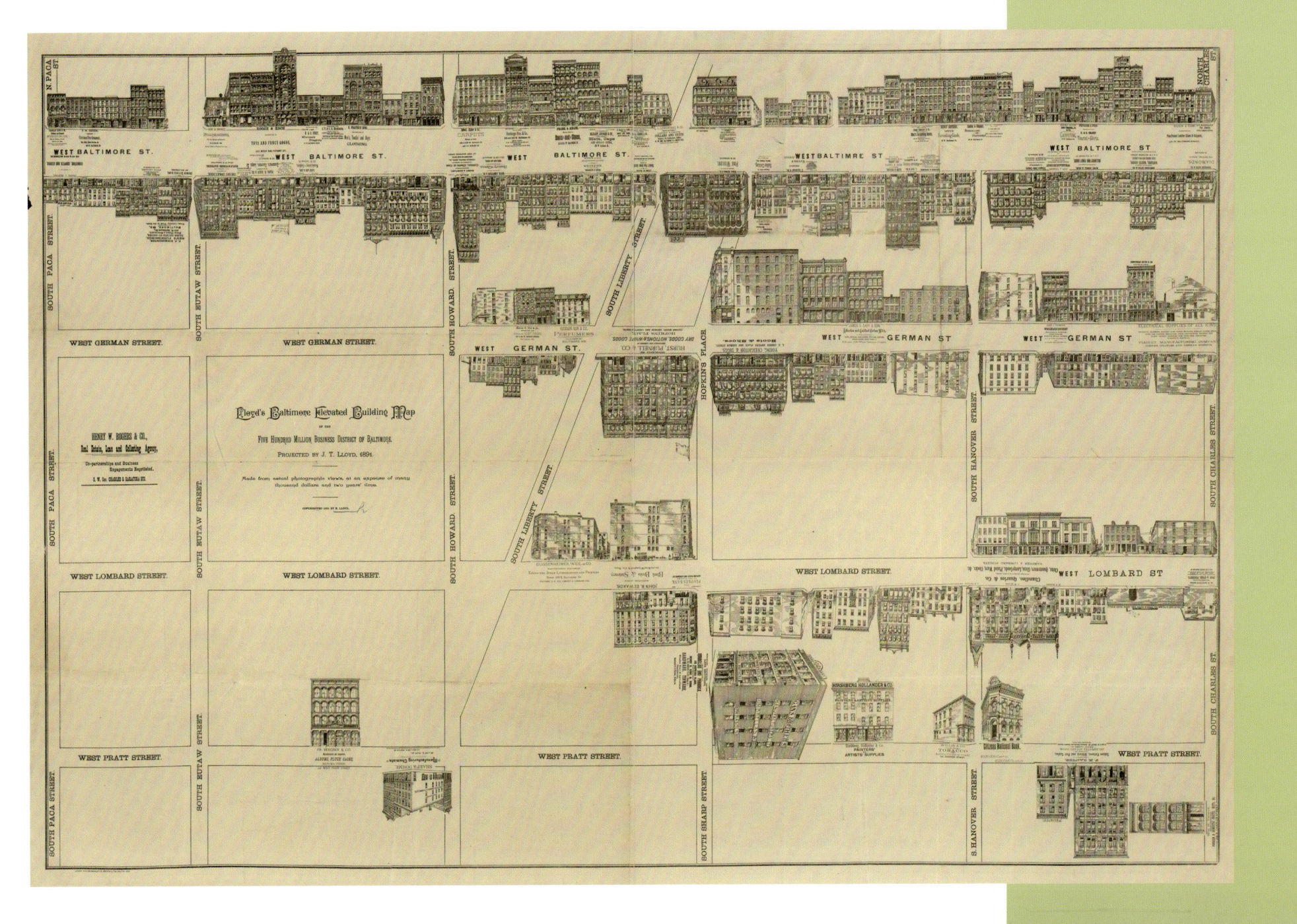

【右】1890年のバルセロナと周辺地域の地図、D・M・セラ作、1891年　市議会のために用意されたこの地図は、人口急増による都市の発展の全体像をとらえている。1800年に11万5000人だったバルセロナの人口は、1世紀ほどもたたない1880年には35万人になった。18世紀、この中世都市は湿地帯を埋め立て、ラ・バルセロネータと呼ばれる集団住宅地（地図下部の古い港に突き出した三角形の土地）を造成して人口過剰を緩和した。

産業化時代の到来で過密状態はいっそう深刻化し、1859年には城壁が撤去されて内陸への都市拡大が可能になった。土木技師のイルデフォンス・セルダが拡張計画の立案をまかされた。彼は、自身のアシャンプラ田園都市計画において、グリッド・パターンを使うことで公共交通網とオープンスペースを両立させた。アシャンプラは「拡張」や「拡大」を意味する。拡張された地域は過密な旧市街とは明らかに異なっており、その北の端は長いバルセロナ大通り（現ディアグナル通り）と接している。この近代的なモデル地区で、アントニ・ガウディのようなカタルーニャ・モデルニスモの建築家たちは自身の設計を実現することができたが、計画されていた緑地の多くは造成されなかった。1890年の時点では、北に延びるグラシア通りの東側のほうが西側よりも発展していることがわかる。

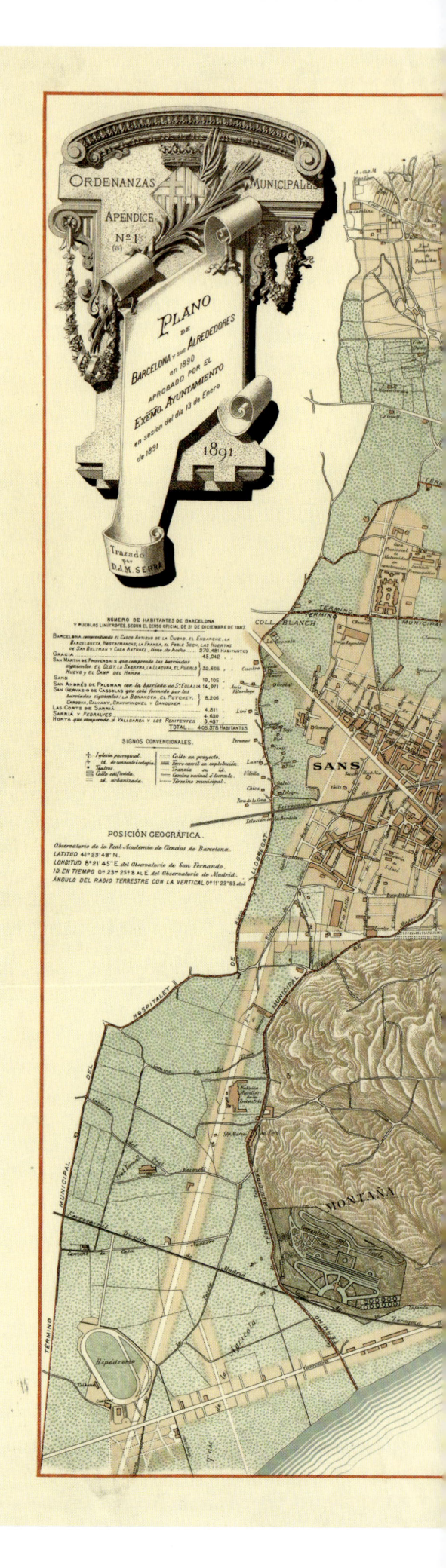

Orientación y distancias desde BARCELONA á los puntos mas importantes del Globo. Linea recta en kilómetros.
PORTUGAL
HORTA
SAN GERVASIO
LAS CORTS
GRACIA
SAN ANDRES DE PALOMAR
LA SAGRERA
CAMP DEL HARPA
SAN MARTIN DE PROVENSALS
CLOT
LA LLACUNA
PUEBLO NUEVO
POBLE SECH
MONJUICH
PARQUE Y JARDINES
AR
MEDITERRÁNEO

LOS ANGELES, CAL.
Population of City and Environs 65,000.

Published by SOUTHERN CALIFORNIA LAND CO., 344 N. Main Street. 1891

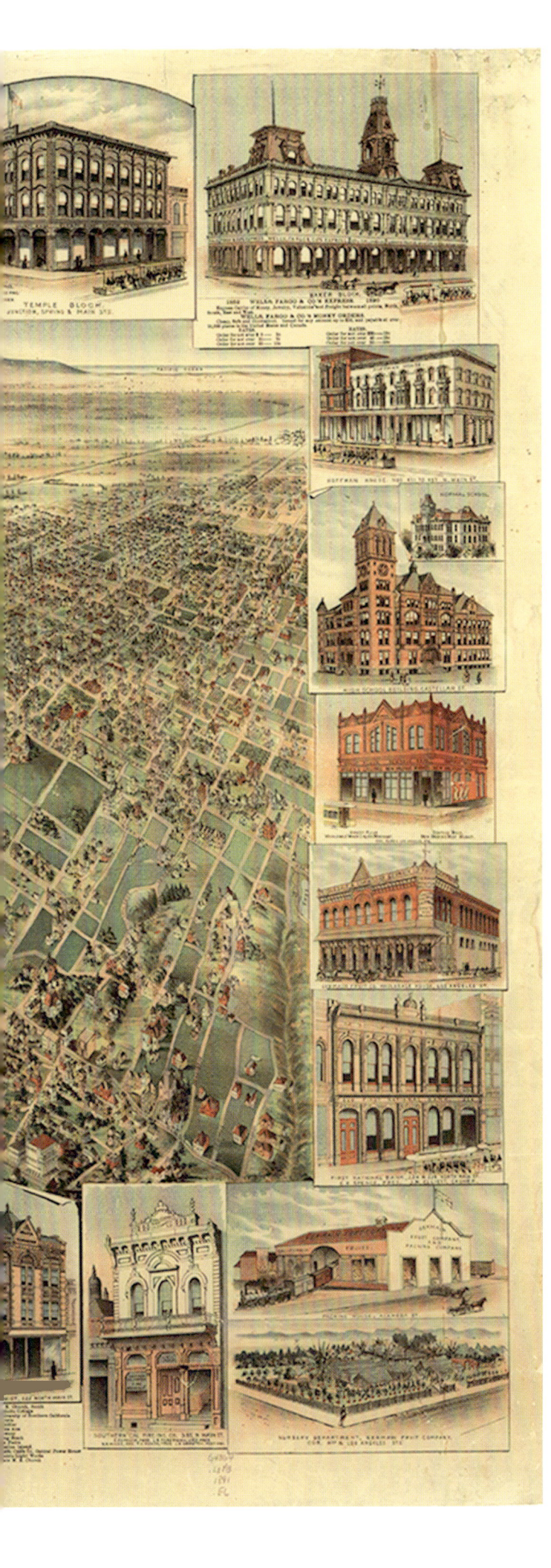

第4章 新機軸の温床 1800－1900年

【前頁】ロサンゼルス、H・B・エリオット作、1891年 サン・ペドロ湾とカタリーナ島（上、中央右寄り）を望むこの地図は、10年つづいた土地ブームが去ったあと、南カリフォルニア土地会社のために製作された。1880年に1万1000人だった人口は6万人あまりに増え、1900年には10万人を超えた。

ロサンゼルスの発展とスプロール現象の要因は、都市と近郊の農村を結ぶ橋や道路（自動車の登場は1897年だが）などのインフラにあった。地図の中央右上にG・J・グリフィスのオレンジとクルミの果樹園が見える。最初の永久橋は1870年に建設され、ロサンゼルス川をはさんで市内と東岸（イーストサイド）を結んだ。屋根のついたニューイングランド式の橋が、缶詰工場（凡例19、中央左上）脇のメイシー通りのはずれに見える。この橋によって、最初の2つの郊外住宅地区（現在のリンカン・ハイツとボイル・ハイツ）が1870年代に定着した。メイシー通りの橋は1904年まで使われたあと、より近代的な橋に架けかえられた。

市庁舎や郡裁判所などの趣深いイラストが地図をふちどっている。ハーマン・W・ヘルマンの屋敷も描かれている。ヘルマンはバイエルン出身のユダヤ人兄弟のひとりであり、文具商、食料雑貨商、銀行家として成功したのち、市内有数の不動産開発業者になった。

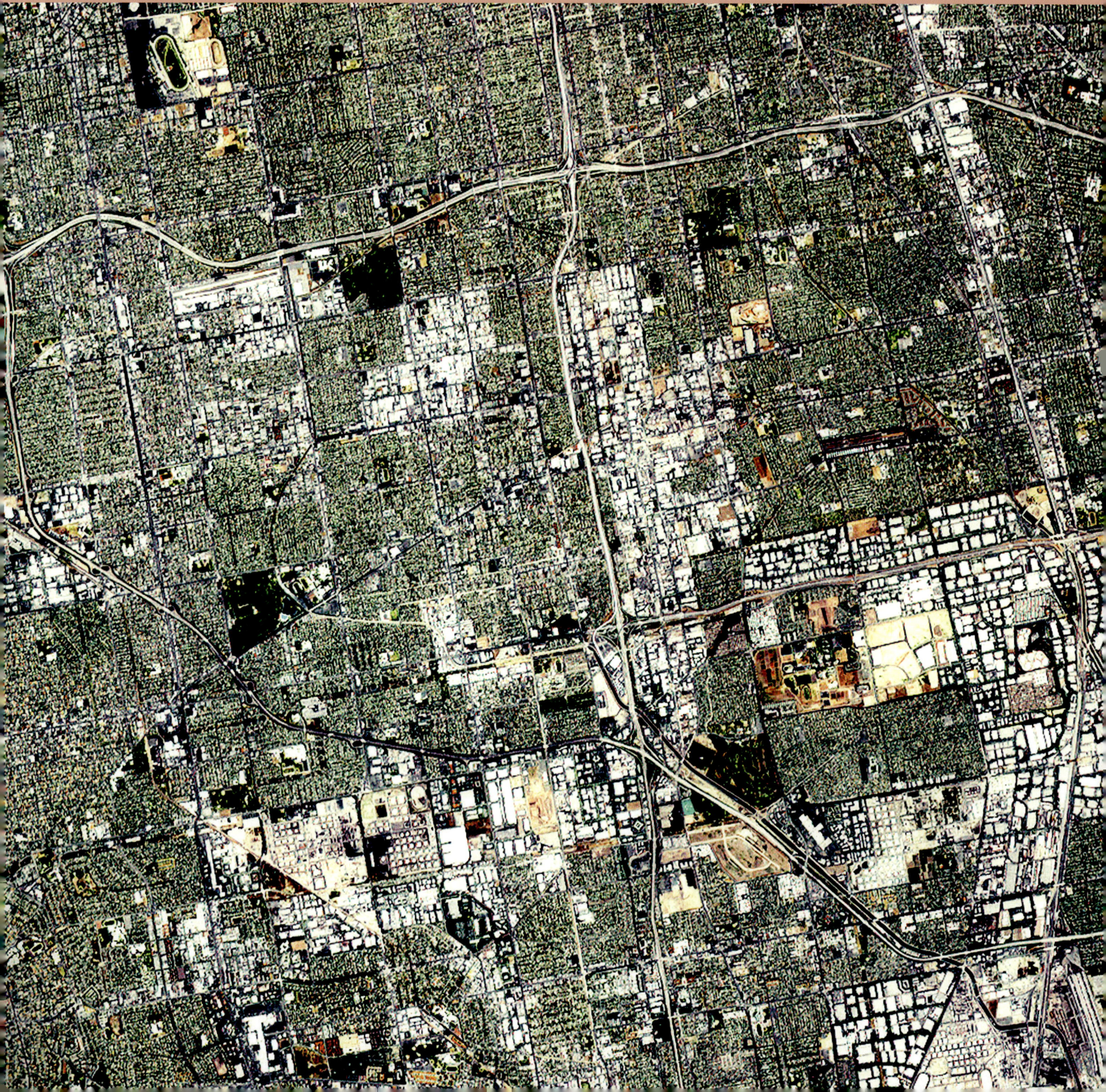

第 5 章　グローバル化の時代　1900 年 – 2000 年代

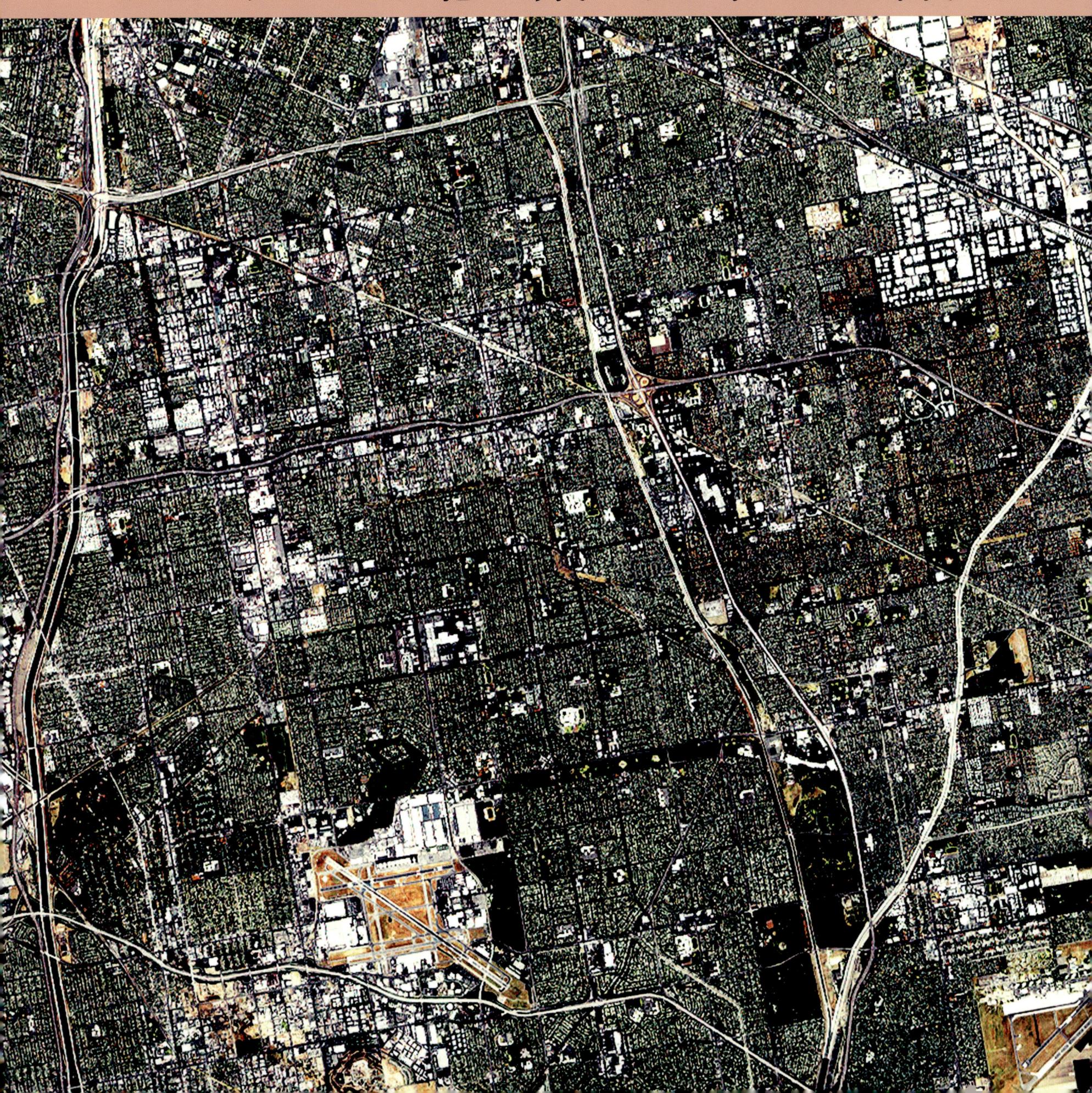

[前頁] **カリフォルニア州ロサンゼルスの衛星写真** 上空から見たロサンゼルスのスプロール現象。幹線道路が走る超過密地帯と郊外の緑色が好対照をなしている。衛星の利用によって、都市部の絶え間ない変化を正確にとらえることができる。

20世紀には、世界の都市人口が前代未聞の勢いで増加するとともに、都会的なイメージでとらえられる国がますます増えていった。「都会」体験は、しだいに町（タウン）よりも市（シティ）、さらには真の大都市にまつわるものになり、結果として、直接の農村体験をもつ人は相対的に減少した。

このような都市への人口移動は世界中で起こった。1900年、大都市エリアは、人口の順ではロンドン、ニューヨーク、パリ、ベルリン、シカゴ、ウィーンを筆頭に、ヨーロッパと北米に集中していた。そのころまでに、アメリカの主要都市はすべて創建されていた。20世紀を通じて、ヨーロッパと北米では都市エリアが拡大しただけでなく、人口の分布も農村から都市へと明らかに変化した。この変化は、著しく都市化したイングランドやスコットランドなどではすでに起こっていたが、20世紀の第3四半期には、農業の機械化が急速に進み、産業経済によって発展する地域への期待が増したため、フランスやドイツの農村からの大規模な人口移動が起こった。

世界的な傾向

同様の変化は開発途上国でも起こった。インドの都市人口率は1901年の10.9％から1961年の18.0％（1901年の基準では19％）に増え、同じ期間のスリランカの数字は11.6％から18.0％に増えた。それは、宗主国であるヨーロッパの商業コミュニティに依存するボンベイ（現在のムンバイ）などの都市に経済的な魅力（受け入れる側のプル要因）があったことにもよる。しかし、開発途上国全体を見れば、このような変化の多くは遅れて起こり、たとえば中国やアフリカで最も顕著になったのは、20世紀の最後の25年間だった。人口移動の特殊要因（送り出す側のプッシュ要因）は農作物の凶作だったともいえるが、もっと一般的に考えれば、農村では生活が困窮しやすく、都会での雇用機会によって移住が促進されたことや、都会での生活が魅力的だったことも事実である。都会は遠い将来を見通せる場所であり、情報、消費、活力の中枢であり、実質的にも外見的にも社会移動の中枢だった。

20世紀末には、世界有数の大都市のほとんどは開発途上国にあった。ムンバイ（インド）、ラゴス（ナイジェリア）、サンパウロ（ブラジル）、ダッカ（バングラデシュ）、カラチ（パキスタン）、メキシコシティ、上海（中国）などである。ラゴスの発展は、アフリカで最も人口の多いナイジェリアで都市部への人口移動が起こったことを示していた。都市部に住むナイジェリア人の割合は、1963年の5人に1人から1991年の3人に1人へと増加した。

この傾向はすべての開発途上国に共通していた。南アメリカでは、人口の急増、農村からの人口移動、とりわけ現地生産の増加で輸入品の需要が減少したことによる都市の工業化が、都市の急速な発展を裏づけていた。たとえば、1930年から1990年までに、サンパウロの人口は100万人から1710万人に増加し、ブエノスアイレスでは200万人から1260万人、リオデジャネイロでは150万人から1120万人、リマでは25万人から650万人に増加した。

プル要因のほかにプッシュ要因も存在した。1980年代には、アフリカの半乾燥地帯のサヘルが大規模な干ばつにみまわれたため、多くのモーリタニア人が遊牧を断念し、とくに首都ヌアクショットに移住した。また、戦争による混乱で人口移動が顕著になった国もあり、アンゴラでは首都のルアンダが急速に発展した。紛争や洪水のために多くのパキスタン人がカラチなどの都市に移住したり、ベイルートなどの都市の周辺に難民がスラムを作ったりした例もある。

メガシティ

20世紀後半の先進国の大都市は、途上国の大都市と同じ速度で発展したわけではなかった。先進国の都市がすでに発展をとげていたことや出生率が低いことも理由の一部だが、自治体の方針も重要な要因だった。ロンドン、パリ、ワシントンDCなどのように、都市圏を拡大するために自治体が合併する例は少なかった。対照的に、カナダでは1998年にトロント周辺の自治体が合併し、グレーター・トロント・エリアという「メガシティ」が誕生した。

戦後数十年のうちに、人びとが人口密度の低い郊外の住宅地に移ったことで都市のかつての中心部から人口が流出し、先進国の多くの地域で旧市街の荒廃が起こった。この流れが逆転したのは20世紀末のことであり、多くの旧市街で再開発が進められ、放棄されていた工業地帯が住宅地に生まれ変わるなどした。シカゴやボルティモアからリヴ

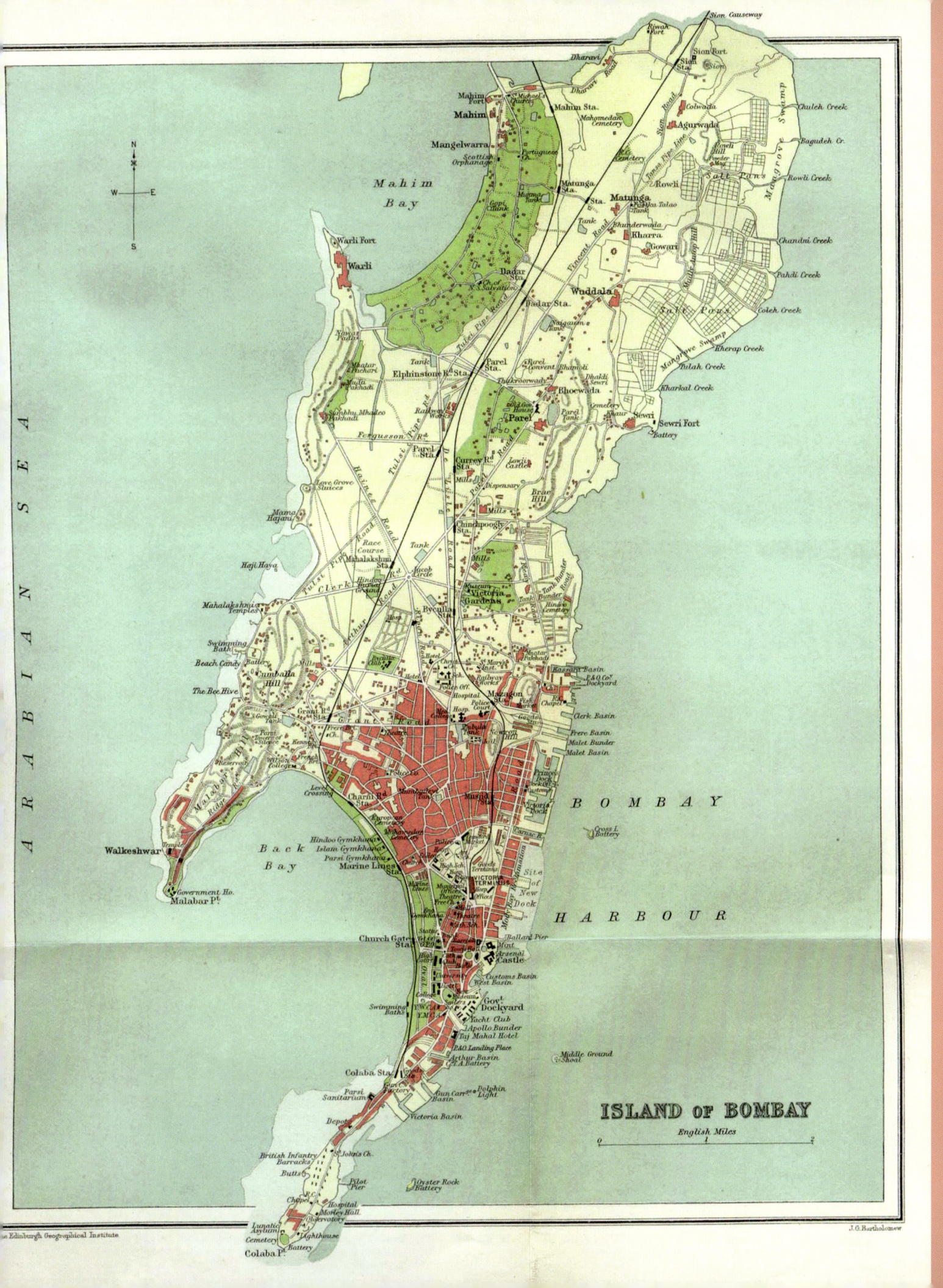

第5章　グローバル化の時代　1900年-2000年代

【左】地名辞典に掲載されたボンベイの地図、S・M・エドワーズ作、1909年　この地図は、エディンバラのJ・G・バーソロミューが刊行した3分冊の地名辞典『ボンベイの都市と島』に掲載されている。この一大交易都市の起伏に富む地形や緑地、インフラ（鉄道や、計画中のものを含めたドックなど）の発達だけでなく、入植地が1720年代にさかのぼる東インド会社の城塞の中心部から拡大しているようすもわかる。最も意外なのは、ボンベイ（現ムンバイ）がもともと7つの島からなっていたことだろう。それらの島はおもに1800年代の干拓工事によってひとつに統合されたが、低地の湿地帯を排水して埋め立てるための費用の一部は、好景気にわく綿織業の収益でまかなわれた。

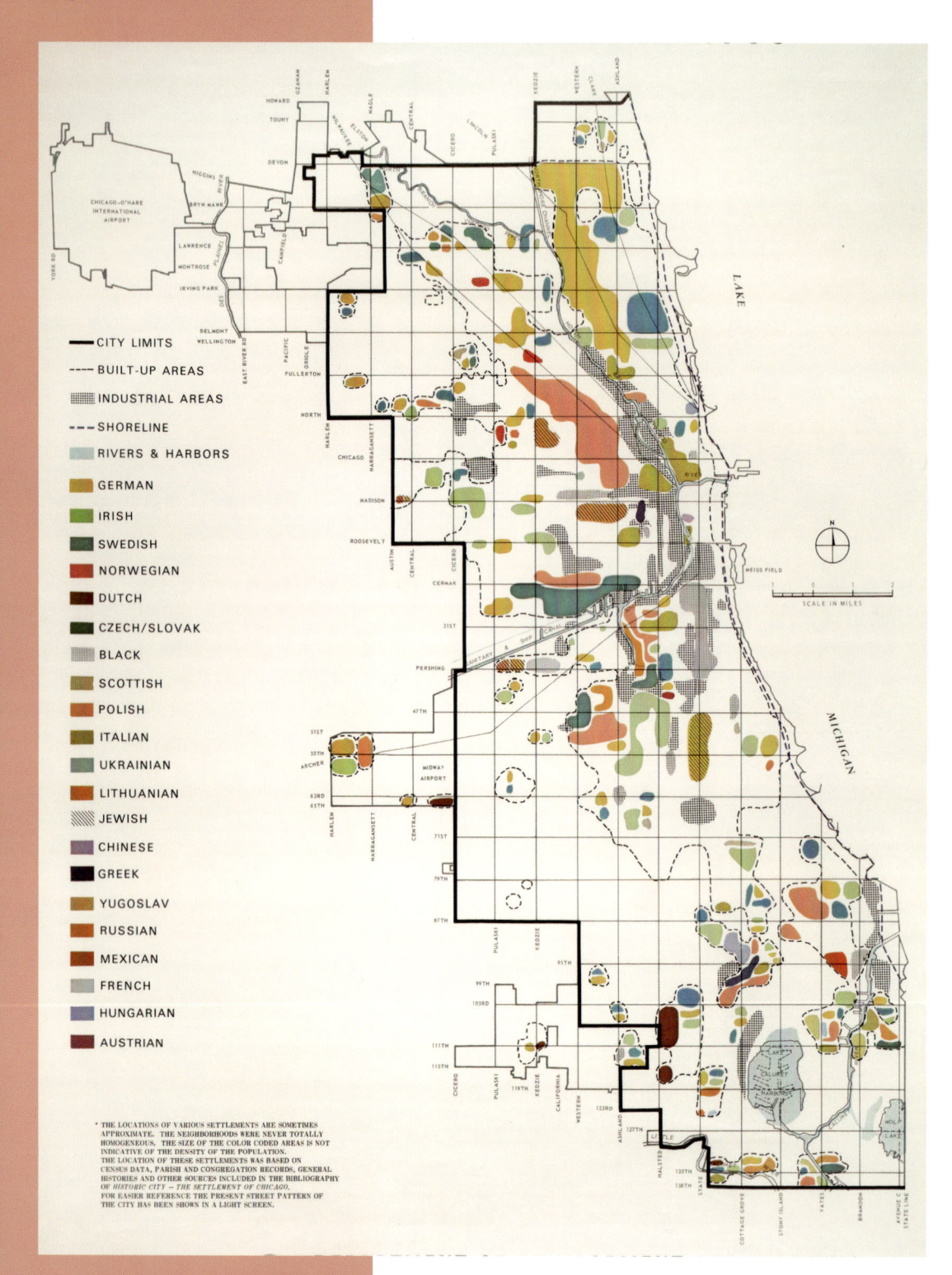

ァプール、バルセロナにいたるまで、都市の臨海工業地帯の再開発によって埠頭や倉庫が公園、オフィス、店舗およびレジャー空間になったことは、さまざまな都市環境に劇的な影響をおよぼした。この動きは21世紀初頭に各地で加速した。人口密度の分布図を見ると、2000年代に旧市街のマンチェスターやトロントなどが顕著な発展傾向にあったことがわかる。

先進国の都市人口の安定や増加に作用するもうひとつの要因は移民である。途上国からの移住者は大都市に集中することが多い。1950年代、ニューヨークのプエルトリコ人の人口は18万7000人から61万3000人に増えた。第2次世界大戦後にウクライナ難民を受け入れたカナダのエドモントンは彼らの重要拠点となり、数で上回る中国人などの移住者は、シドニーやヴァンクーヴァーの拡大と国際都市化に重要な役割をはたした。

都市の憂鬱——公衆衛生から犯罪まで

途上国の多くの大都市は重要拠点としての地位を確立して久しかったが、発展の下地がととのっている都市は皆無だった。ムンバイの人口は1901年の81万3000人から1961年の415万人に増加した。途上国では都市の雇用が産業とサービスの両面で著しく増加したとはいえ、失業や不完全就業の大幅な増加を回避するには不充分だった。

都市インフラは、上水道、公衆衛生、住宅、輸送などの点でとくに不足していた。途上国で安全な飲用水と下水道設備を利用できる人口の割合は農村よりも都市のほうが高かったが、浄水を利用できない都市も多く、そのために伝染病が発生しやすくなった。都市に移住したばかりの人びとへの医療提供はとくに不足していたため、彼らの多くは不衛生な状態や病気や貧困のリスクにさらされながら、都市周辺部の無断居住者キャンプなどで暮らしていた。それらの居住地は違法であり、市街図にはあまり記載されることがなかった。こうした場所に住む人びとがいることは、手頃な住宅の需要を満たす能力が都市部にないことを示していた。

このような都市地域は治安の維持が困難で、当局の権限も充分におよばなかったが、そのニュアンスは地図化されにくかった。1920年代のシカゴと同様、カラチやサンパ

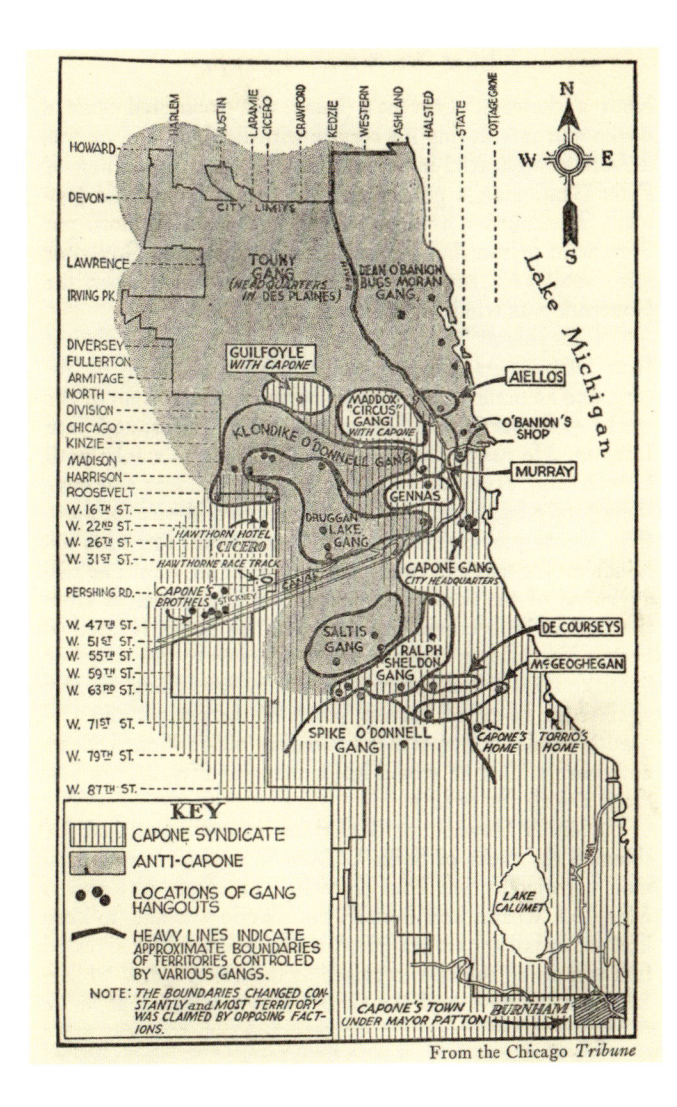

ウロのような都市では、ギャングが警察とも敵対しつつ縄張り争いをくりひろげた結果、暴力発生率が高まった。サンパウロでは1998年の殺人件数が8000あまりにのぼり、1999年には10万人あたりの殺人件数が50を超えた。殺人発生率はヨハネスブルクやナポリなどの都市でも上昇した。

都市の発展は汚職という別の犯罪とも関連している。とくにめだつのがデリーの新空港のような土地取引や建設許可をめぐる汚職である。これらは、都市が周辺の農村部へと拡大する場合や、既存の都市部が大きく変化する場合に重要な問題になる。土地利用を変えることで地価を上げようとする数々の試みがなされた。たとえば、2012年にはラゴスの発展の勢いに乗って、水上スラム街マココの一部を撤去しようとする動きが起こった。ラゴスでは年に50万人の割合で人口が増加し、近年では20世紀なかばに1000万人に近づいており、地価の上昇によるさまざまな発展性が見こまれている。マココ撤去の動きは、海を埋め立てて土地を開発しようとする一般的な試みのひとつである。この工事手法は、ムンバイ、プノンペン、マカオなど、多くの都市の地固めと発展に貢献してきた。

ラゴスは都市の発展にともなう歪みを反映していた。つまり、人口増加による超過密、汚職、電力不足、自警団が有償で治安維持にあたるほどの無法状態である。その一方で、危機に対処しようとする試みもなされた。たとえば、2010年代初頭に7本の軽便鉄道が中国の支援で敷設されたほか、徴税が改善され、1999年に月額800万ドルだった税収が2012年には1億ドルに増加した。この税収によって、ラゴスの資本市場および長期債券市場への参入と債券発行が可能になった。

都市と国家のアイデンティティ

世界人口の多くを占めるようになった都市は、政治、経済、社会、文化の変化を先取りしていた。第1次世界大戦後、イギリスとフランスの植民地支配が最高潮に達し、統治下にある北アフリカやインドシナの都市はそれを反映するように整備しなおされた。モロッコでは1910年代から1920年代にかけてカサブランカの改造が進み、新しい保護領の中枢として広い街路が建設された。中央郵便局

第5章　グローバル化の時代　1900年－2000年代

【前頁】1900年のシカゴの民族別居住地を示す地図、1976年　開発計画省がルイス・W・ヒル長官のために用意した地図のひとつ。地図は全部で6点あり、1840、1860、1870、1900、1920、1950年のシカゴの民族分布を示している。街路パターンによって区域の見分けがつきやすくなっているが、民族の情報を地図に記すことは困難であり、注記には、各地区の民族構成はかならずしも単一ではない（とくに異民族間の結婚による）と書かれている。都市計画に使われた地図というよりは、独立200周年の1976年に発行することによって、シカゴが国内的に重要な都市であり、世界的な都市遺産でもあることを示した地図といえる。

【左】シカゴの暗黒街を示す地図、1925年　シカゴは、賭博、恐喝、売春といった犯罪活動の歴史が長く、そのために市政が腐敗し、さまざまな民族集団が被害をこうむった。1920年代には組織的な密売にかかわるギャングの抗争がつづき、事態を憂慮する市民が1919年に設置したシカゴ犯罪委員会によって「民衆の敵」という用語が作られた。地図を見ると、シカゴ南部をアル・カポネが支配し、北西部をロジャー・トゥーイの一味が支配していたことがわかる。さまざまなギャングがひしめきあっていたことを考えれば、シカゴの「ビール戦争」が数年にわたって激化し、200件以上の殺人事件が起こったのも不思議ではない。

【右】**プノンペンの地図、アルベール・ポルタイユ社刊、1920年** カンボジアの首都はメコン川、サップ川、バサック川（右下）の合流点に位置する水運都市である。川沿いや水上に家を建てるプノンペンの伝統的な線状発展は、1860年代以降のフランス統治時代に変化した。都市は内陸に向かって広がり、永久構造物の一部が川と直角に配置された。排水路による人種の住み分けが始まり、ヨーロッパ人は排水路にかこまれた北東部（ワット・プノンの仏塔がその南東の一画に見える）、中国人は東西に走る排水路の南側、カンボジア人は南東部の王宮周辺、ヴェトナム人はその西側に居住するようになった。

(1918年)、裁判所（1925年）、カトリック大聖堂（1930年）が建造され、その他の都市では従来の中心エリアの近くに新市街が作られた。

　長年にわたる植民地支配ののち、オランダとイギリスの二大帝国は、1941年から1942年に東南アジアの植民地と香港とシンガポールで日本軍に降伏した。1945年から1975年にかけて、ヨーロッパの帝国支配が世界中で崩壊した結果、世界有数の大都市にたいする政治的支配が変化し、多くの都市は新たな独立国家の首都となった。このような変化は都市自体に影響をおよぼしただけでなく、少なくとも特定の地域では、多様だった都市のアイデンティティ解釈にも影響をおよぼした。たとえば、バルカン諸国や中東では、長年にわたるオスマン帝国の支配が1910年代から1920年代にかけて崩壊した。さまざまな都市で民族意識が高まり、イズミル（旧スミルナ）やアレクサンドリアなど、多文化的だった港湾都市の国際色が失われた結果、多様なアイデンティティにもとづくメンタル・マップは大きく塗りかえられた。のちにフランス領インドシナで活躍した都市計画家、エルネスト・エブラールによるテッサロニキの再建は、オスマン様式ではなく現代的なネオ・ビザ

【上】アラバマ州バーミングハムの人種別居住地設定、1926年　黒人差別（ジム・クロウ）の時代に市のゾーニング委員会のために作られた地図であり、深南部のこの工業都市における生活空間の人種分離を示している。ジム・クロウ法はアラバマ州で1870年代から1960年代まで存続した。濃いピンク色は工業地区、青色は商業地区、薄い黄色とピンク色は住宅地。斜線部分は一般に、当局がアフリカ系アメリカ人の居住を許可している地域と理解されていた。これは人種別居住地設定の一例だが、1951年までは異論がなく、違憲の判断も下されなかった。

[右] ベア郡サンアントニオと周辺部、ニコラス・テング社刊、1924年　敷地割と番地を記した地図。サンアントニオはかつて、フランス、スペイン、メキシコ、テキサス共和国、アメリカ連合国の領土だったが、現在は合衆国の一部である。1718年にサンアントニオ川の源流周辺で宣教活動としての入植が始まったが、合衆国に加入するまでは、サンアントニオ・デ・ベハル（ベア）の発展と拡張はかなりゆるやかだった。この都市が発展をとげたのは1870年代以降であり、フォート・サム・ヒューストンの軍事施設もその時代にさかのぼる。1900年代初頭までにサンアントニオはテキサス州最大の都市になった（現在はヒューストンに次いで2位）。アラモ砦として知られるスペインの伝道所など、古いものとうまく融合しながら発展してきたが、サンアントニオの都市景観で最も有名なのは中心部を蛇行する川である。川沿いはパセオ・デル・リオ（川岸の遊歩道）として整備されている。

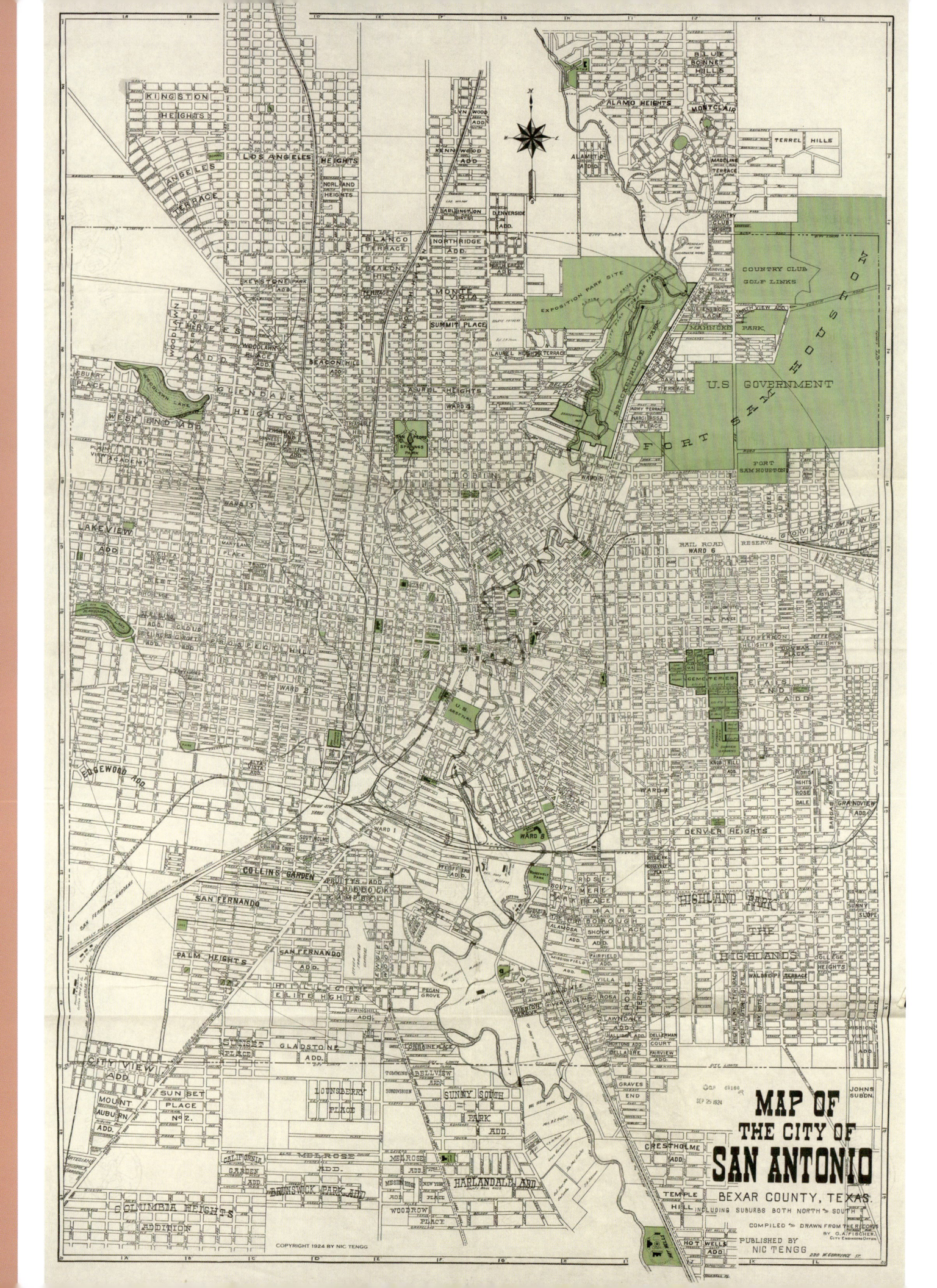

第 5 章　グローバル化の時代　1900 年−2000 年代

【左】マカオの観光地図、香港印刷出版社刊、1936 年　マカオ植民地は 1557 年に成立し、17 世紀から 18 世紀にかけて西洋と中国の交易のための主要港となった。香港総督サー・ジョン・バウリングはマカオを「東洋の宝石」と呼んだ。ここに掲載したのは、マカオ観光事業局が外国人に現地の魅力を紹介するために製作した詳細な折りたたみ式地図の一部である。番号つきの凡例にリストアップされた 88 の名所のうち、36 点の写真が地図をふちどっている。都市の範囲は、バラ要塞のある南端のバラ岬から関閘（ボーダー・ゲート）のある北の境界線までである。ゲートの脇には爆竹工場、貧困者層向け住宅、競馬場（明らかにヨーロッパ風の施設）がある。新しい港（ポルト・エクステリオール）が東側にあり、その北に浄水池がある。香港と広州の汽船が停泊する埠頭は西側にある。

[右] 神戸市水道分布、1945年2月
第2次世界大戦中の神戸は日本最大の港であり、重要な産業の中枢であり、国内第6位の都市だった。この地図はアメリカ戦略諜報局調査分析部によって作製されたものであり、神戸市の水道インフラの不備を示している。戦前に大規模な整備工事がおこなわれたが、人口の増加で供給が追いつかなくなった。1900年に奥平野に完成した最初の浄水場は、日本で7番目の近代的な水道設備だった。1905年に烏原貯水池、1926年に会下山貯水池が完成したが、それでも足りず、空襲の被害による漏水率も高かった。日本の都市は木造建築が多いため、焼夷弾にたいしてとくに無防備だった。壊滅的な被害をおよぼすことの多い焼夷弾爆撃によって、神戸の半分以上が焼失した。

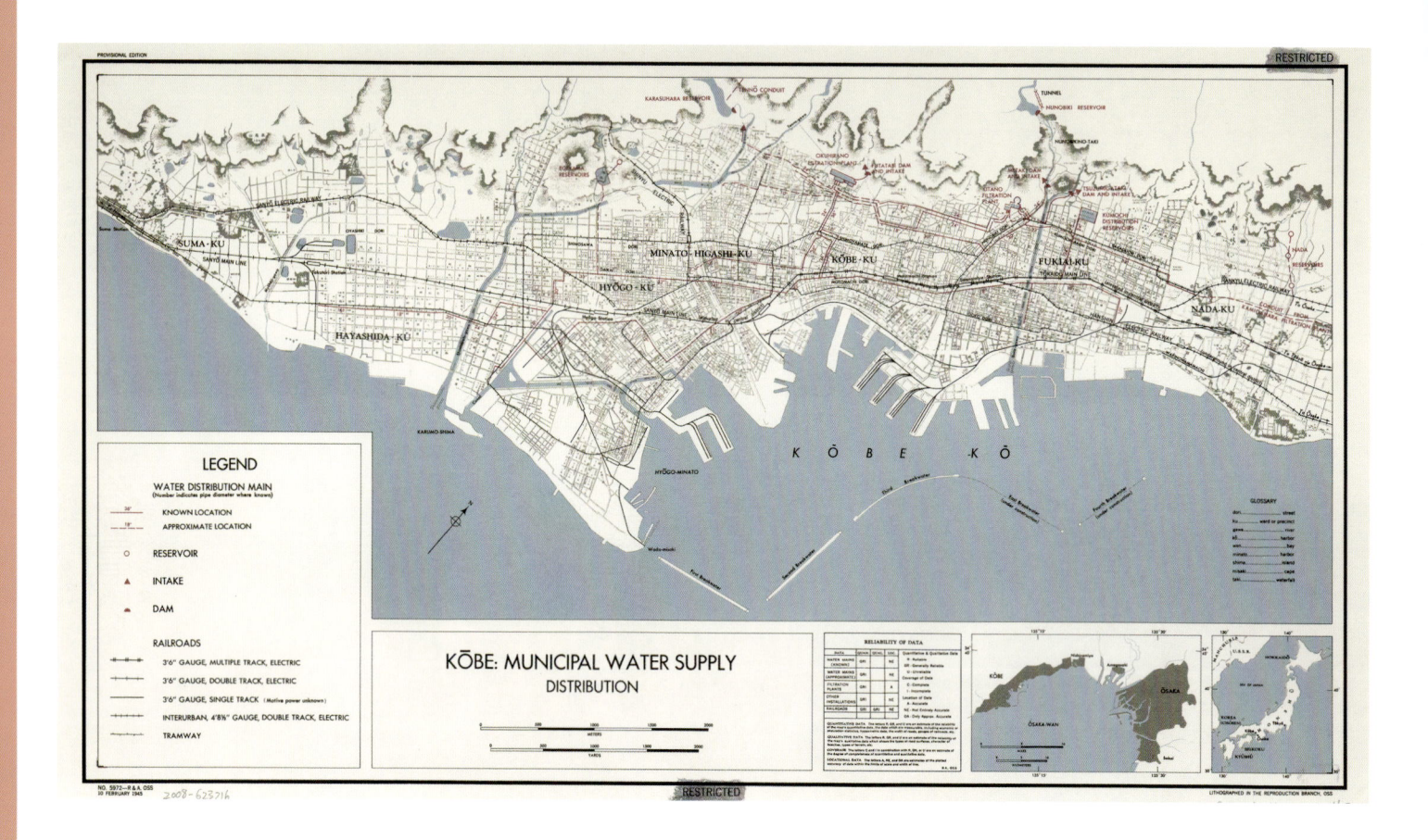

ンチン様式を強調するものだった。

民族意識の高まりによって、1920年代に西欧諸国は中国の都市における受恵国としての地位を失った。このプロセスは、1930年から1940年代の日本軍の攻撃や1940年代末以降の共産主義の勝利とともにつづいた。香港は1997年にイギリスから返還され、マカオは1999年にポルトガルから返還されたが、その結果として、両都市の多文化的なアイデンティティは失われてしまった。

居住空間を求めて

主題地図以外の地図は、都市生活の実態を充分に伝えていない場合が多かった。途上国の住宅供給についてはまさにそのとおりだった。自治体の住宅建設計画によって、市民の大部分は公営住宅に入居することができた。新設住宅の需要は民間の地主の対応能力を超えており、20世紀の最初の75年間に起こった租税政策や投資対象の変化は、民間の賃貸住宅の衰退を促進しただけだった。公的供給を増やして住宅不足を補う必要があったが、アメリカでは以前と同様、ヨーロッパと比較すれば民間の賃貸部門のほうが重視された。

先進国全体では、持ち家に住む都市生活者が増えたが、これはいぜんとして社会階級に左右される問題であり、貧困層、労働者階級の大部分、中産階級の多くは持ち家に住むことができなかった。住宅計画の社会的背景は国によって千差万別だった。

住宅計画の背景が国によって異なるように、政治的な背景も異なっていたために、都市にかんするその他の事業にもばらつきが生じた。たとえば自動車への対応も大きく異

なっており、共産主義体制の中国では自家輸送の妨害などの強権的な国家統制がおこなわれたのにたいして、西洋の多くの都市では市街地や郊外の開発よりも自動車用の主要幹線道路の建設が優先された。

1950年以降、中国の共産主義政府は西洋と同様、統一規格のアパートを急造して住宅を供給する大々的な試みを始めた。これは現在も続行中だが、その間に昔ながらの独特な都市景観が事前の協議なしに破壊されてきた。それがとくにめだったのは2008年のオリンピックの準備期間のことであり、北京の伝統的な胡同地区の多くが取り壊された。胡同の狭い路地や中庭などの都市景観は、政府の監査や都市設計家がめざす合理的な明快さに適合しなかった。この明快さは、19世紀にヨーロッパの都市が近代化された前後のようすを市街図で比較するとよくわかる。北京や上海などでの取り壊しは、新しい都市景観作りが住宅供給を目的としているだけでなく、政治力、経済力、文化の受容を象徴していることを物語っている。

少なくとも中国では、住宅供給のために多大な努力がなされた。対照的に、多くの途上国では、国家が住宅の需要を満たそうとしたり品質管理に努めたりすることはほぼ皆無だった。不充分ながら懸命にとりくんできた国もある。たとえば、2003年にカサブランカで自爆テロが発生した結果、新しい住宅を供給することで市内の広大なスラムの問題に対処しようとする動きが起こった。しかし、建設された住宅の数は、人口増加と農村からの移住の勢いに追いつかないのが現状だった。

開発のかたち

中国の例はもっと一般的な事柄を示している。つまり、変化を論争の余地のないものとして語るのではなく、さまざまな議論に注目し、それが開発のプロセスにどう影響したかを明らかにすることこそが重要なのだ。西洋では、1930年代の郊外化と第2次世界大戦後の建築術が時代の夢を象徴していたが、その結果については賛否が分かれた。反対派にいわせれば、郊外は無秩序な広がりにすぎなかった。空き地は建物でおおわれ、そのような事態をもたらす文化は車に依存しすぎていた。

こうした懸念から、1945年以降は戸数密度の高い住宅供給が進んだ。これは、地価の高騰と建築技術の進歩に起因する開発だったが、建築上または開発計画上の流行ともいうべき要素もそれに一役買っていた。ル・コルビュジエ（本名はシャルル＝エドゥアール・ジャンヌレ＝グリ）によるマルセイユのユニテ・ダビタシオン（1945-1950年）に代表される集合住宅は、高層の大規模なアパートやオフィスビルがプレハブ工法によって速く安くできることを証明した。この形式の開発は先進各国でおこなわれた。

ハバナでは、ホセ・ルイス・セルトが旧市街の大部分を取り壊してコンクリートとガラスの高層建築を建てようとしたが、彼の計画は実現しなかった。

1950年代の考え方に立ち返ることはむずかしい。当時の建築物の多くはスペースにゆとりがあり、都市環境の質は、地図よりも詳細な設計図からよくうかがえる。1950年代の新築物件には浴室と屋内トイレが初めて設置されるケースが多かった。たしかな証拠が示しているように、1960年代以降に欠陥住宅の問題が表面化したのにたいして、それ以前の物件の多くは比較的優良で、市民の人気が高かった。

1960年代以降、市営の高層アパート（アメリカ合衆国では「公営住宅」）は、粗悪で見苦しく、郊外の街並みと調和せず、共同体感情を阻害し、住民の孤立状態や犯罪の温床になっているとして批判された。ロンドン南部のヘイゲートやエールズベリーなどの団地は都市環境の悪化を招いたが、それを地図で表現することはできない。同じように、社会集団や民族集団の特質と影響力を表現することもむずかしい。シカゴ派の伝統的な都市社会学のスタイルにならって、住宅地域を個々の「コミュニティ」に分ければ地図作りは楽になるが、対立のある地域を均質化して見せることで複雑な現実が隠蔽されるため、この手法には難があるといえる。

たいていの場合、問題は外見よりも複雑で微妙である。住宅供給やコミュニティの独自性の問題は貧困に左右され、解決のための選択肢を奪われている。量産公営住宅がかならずしも粗悪でないことは、ストックホルムなどの北欧の都市によって証明されてきた。空中歩廊つきのコミュニティとして設計された多くの高層団地の失敗は、ずさんな計画のせいというよりは、社会的結束の欠如のせいだろう。

たとえば、1970年代以降に香港新界の沙田（サーティン）などに建設された高層建築団地は、イギリスのこの種の計画に見られる社会問題の多くを回避している。

地図に記録しきれないこのような問題はあったが、先進国の居住水準は20世紀を通じて上昇し、住宅は電気、ガス、電話の供給によって広範なネットワークに組みこまれた。途上国の多くはそのような状況とは無縁だった。海外の住宅建設様式を借用して都市化が進められたが、インフラ整備は限定的で、たいていは基準を満たしていなかった。

重心の移動

近代的な超高層ビルは、都心のオフィスビルやホテルの国際的な建築様式として大成功をおさめた。これらの超高層ビルは都市のステータス・シンボルであり、たとえば香港では香港上海銀行（ノーマン・フォスター設計）、中国銀行タワー（I・M・ペイ設計）、スタンダード・チャータード銀行が並び建っている。このようなビルは、1980年代から2000年代初頭の金融自由化と金融緩和の所産だった。しかし、1990年代末のアジアのように財政状況の悪化にともなって大規模な建築プロジェクトにまつわる問題が浮上したことはさておき、このような都市環境の存続は充分な電力供給にかかっている。供給が止まれば、2003年の北米大停電（アメリカ北東部および国境を接するカナダの広範囲で起こった）や2012年のワシントンDC大停電のような事態が起こりうる。

さまざまな国で、都市の相対的な力に変化が生じた。都市モデルの手本であるアメリカの場合、20世紀の最初の40年間は東部と中西部の主要都市が国民生活を支配してきたが、それはとくに自動車工業に代表される産業の成長が背景にあったためである。しかし、第2次世界大戦中の産業活動によって経済活動は西海岸に移った。

さらに、西部（とくにカリフォルニアとシアトル）の経済的・人口学的な意義は、1940年代末から1950年代の「ベビーブーム」でさらに大きくなった。「新南部」のアトランタ、ダラス、ヒューストンといった都市もめざましい発展をとげた。

この変化は、ニューヨークをはじめとする東部の文化的支配に一石を投じた。現に、挑戦者である地方の主張が強くなり、サンフランシスコで生まれたビート・ムーブメントとあいまって1950年代に最高潮に達した。このような地方の主張とともに、国民文化の発信地に変化が生じた。映画産業とは異なり、テレビ放送はニューヨーク偏重型の産業だったが、ジョニー・カーソンが司会をつとめたNBCの『ザ・トゥナイト・ショー』の収録地は、1972年にロサンゼルスのバーバンクに移った。

1950年代から1970年代にかけて、アメリカでは製造業の分布区域が大きく変わり、北東部と中西部から、サンベルトと呼ばれる西部と南西部のほか、南部の各地域へと移動した。その結果、地の利を得ようとする心理によって人口の大変動が起こった。

1960年以降、グレーター・フェニックス地域の人口が10年につき平均47％増加したため、2003年には、フェニックスはフィラデルフィアに代わってアメリカで人口第5位の都市となった。これは都市序列の大転換の一部にすぎなかった。1990年から2000年の国勢調査までのあいだに、デトロイトの人口は7.5％減少し、伝統的な工業中心地であり、鉄鋼業で栄えたピッツバーグの人口は9.6％減少した。対照的に、テキサス州オースティンの人口は、ハイテク産業の成功によって1990年から2003までに63％増加し、140万人となった。

変化する都市景観

アメリカの都市によく見られる現象だが、それにかぎらず、郊外の拡大によって都市の形も変化した。自動車の利用が広まり、雇用が分散化し、余暇が増え、教育その他の行政サービスが充実し、安価な建築工法が考案され、住宅ローンを利用しやすくなったことなどが追い風となり、郊外の拡大が有益なものとして実現した。膨大な労働力をかかえていた19世紀の工場とは異なり、現代的なアメリカの工業会社は資本集約型で、大きな労働力を必要としなかった。事業地に選ばれたのは、都心部から遠く、交通の便のよい平坦で広々とした場所だった。波止場地域でも同様の変化が起こり、ニューヨークやサンフランシスコなどの市街地にあった停泊地は、「未開発地域」の大規模な新コンテナ港に移った。それらは完全に労働集約化されており、従来のドックよりもはるかに少ない労働力で稼働して

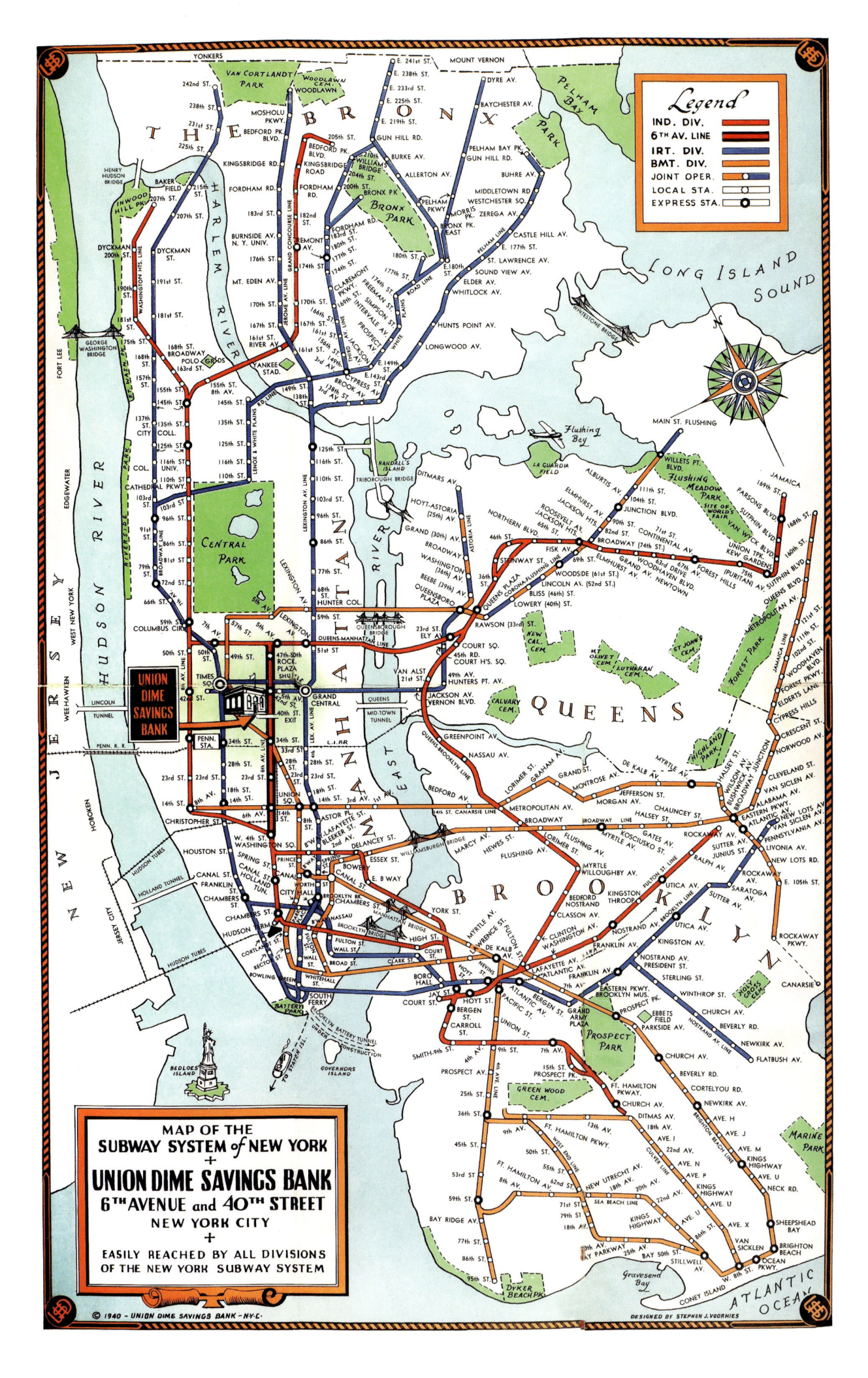

第 5 章　グローバル化の時代　1900 年-2000 年代

[左] ニューヨークの地下鉄路線図、スティーヴン・J・ヴーリーズ作、1940 年
1960 年代初頭までに 7 版を重ねた地図の初版。ニューヨークのユニオン・ダイム貯蓄銀行が「ニューヨーク市民へのサービス、また、日々この大都市を訪れる多くの観光客のためのガイド」として製作した。

この銀行は 1859 年に設立され、1876 年までに 32 丁目とブロードウェイの角から 34 丁目にかけての土地を購入したが、34 年後に高値で売却した。付近にメイシーズやギンベルズなどが出店し、1870 年代末から 34 丁目エリアを走行していた 6 番街高架線に加え、ペンシルヴェニア駅などが新設されたことにより、その一帯が商業拠点へと変わったためである。銀行は土地の売却代金を投じ、40 丁目のアヴェニュー・オブ・ジ・アメリカズ（6 番街）にイタリア・ルネサンス様式の大建築物を建てた。

180

【右】ポーツマス海軍基地への核爆弾の推定影響度、1947年　第2次世界大戦中の戦略爆撃作戦と戦後の核兵器開発により、都市は未曾有の壊滅的被害をこうむる危険にさらされた。この地図は、アメリカが太平洋のビキニ環礁で2度の核実験（空中と水中での爆発）とその後の観測をおこなったクロスロード作戦（1946-1947年）にさいし、イギリスの機上偵察によって得られた情報を反映したものである。冷戦の開始により、ソ連の核攻撃の脅威がイギリスの防衛計画にとって重大な問題となった。

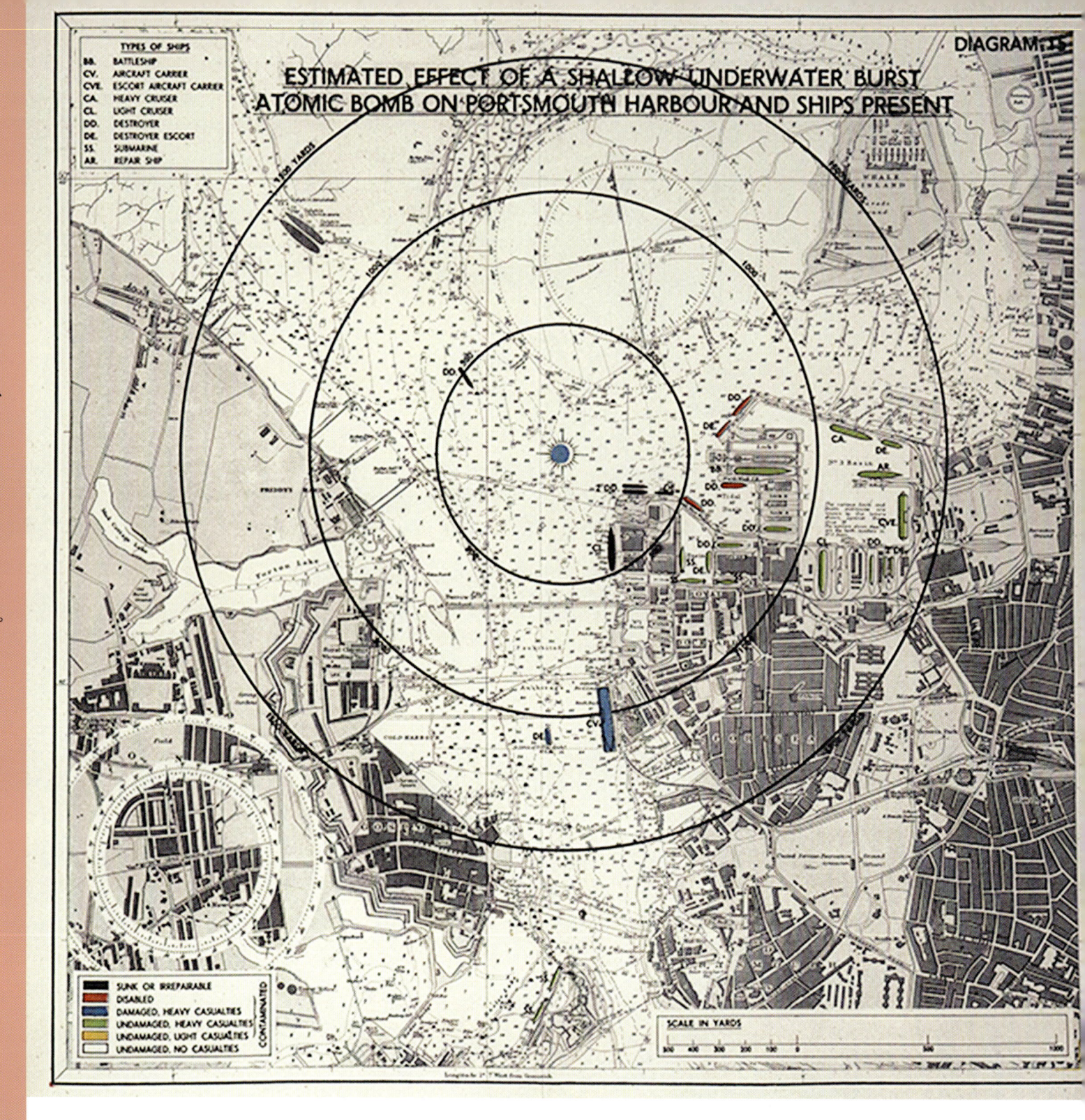

いた。都心部の卸売市場も郊外に移転した。1969年、パリの卸売市場はレ・アールの中心部（1135年にはすでに市場が存在した）からランジスに移転し、跡地は現代的なショッピング・センターになった。

さらに、製造業からサービス業への移行によって郊外はいっそう注目を集めることになった。2004年には、アメリカの新しいオフィスビルの約90％を郊外が占めるまでになった。郊外の拡大は、公共サービスの提供をめぐるさまざまな問題をもたらした。アトランタ、ヒューストン、ロサンゼルスなど、大幅に拡大するアメリカの都市部では、郊外が広がって新たな「周辺都市」が形成されたため、広範囲にわたって上下水道を設置する必要が生じた。

どの都市でも同様に、人口増加と交通機関の発達のほか、空間にたいする欲求が郊外の拡大の一因となった。ライフスタイルの問題も重要であり、多くの国の人びとが都心のアパートよりも庭付の住宅を望んだ。その結果、マドリード北部の郊外地域では、1980年代から1990年代にプエルタ・デ・イエロなどの住宅地が誕生した。

新しい科学技術

一方、技術の進歩によって新しい地図を低コストで作ることが容易になった。データのデジタル化とデジタルマップによって地図の見た目や使い勝手も変化し、縮尺や投影法や透視法を簡単に変更できるようになったため、個々の利用者に合わせた市街図の提供が可能になった。衛星測位システムは技術革新の成果のひとつだった。そして、ABC順街路名入り地図と衛星測位システムとのちがいは、地図作成技術の変化と、それによる都市の印象の変化の大きさにあらわれていた。

どちらのタイプの地図も、場所やルートの検索という利用者の重要なニーズを満たすためのものだった。検索のニーズは、輸送手段としての自動車の役割が増加したことを示していた。鉄道の場合、ルート選びは乗客の責任ではなく、目的地までの切符を買いさえすればよかった。自動車の場合、ルート選びは運転者の責任であり、より多くの情報——とくに多様な道路の選択肢——が必要になる。

このような地図は実用本位のものであり、そこから得られる都会の印象は、都市全体の壮大なスケールを誇張気味に描いたものとは異なっている。このちがいは、郊外化の規模や性質によって都市の実像とイメージがかけ離れたことに関連していた。とくに、多くの居住者は自分が住む都市の大部分についてほとんど無知になってしまった。これは、都市の規模が拡大したり自家用車の利用が増えりしたためだけでなく、郊外の住宅地が都心部やその他の周辺地域とは異質な独自の存在として開発されたためでもあった。この変化は20世紀に始まったわけではないが、その時代にいっそう顕著になった。1950年代の中頃から1970年代の初頭にかけてロンドンで育った私は、ロンドン北西部から中心部までの狭い地域にはくわしくなったが、南部や東部についてはまるで無知だった。

このような経験やニーズの結果として、市街地全体をカバーする地図の意義は希薄になった。都心部で過ごすことの多い観光客や来訪者にとっても同じことがいえた。マンハッタン人の世界観に代表される「メンタル」・マップ（各人の経験や知識にもとづいて記憶のなかに描かれる主観的な地図）の製作は、テーマを風刺的にあつかう手法をとっていたが、それは、このようなものの見方をすることの根本的な重要性をうまく表現していた。メンタル・マップの特質は、コンラート・フェリクスミュラーの『詩人ヴァルター・ライナーの死』（1925年）に描かれた夜のベルリンのような、より真に迫って見える表現とどこか似通っていた。

データと飽くなき欲求

都市の規模と複雑さに対応して、それを描写するための新しい技術の開発が必要になった。従来の正積図法では、都市周辺部を案分してカバーするために都心部を非常に小さくせざるをえなかった。そのため、多くの地図は、ロンドンの地下鉄で1930年代から採用されている慣例にしたがって、郊外地域を小さく描いた。ダイアグラム形式を採用することでそのような画像処理は跡形もなくなるが、利用者にとってはより実用的な地図ができあがる。

記号を用いたロンドンの地下鉄路線図は、市街図などに多用されるようになった主題地図の一例である。このような主題地図は19世紀に生まれたが、利用可能なデータが増え、それらが地図化可能な空間的指標とともに提供されるようになり、コンピューターの力で大量のデータ処理と

[右] 北京の都市開発模型、2006年　北京市都市計画委員会は、開発計画の地図化を担当している。2008年のオリンピックに先立って市街地の開発と新築工事が加速し、北京名物の胡同地区や、高い塀をめぐらした伝統的な四合院が撤去されるなど、市内は見ちがえるほど変化した。都市計画展覧館の来館者が紙の地図と照合しながら北京の全体像を見ている。足元に広がる巨大な模型（215m²）は、数年後の北京市のようすを示している。

表示が容易になるにつれて多様化し、一般に普及した。たとえば、都市の人口の人種的特徴がくわしく分析されて地図化され、チャールズ・ブースが収集したような社会情報——貧困状態、あるいは住宅の所有権や種別に関連するもの——が大量に蓄積された。

同じ主題地図でも、軍事作戦の標的としての都市をテーマとするようなものはさほど歓迎されなかった。空襲やミサイル攻撃のための兵器技術や、標的になりうる都市への攻撃の脅威は前線と銃後の区別をあいまいにした。第1次世界大戦中に始まり、第2次世界大戦中に本格化した都市空爆によって、不運にも作戦の合法的な標的とされる場所に住んでいた数十万の市民が犠牲になった。

こうした新しい地図のもうひとつの重要な側面は、とくに20世紀後半に増えた暴動事件で都市が衝突のおもな舞台となったことから生まれた。このような事態にさいして地図は、1956年のハンガリー動乱をソ連軍が制圧したときのように市街戦の計画に役立っただけでなく、反対勢力の規模を描写するのにも役立った。後者の地図は、2011

年から2012年の「アラブの春」の主要拠点であるカイロ、トリポリ、ダマスカス、アレッポでの変化の必然性を示唆するのに役立った。さらに、これらの都市のインフラは、軍事支配を維持しようとする者にとって頭痛の種だった。戦車は広い大通りを走行できるが、アレッポのような古都の狭く入り組んだ街路は軍事行動に重大な支障をきたすのである。

クアラルンプール（1969年）やカサブランカ（1981年）や北京（1989年）で民衆の抗議行動が鎮圧されたことからわかるように、20世紀になっても、都市は既成の秩序にたいする抵抗運動の中枢となる可能性を秘めており、政府は危険を覚悟で都市に支配権を引き渡していたのである。1980年代の主要都市でのデモは、1989年のブカレストのように、ヨーロッパの共産主義体制の打倒に大きな役割をはたした。現代人の最大の注目の的である都市が、この歴然とした都市世界において社会変化のるつぼでありつづけていることはたしかである。

【上】多様性の都市ベルリン、2012年

ベルリンの市制775周年（2012年）を記念して、ベルリン市文化事業団は市内のシュロス広場に大縮尺（775分の1）の地図を作った。名前を記した大通りに沿って歩くことができるこの地図のテーマは、初期の入植者からユグノーをへて現代のクリエーターや起業家にいたる移民がベルリンの歴史的発展にはたしてきた役割である。それぞれの人物に関連した775の場所にポールが立っている。たとえば、ベルリンの白ビールはスイス人移民のダニエル・ヨスティによって作られた。彼は1820年にプレンツラウアー・トーアの近くに醸造所を設立した。現在、その跡地はソーホー・ハウス・ホテルになっている。

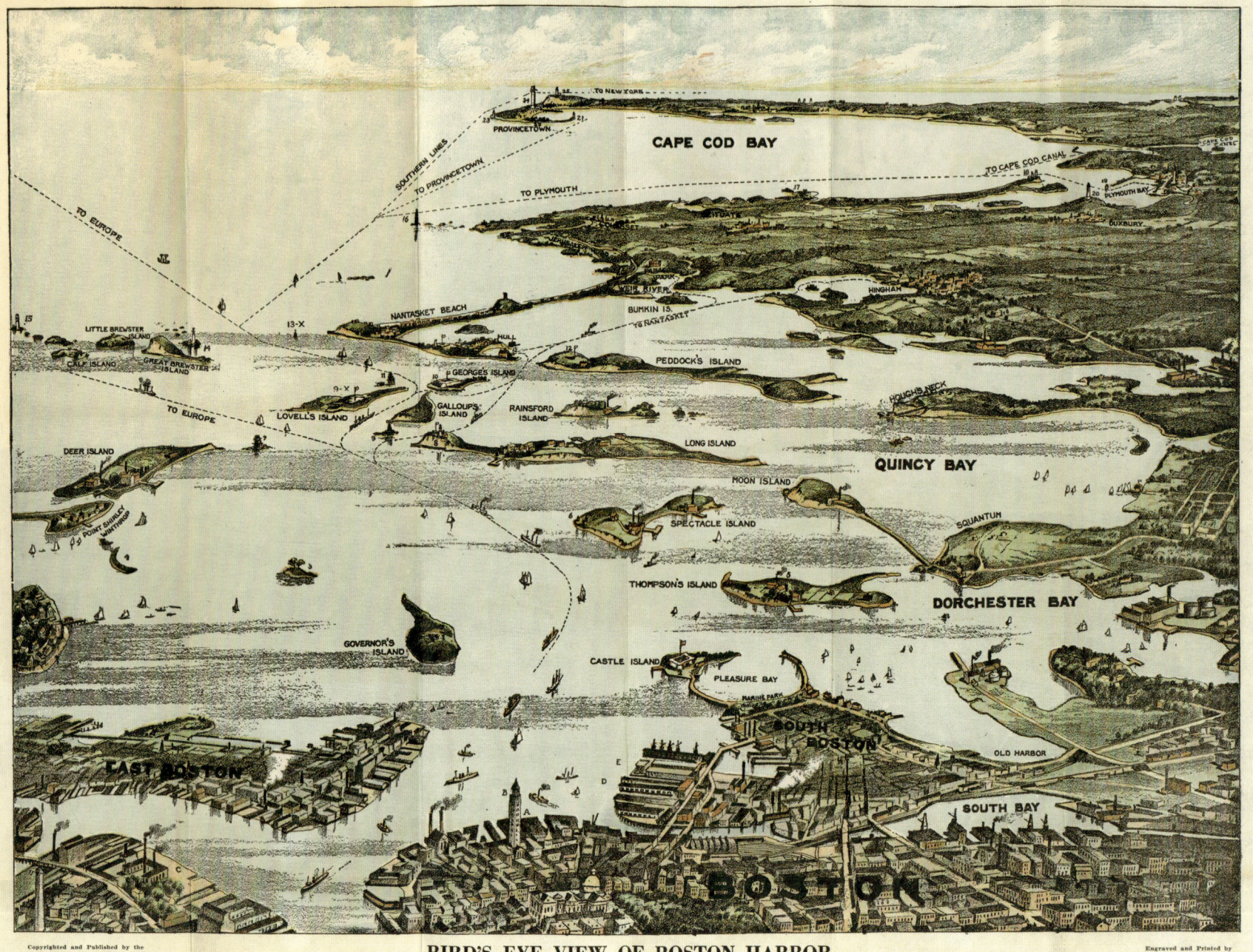

【上】マサチューセッツ州のボストン港とケープコッド湾の鳥瞰図、ユニオン・ニューズ社刊、1920年 ジョン・マーフィーの風景画を元にしたこの地図には、サウス・ボストンからプロヴィンスタウンにかけてのボストン・ハーバー・アイランズ（34の島と半島）と、連絡船や汽船の航路が描かれている。現在、これらの湾や島は国立保養地に指定されている。海岸から数マイル離れたキャッスル島は戦略的要衝であり、英領北アメリカで最古の軍事拠点となった（1643年）。1930年代にコンクリート道路で陸続きになって以来、島と陸地のかつての結合部は浚渫土によって拡張されている。

第 5 章　グローバル化の時代　1900 年－2000 年代

[左] シドニーのエアロプレイン・マップ、H・E・C・ロビンソン社刊、1922 年
ポート・ジャクソンはシドニーの天然の広い湾であり、1788 年 1 月 26 日、現在のサーキュラー・キーに面したシドニー入江にイギリス人が国旗を掲げた。それから 150 年たらずのうちに地元の地図製作者 H・E・C・ロビンソンが作ったこの鳥瞰図には、地域の海運の発展と複雑な交通網が描かれている。地図の範囲は、南北がレッドファーン公園からキャリーン入江まで、東西がエリザベス湾からグリーブ島までである。重要な公共建築、商業建築、有名な道路や街区のほか、公園、フェリー航路、教会、娯楽場が描かれている。

シドニーの数多い桟橋のなかには世界初の鉄桟橋があり（1874 年に石炭荷役用に建設された）、その独特の形状のために、鉄道線路がダーリング港駅に向かってゆるやかにカーブしていた。この港の南端部は 1920 年代に埋め立てられ、同時期に、ドーズ・ポイントとミルソンズ・ポイントを結ぶ有名なシドニー・ハーバー・ブリッジの建設工事が始まった。シドニー湾東側のベネロング・ポイントにあった市電車庫の隣には、現在、シドニーのシンボルであるオペラハウスが建っている。

186

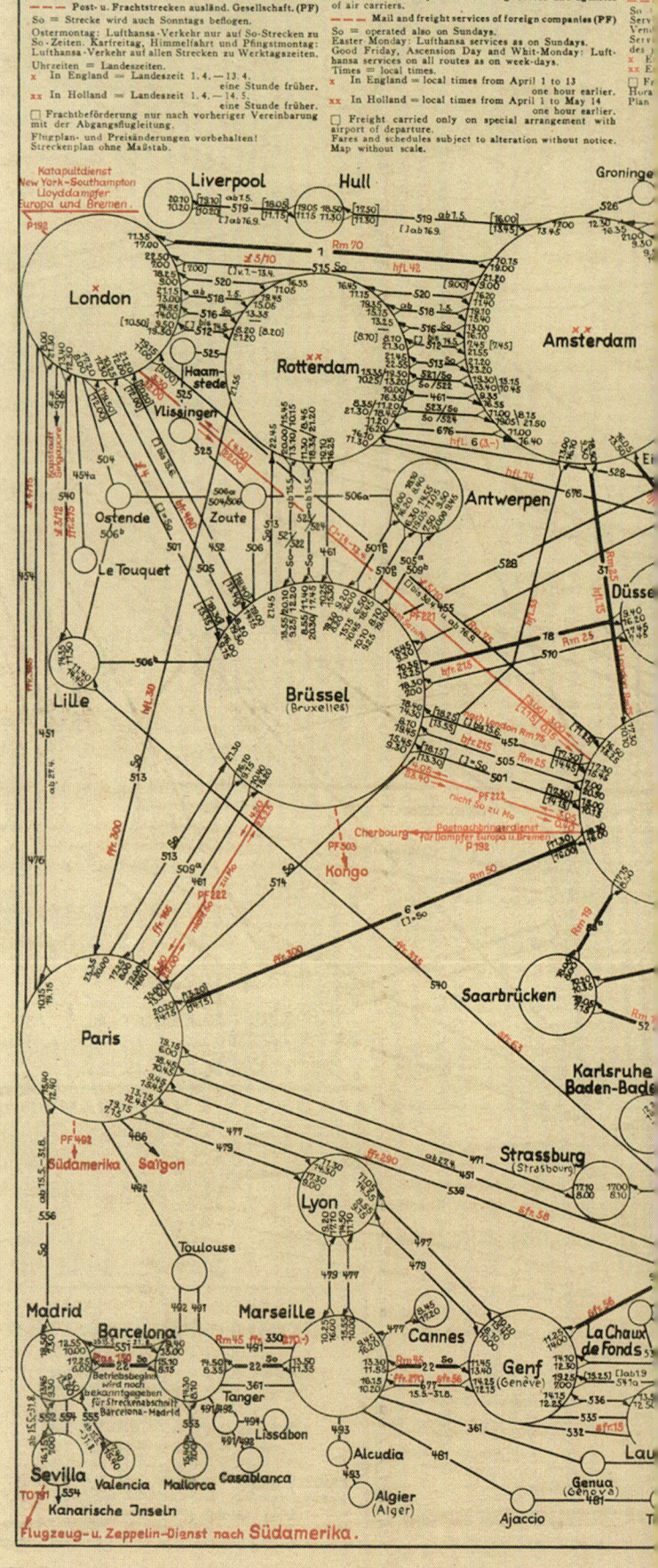

【右】ルフトハンザドイツ航空の夏季飛行計画、1935年4月1日-10月5日

ドイツを代表する航空会社のインフォグラフィック・マップの手法によるポスター。ヨーロッパの都市同士を結ぶ路線、路線の重要度による格付け、時刻表が示されている。黒い線は旅客便、赤い線は貨物便である。1930年代を通じて、ルフトハンザは郵便業務の拡大に力を入れ、中国や南アフリカの都市にまでアクセスして配達時間を短縮した。

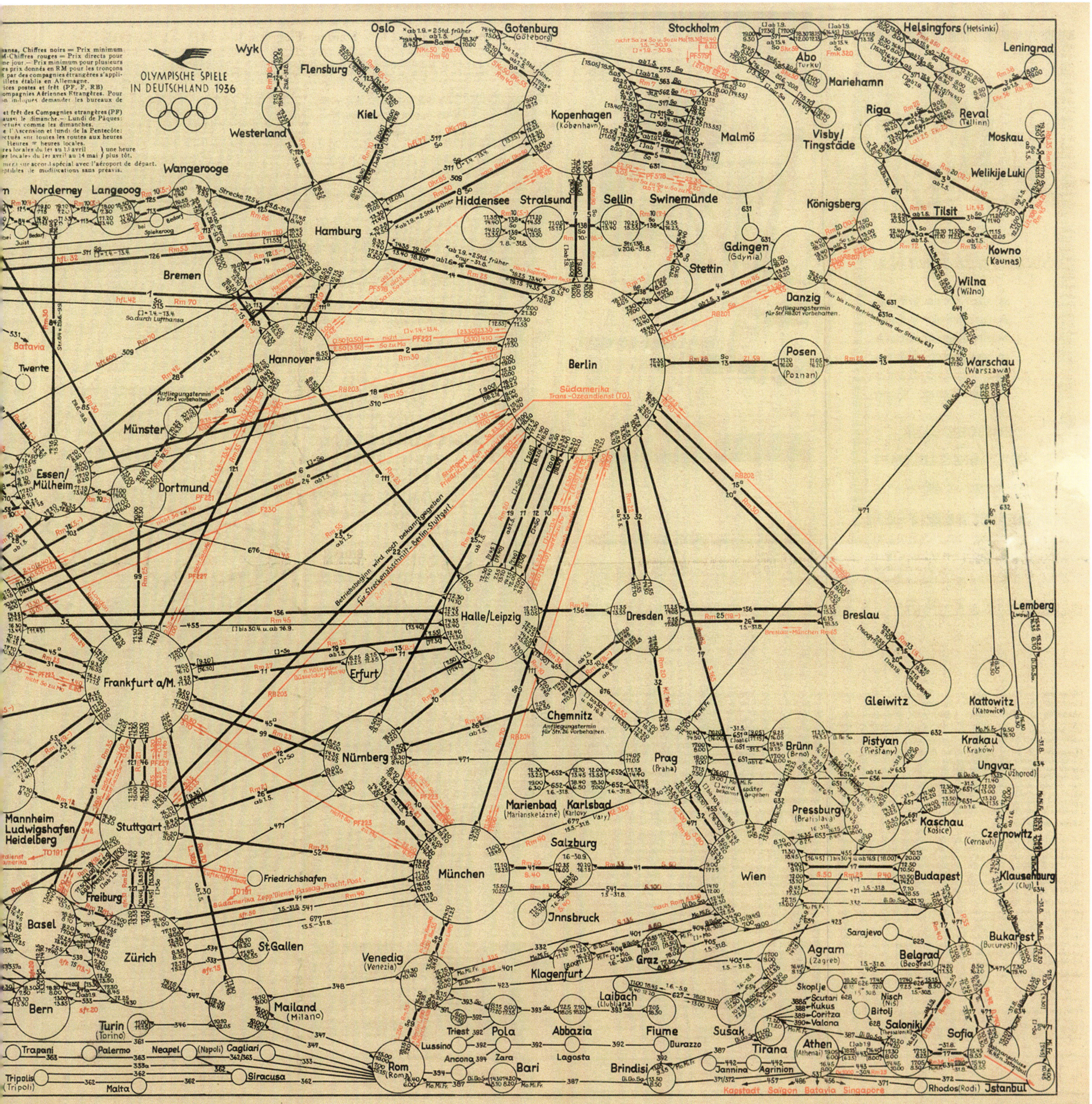

OLYMPISCHE SPIELE IN DEUTSCHLAND 1936
Oslo
Gotenburg (Göteborg)
Stockholm
Helsingfors (Helsinki)
Leningrad
Wyk
Flensburg
Abo (Turku)
Mariehamn
Kopenhagen (København)
Malmö
Riga
Reval (Tallinn)
Moskau
Kiel
Westerland
Visby/Tingstäde
Welikije Luki
Wangerooge
Norderney
Langeoog
Hamburg
Hiddensee
Stralsund
Sellin
Swinemünde
Königsberg
Tilsit
Kowno (Kaunas)
Bremen
Gdingen (Gdynia)
Stettin
Wilna (Wilno)
Danzig
Berlin
Südamerika Trans-Ozeandienst (TO)
Hannover
Posen (Poznań)
Warschau (Warszawa)
Twente
Batavia
Münster
Essen/Mülheim
Dortmund
Breslau
Lemberg
Halle/Leipzig
Dresden
Erfurt
Frankfurt a/M.
Gleiwitz
Kattowitz (Katowice)
Chemnitz
Prag (Praha)
Brünn (Brno)
Pistyan (Piešťany)
Krakau (Kraków)
Ungvar (Užhorod)
Nürnberg
Marienbad (Mariánské Lázně)
Karlsbad (Karlovy Vary)
Pressburg (Bratislava)
Kaschau (Košice)
Mannheim Ludwigshafen Heidelberg
Stuttgart
Salzburg
Czernowitz (Černauti)
Friedrichshafen
München
Wien
Budapest
Klausenburg (Cluj)
Freiburg
Innsbruck
Basel
Zürich
St.Gallen
Sarajevo
Bukarest (Bucureşti)
Venedig (Venezia)
Klagenfurt
Graz
Agram (Zagreb)
Belgrad (Beograd)
Bern
Mailand (Milano)
Laibach (Ljubljana)
Skoplje
Scutari
Kukus
Coritza
Valona
Nisch (Niš)
Bitolj
Saloniki
Sofia
Turin (Torino)
Triest
Pola
Abbazia
Fiume
Durazzo
Susak
Tirana
Athen (Athenai)
Trapani
Palermo
Neapel (Napoli)
Cagliari
Lussino
Ancona
Zara
Lagosta
Rom (Roma)
Bari
Brindisi
Jannina
Agrinion
Tripolis (Tripoli)
Malta
Siracusa
Rhodos (Rodi)
Istanbul
Kapstadt
Saigon
Batavia
Singapore

[右] **ウォルター・バーリー・グリフィン によるキャンベラの都市設計図、1927年**

1927年5月、オーストラリア連邦の国会議事堂は正式にメルボルンから新首都キャンベラに移された。首都は1909年に選定され、1912年に開催された都市設計のコンテストで建築家のウォルター・バーリー・グリフィンが優勝した。ランファンによるワシントンDCの都市設計と同様、政府機能はグリフィンの「理想都市」の中心的な特徴だった。彼は、市民会館などを起点として放射状に広がる幾何学的な街路プランを提唱し、市民が自然の風景を満喫できるような見通しのよい都市を計画した。設計図には、既存の川から水をひいて湖（現在のキャンベラの顕著な特徴）を作る計画が見られる。しかし、グリフィンと官僚との関係はこじれ、終わりを告げた。グリフィンは1920年までに計画から手をひいたため、彼のアイデアの多くは実現されなかった。それ以来、キャンベラは大きく発展したが、最初の都市設計は順守されていない。

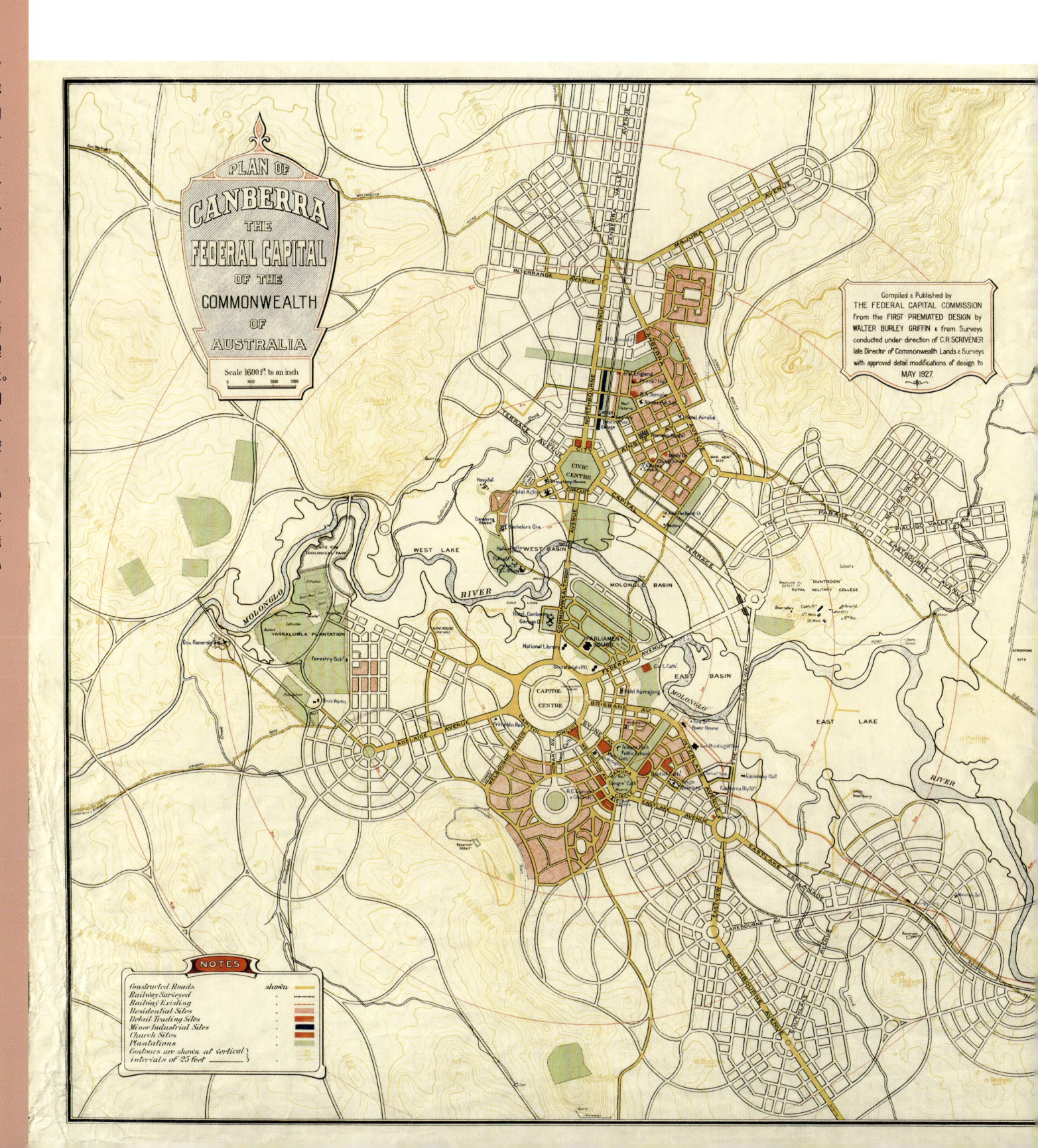

第5章　グローバル化の時代　1900年-2000年代

［左］ボルドーのペサック集合住宅（フリュジェ近代街区）のための見取図、『アルシテクチュール・ヴィヴァント』誌のスケッチより、1927年　51戸からなるこのモデル住宅地は、地元の工場主アンリ・フリュジェの出資によって1926年に完成した。彼は、工場労働者向けの住宅を建てることで新しい思想を具現化したいと考えた。このユートピア構想を実現するために、彼は新進の前衛的な都市計画家シャルル゠エドゥアール・ジャンヌレ゠グリ（ル・コルビュジエ）を選任した。彼のモダニズムは田園都市運動と同様に、よりよい建築と空間からよりよい都市が生まれるという信念を反映していた。設計のねらいは、大量生産の効率性とモジュール建築をくみあわせて個人の多様な要望を満たすことだった。コルビュジエが好んで使うコンクリートによって外壁の耐荷性が増した結果、室内空間は何度でも変更がきくようになった。空間と光と景観を探究する彼の細胞組織のようなデザインは、高い融通性をもつことが証明されている。

【次頁】上海、V・V・コヴァルスキー作、1935年　アメリカのジャーナリストで実業家のカール・クロウが上海市議会のために企画・製作したこの地図は、国際都市にたいする彼の思い入れを示している。上海は、中国、イギリス、アメリカ、フランス、ドイツなど、東洋と西洋のさまざまな国や文化が混在する都市だった。クロウは20年以上にわたってこの都市に住み、1937年に日本軍が上海を侵略するにいたってようやく脱出した。彼は中国人に理解と敬意を寄せ、地元の消費者についての情報を駆使して広告代理店を創業した。彼はのちに、現地での見聞を元に『支那四億のお客さま』を書いた。

　この地図は共同租界地区が中心になっているが、下の方にフランス租界と中国の都市の一部も描かれている。黄浦江には商用と軍用の艦船が行きかい、陸地には主要な公共施設、商業、宗教、娯楽施設が注釈つきで描かれている。

　地図の周囲には、茶房、パゴダ、地元の葬列、宣教師の到着、市電の開通、香港上海銀行など、中国とヨーロッパの文物や話題が描かれている。

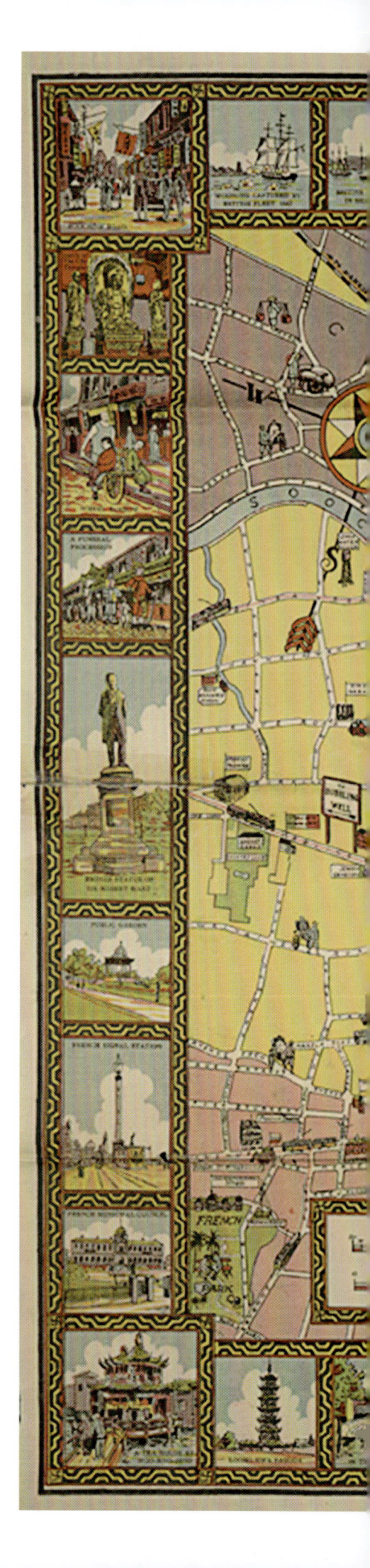

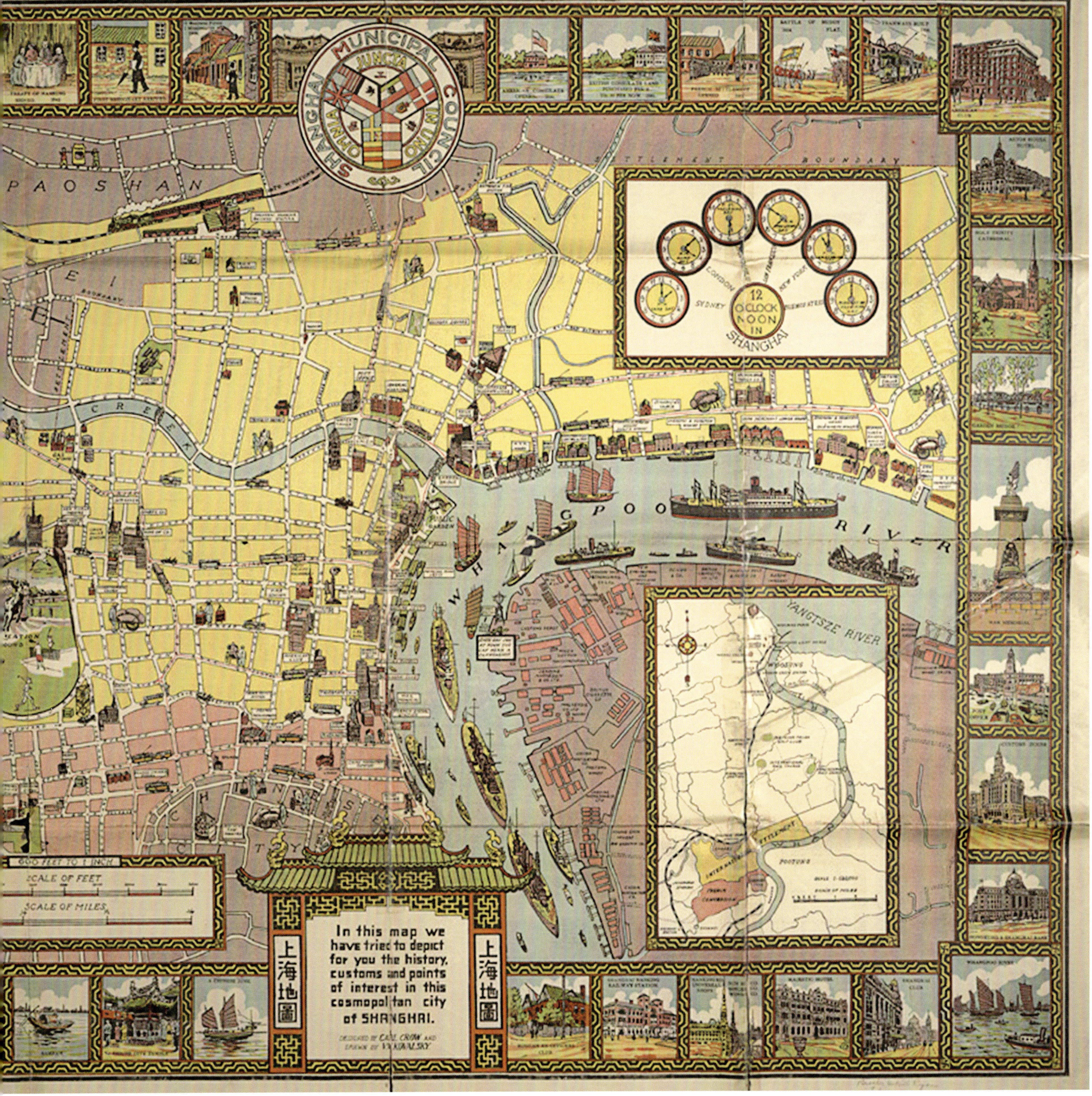
SHANGHAI MUNICIPAL COUNCIL
OMNIA JUNCTA IN UNO
PAOSHAN
SETTLEMENT BOUNDARY
CREEK
12 O'CLOCK NOON IN SHANGHAI
LONDON
SYDNEY
NEW YORK
WHANGPOO RIVER
YANGTSZE RIVER
POOTUNG
600 FEET TO 1 INCH
SCALE OF FEET
SCALE OF MILES
In this map we have tried to depict for you the history, customs and points of interest in this cosmopolitan city of SHANGHAI.
上海地圖
上海地圖
DESIGNED BY CARL CROW AND DRAWN BY V.V. KOVALSKY

192

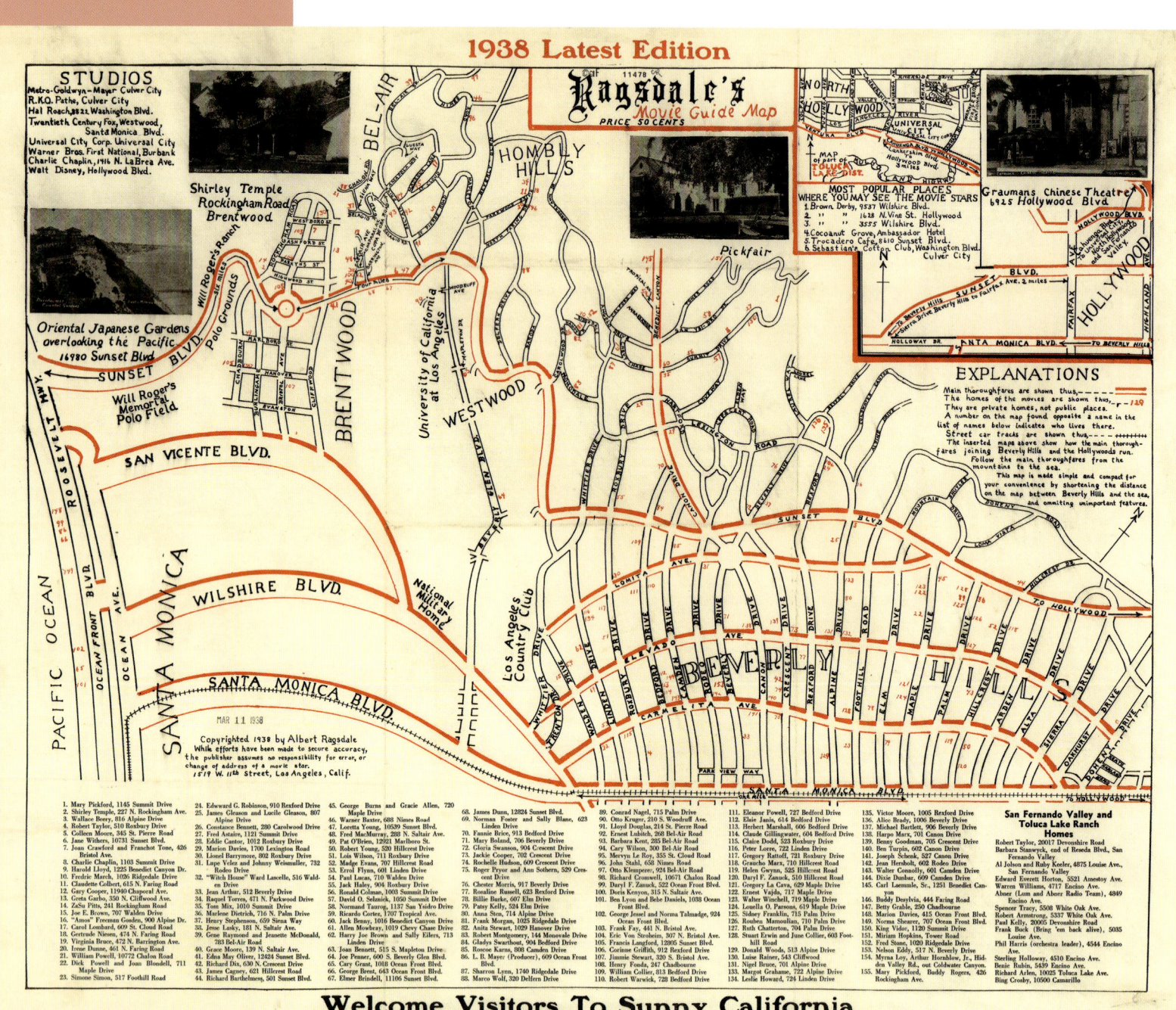

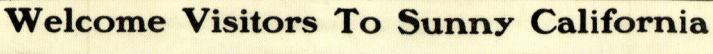

第5章　グローバル化の時代　1900年−2000年代

【前頁】ラグズデールの映画ガイドマップ、1938年　アルバート・ラグズデールは、娯楽の中心地としてのロサンゼルスにいち早く観光産業の可能性を見出した。彼の手描きの地図はわかりやすく、現在のロサンゼルスの重要な観光資源を開拓するのに役立った。地図には、シャーリー・テンプル、ジョーン・クロフォード、チャーリー・チャップリン、グレタ・ガルボ、フレッド・アステア、ジェームズ・キャグニーなど、映画全盛期をいろどった150人以上のスターの貴重な住所録が掲載されている。

【左】ハリウッド・スターランド、ダン・ボッグズ作、1937年　右下のタイトル「スターの国の公式マップ。スターの自宅、仕事場、遊び場」には1937年と記されているが、画面右上には1939年開業の「ユニオン駅」が描かれている。地図としての正確さはないが、都市の黄金時代をしのばせる重要な記念品である。ケーリー・グラント、ジェームズ・スチュアート、ベティ・デイヴィス、キャサリン・ヘプバーンなど、数十人の映画スターの似顔絵が周囲に描かれ、映画界のにわか成金にまつわる場所も数多く描かれている。なかでも興味深いのは、ウィリアム・ランドルフ・ハーストの愛人だったマリオン・デイヴィスが「長者町」に所有していたジョージアン・リバイバル様式のビーチハウスである。ここでのパーティは町一番の騒々しさだったという。

ブラジリア——モニュメントからモダニズムへ

　新設のブラジリア連邦区は20世紀の都市としては唯一の世界遺産となり、2010年に50周年を祝った。モダニストの創作の目的は、ブラジルをリオデジャネイロがある海岸地帯から内陸に向かって拡大することだった。ブラジリアのパイロット・プランには、東西方向の長い軸線を設けることと、中央官庁地区と住宅地区を意図的に分離することが含まれていた。

【右】ルシオ・コスタのパイロット・プランにもとづくブラジリア、1960年　この地図は、将来にわたる発展の第一段階にある飛行機型都市を詳細に描いたもので、石油会社シェルによって印刷・配布された。ブラジリアは近代化という国家の使命を象徴し、内陸の立地は天然資源を活用しようとするブラジルの意図を反映していた。区画分けは凡例のとおり、銀行地区（8）、工業地区（23）、住宅地区（29、39、32）などとなっている。スーパーカドラ（35、36）にはアパート、学校、商店、緑地などがある。湖の北端の半島は高級住宅街（32）であり、同様のエリアが南岸にも計画されている。

【次頁】乾期のブラジリア、2001年　ブラジリアは、都市計画家ルシオ・コスタが初期の航空機産業にはたしたブラジルの役割にちなんで飛行機型に設計した都市であり、3年あまり（1956–1960年）のうちに建設された。熱帯サヴァンナ気候に属し、人造湖であるパラノア湖が都市計画の一部をなしている。行政の中枢は長い軸線（飛行機の胴体部分）の湖側の先端に位置する三権広場であり、ここに行政庁舎、国会議事堂、裁判所がある。南北の軸線（主翼部分）は住宅地区である。湖を境にして、都市空間は中心部と周辺の住宅地区に分かれている。

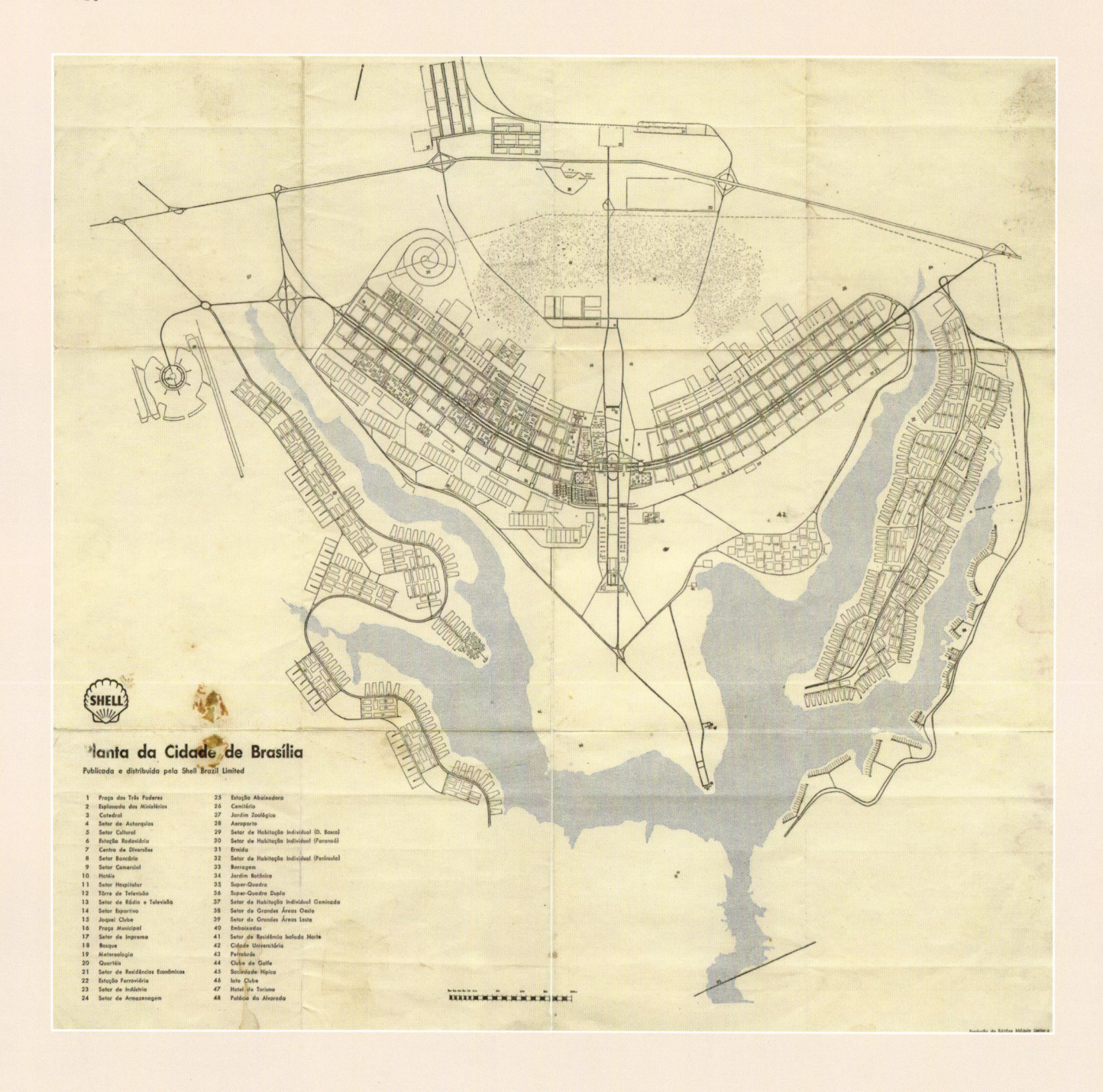

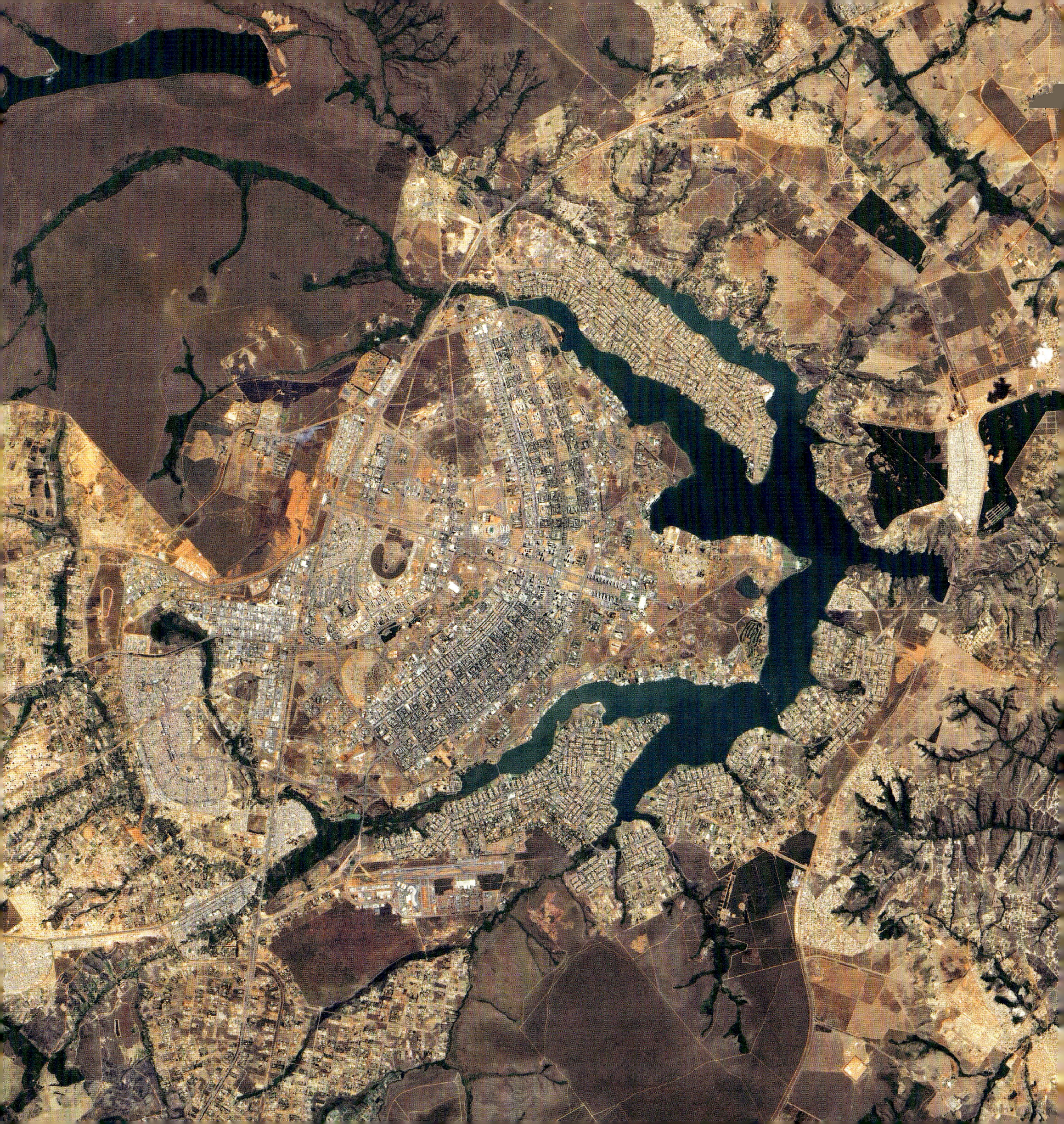

[右] グレーター・ロサンゼルス「アメリカのワンダー・シティ」、K・M・ラウシュナー作、1932年　この絵地図は、オリンピック開催直前にメトロポリタン・サーヴェイズ社によって出版された（右下にボート競技コースがある）。アメリカのほとんどの都市は大恐慌に苦しんでいたが、カリフォルニア州で最も大きく、国内でも最大級のこの都市はいぜんとして多くの移住者を引きつけていた。市内にあるアールデコ様式の有名な建築や住宅の多くはこの時期に建てられた。

　この地図の目的は、地形を正確に描写することではなく（ロサンゼルス川が描かれていないことでかえって川の存在がひきたつ）、レドンドビーチ、ハリウッド・ボウル（1922年）、ロングビーチの豪華なブレーカーズ・ホテル（1926年）など、周辺部の多くの行楽地や娯楽場を紹介することにあるようだ。快楽の追求をテーマに情報を集積することで、レジャー・フロンティアとしてのロサンゼルスを印象づけている。よく見ると、サンタモニカのクリスタル・ピアにヌーディスト・ビーチがある。

MT. LOWE
JOHN BROWN PARK
ECHO MT.
MT. WILSON OBSERVATORY
BURBANK
GRAND CENTRAL AIR PORT
FOREST LAWN
EAGLE ROCK
GLENDALE
GRIFFITH PARK
CAHUENGA PASS
OCCIDENTAL COLLEGE
ANNANDALE GOLF CLUB
ROSE BOWL
BROOKSIDE PARK
ALTADENA
SIERRA MADRE
HOLLYWOOD
SILVER LAKE
EDENDALE
ELYSIAN PARK
COLORADO ST. BRIDGE
HOTEL RAYMOND
PASADENA JR. COLLEGE
CAL. TECH. UNIVERSITY
HUNTINGTON LIBRARY
HOTEL HUNTINGTON
CAWSTON OSTRICH FARM
SYCAMORE PARK
SAN GABRIEL MISSION
LINCOLN PARK
ASCOT SPEEDWAY
COUNTY HOSPITAL
GAY'S LION FARM
MIDWICK COUNTRY CLUB
SANTA FE DEPOT
WESTERN LITHOGRAPH CO
REPETTO PARK
MONTEBELLO GOLF CLUB
MONTEBELLO
BELVEDERE GARDENS
PECK HILLS FURNITURE CO.
SEARS ROEBUCK & CO.
WRIGLEY BALL PARK
CENTRAL MANUFACTURING DISTRICT
GOODYEAR RUBBER CO.
FIRESTONE RUBBER CO.
HUNTINGTON PARK
WILLYS-OVERLAND PLANT
CHRYSLER PLANT
U.S. RUBBER CO.
GOODRICH RUBBER CO.
SANTA FE SPRINGS OIL FIELD
ANGELES ABBEY
DOMINGUEZ OIL FIELD
RICHFIELD OIL FIELDS
SIGNAL HILL
LONG BEACH CITY HALL
LONG BEACH BREAKERS HOTEL
HOTEL VIRGINIA
VILLA RIVIERA
BIXBY PARK
BELMONT SHORE
OLYMPIC ROWING COURSE
ALAMITOS BAY
WILMINGTON
FORD FACTORY
TERMINAL ISLAND
SAN PEDRO
FORT MACARTHUR
SAN PEDRO CITY HALL
L.A. HARBOR
CABRILLO BEACH
TO CATALINA ISLAND
"JOHANNA SMITH" PLEASURE SHIP.
GOODYEAR
INDEX
MOVIE STARS
Designed by K.M. Leuschner
Division of Maps
NOV 10 1932
Library of Congress

[右・次頁] **ベルリンの区分地図、イギリス航空省、1944–1945年** 東西ベルリンをカバーするこの区分地図は、航空省の情報支援局——厳密には、連合軍によるナチス・ドイツへの空爆作戦を支援するナンハム・パーク空軍基地の写真偵察部隊——によって作製された。ベルリンの水路、森林地、緑地、道路、鉄道、工業地帯、炭鉱、公共企業、兵舎のほか、市街地と住宅地の密集度が記されている。行政区画、主要工場と輸送機関、爆撃の被害を受けやすい市街地についても別枠で表示されている。

第2次世界大戦がもたらした恐ろしい変化のひとつは、度重なる空襲による都市の破壊だった。戦時中のベルリンは、イギリス、アメリカ、ソ連の爆撃機から350回以上の空襲を受けた。インフラは甚大な被害をこうむり、約5万人が死亡し、さらに多くの市民が家を失った。

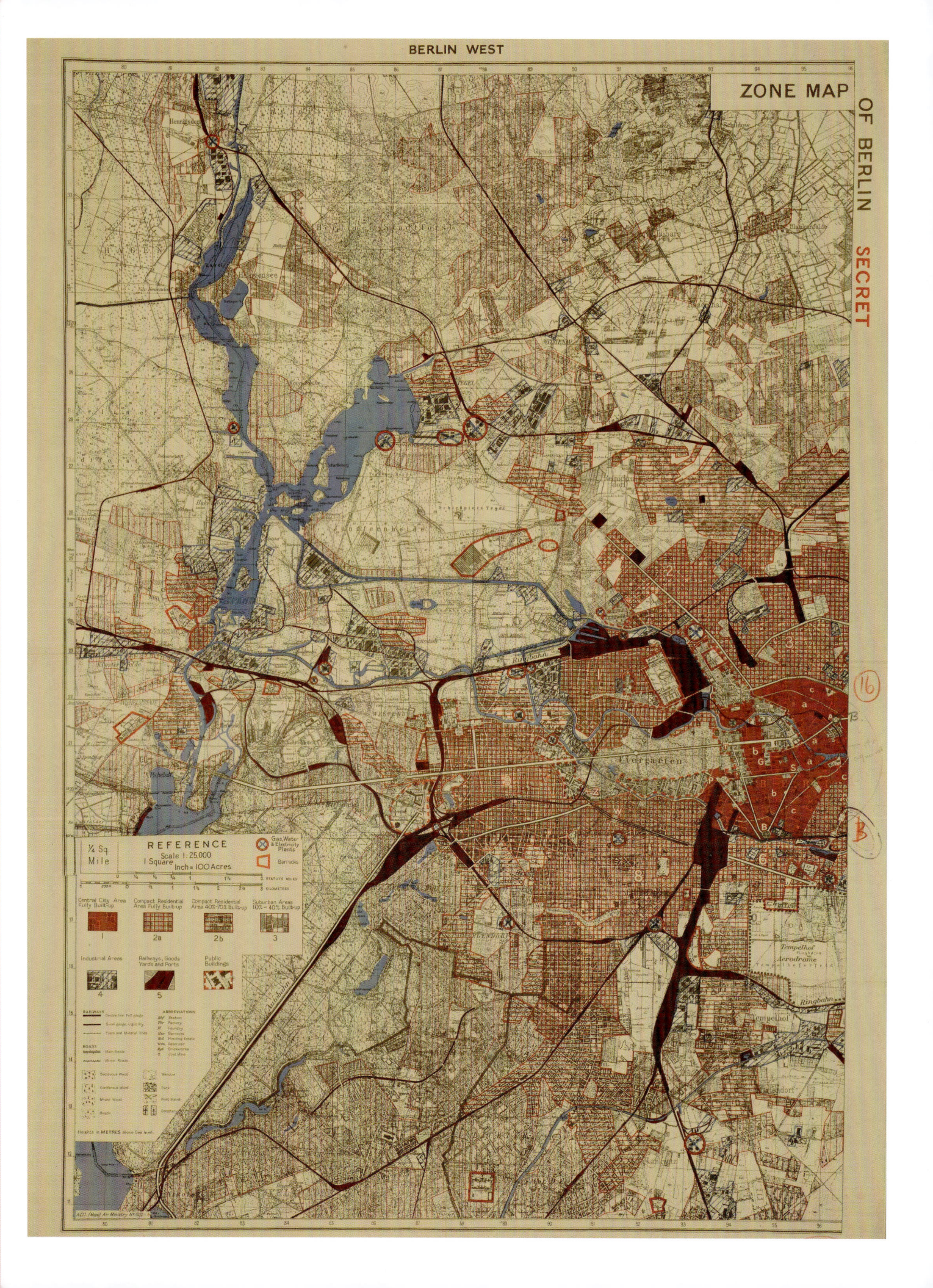

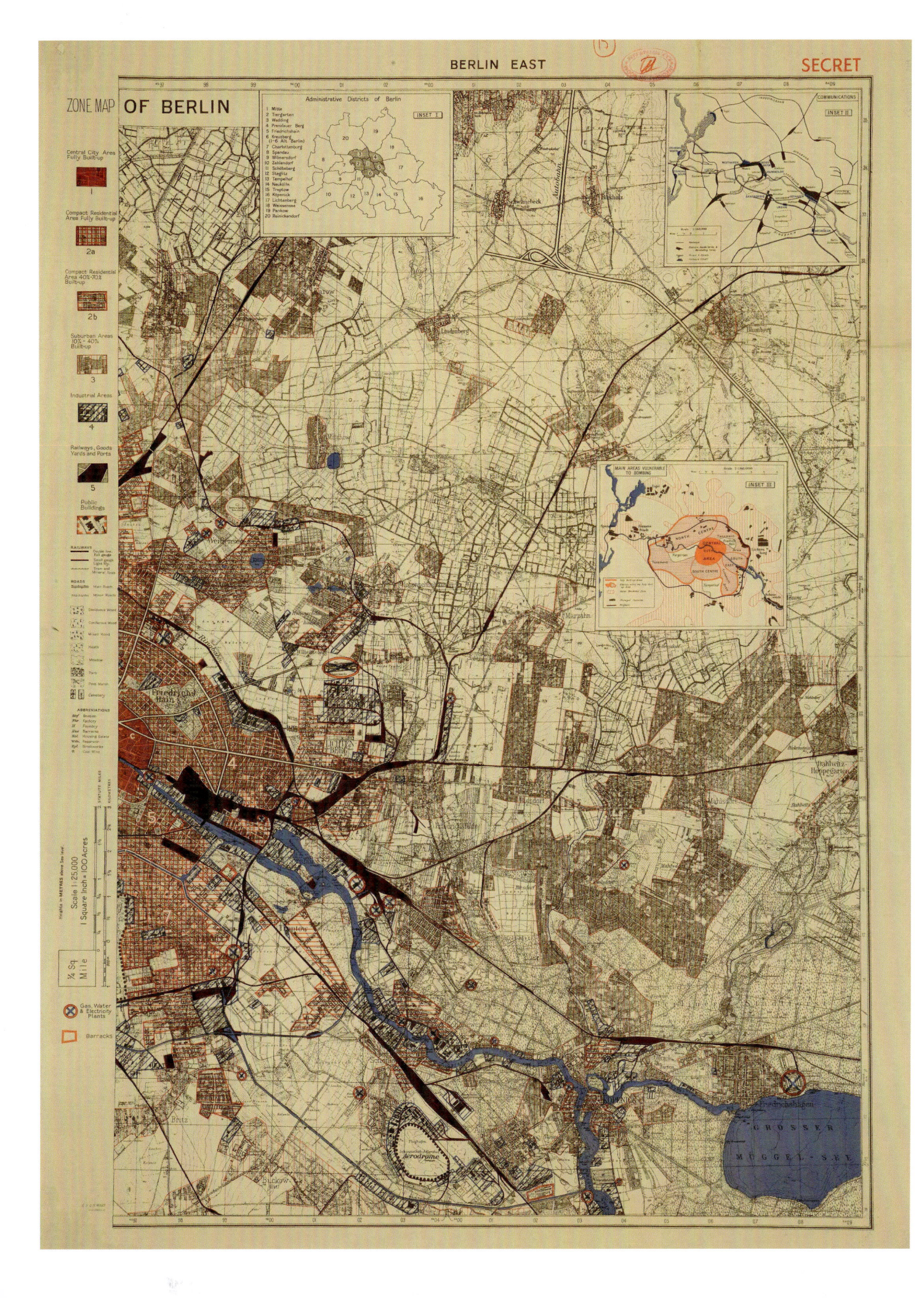

第 5 章　グローバル化の時代　1900 年−2000 年代

[右]『アイランド』（部分）、スティーヴン・ウォルター作、2008年 このロンドンの「地図」は、『アイランド』と題される市街図を部分的に拡大したものである。この都市を寓意で埋めつくされた非常に私的な場所として描くことによって、ロンドン在住の芸術家スティーヴン・ウォルターの思うおもしろさや味気なさを表現している。いくつかの点で『アイランド』は壮大な鳥瞰図というよりは絵地図の一種である。見る者は微細な描きこみに目を奪われるが、そこから最も多くのことを読みとれるのは、無数の参照記号を理解できるロンドン市民自身だろう。

作者は、膨大な量の地域情報や自伝的情報を言葉や記号で掲載し、しばしば所在地を風刺するコメントをつけている。たとえばバッキンガム宮殿は王冠で示され、「金のかかる一族の家」と注釈されている。

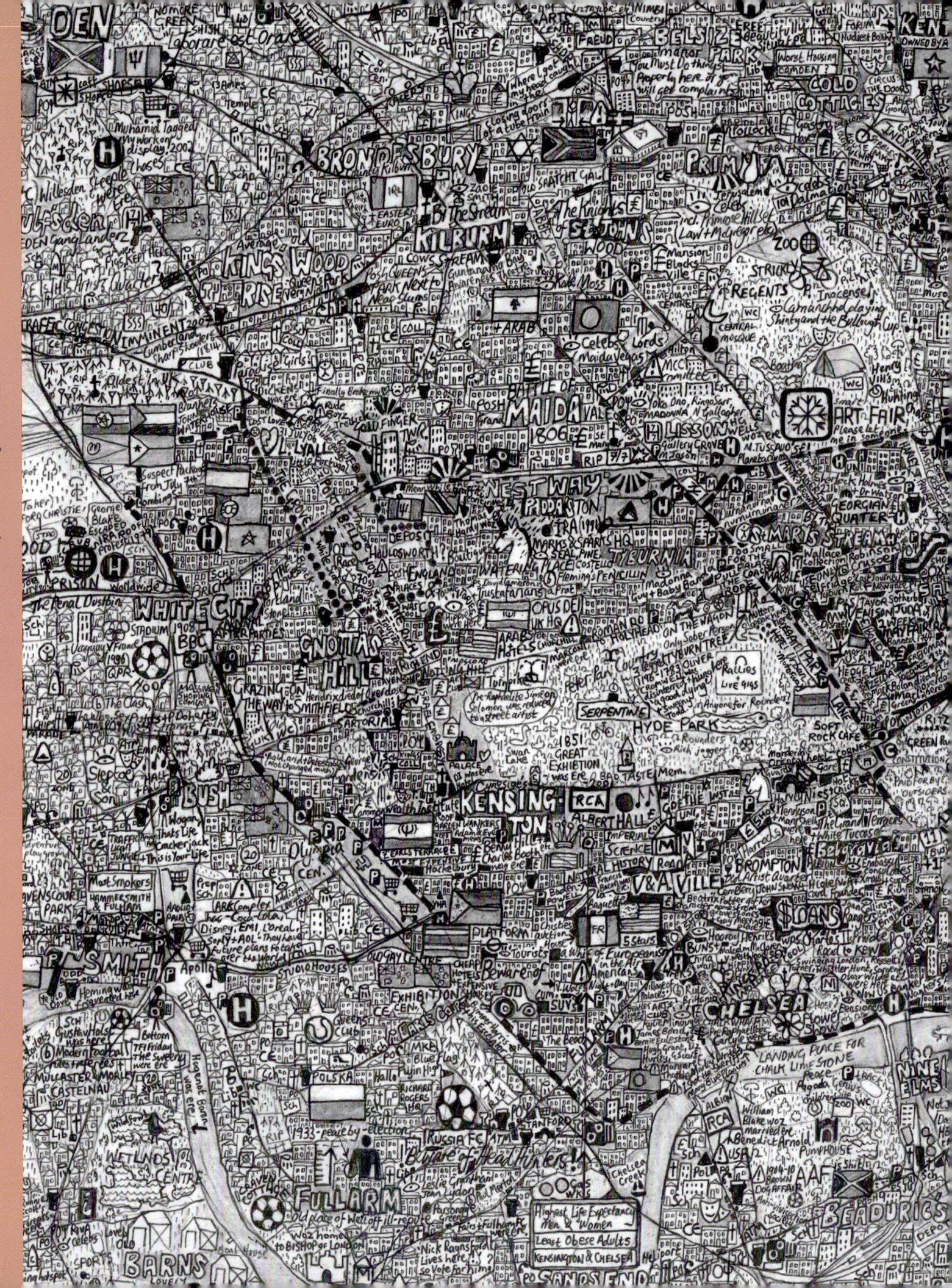

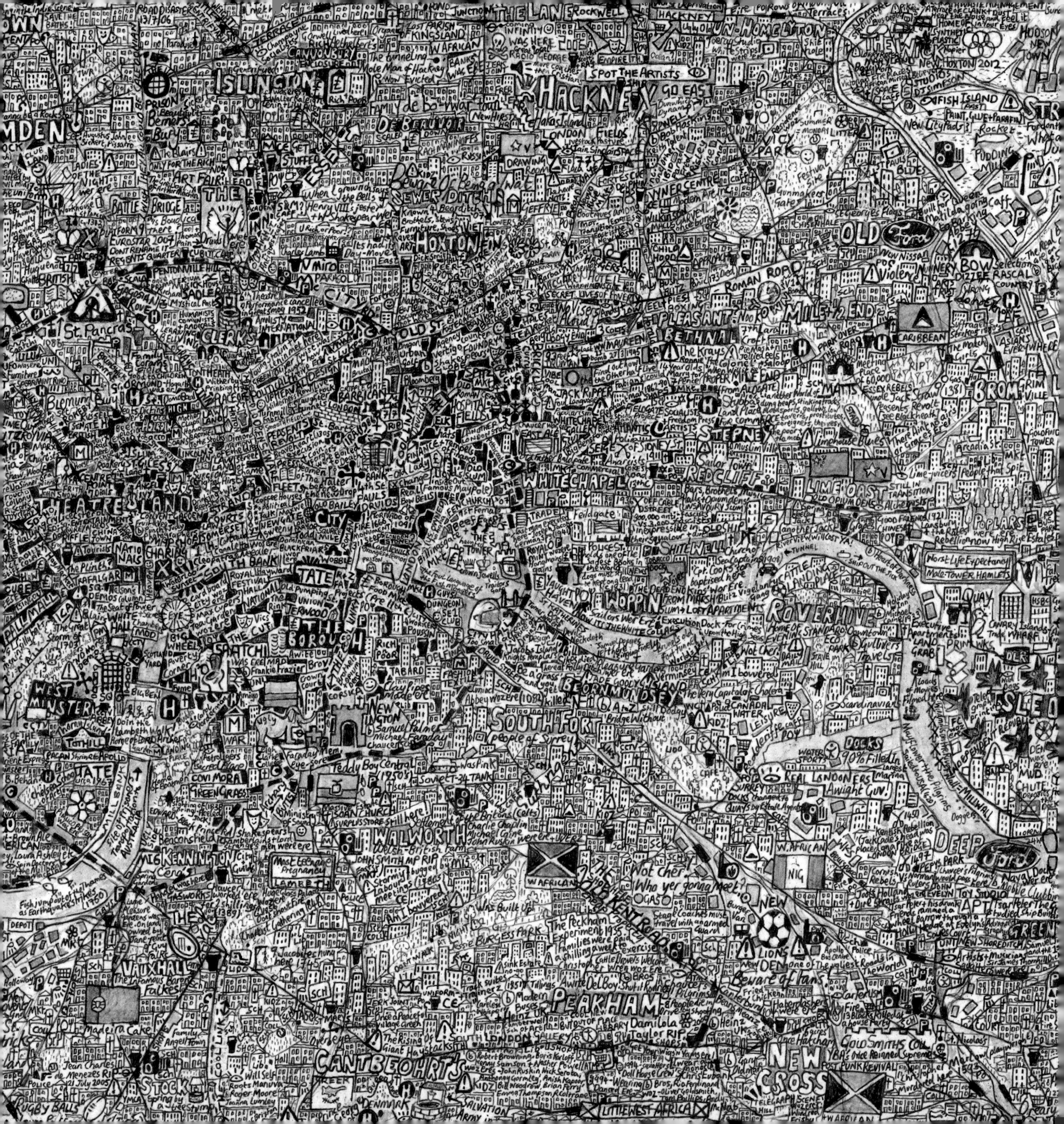

ISLINGTON
HACKNEY
SPOT THE ARTISTS
DE BEAUVOIR
HOXTON
CLERKS
OLD ST
BARBICAN
PLEASANT
BETHNAL
ROMAN ROAD
MILE END
BOW
STEPNEY
WHITECHAPEL
LIME OAST
POPLARS
THEATRE LAND
TRAFALGAR
PALL MALL
WHITE HALL
WEST MINSTER
TATE
THE BOROUGH
WOPPIN
ROVERHIVE
BEORNMUNDSEY
SOUTHFORT
WALWORTH
KENNINGTON
VAUXHALL
PEAKHAM
CANTBEOHRTS
NEW CROSS
DEEP
ISLE
OLD KENT ROAD
CARIBBEAN
W. AFRICAN
NIG
LITTLE WEST AFRICA
Worst Life Expectancy
Male-TOWER HAMLETS
REAL LONDONERS
Awight Guv!
Who yer gonna meet?
Wot Cher
Beware of fans

【右・次頁】非営利団体データ・ドリヴン・デトロイトによる地図、2010年　ミシガン州デトロイトは、都市の繁栄と衰退、および今後の再生を物語る最も明確な見本のひとつである。デトロイトの人口はモーター・シティとして隆盛をきわめた時代から半減し、2000－2010年の人口減少率が25％となった結果、空き家が荒廃したり放火されたりする事例が増えた。しかし、この2つの地図からわかるように、都市構造のなかで火災損害と人口減少などの相関関係を確認することはむずかしい。市内の地区の多くは、郊外への逃避が起こってもなお繁栄をつづけている。たとえば、国道96号線と94号線の交差地点の南東にある都心部の歴史的地区ウッドブリッジには、ヴィクトリア様式の邸宅が建ちならび、再開発にともなう高級化が進んでいることをうかがわせる。最新の科学技術と膨大なデータによって、アメリカ最貧の大都市デトロイトは主題地図化された情報の宝庫となっている。

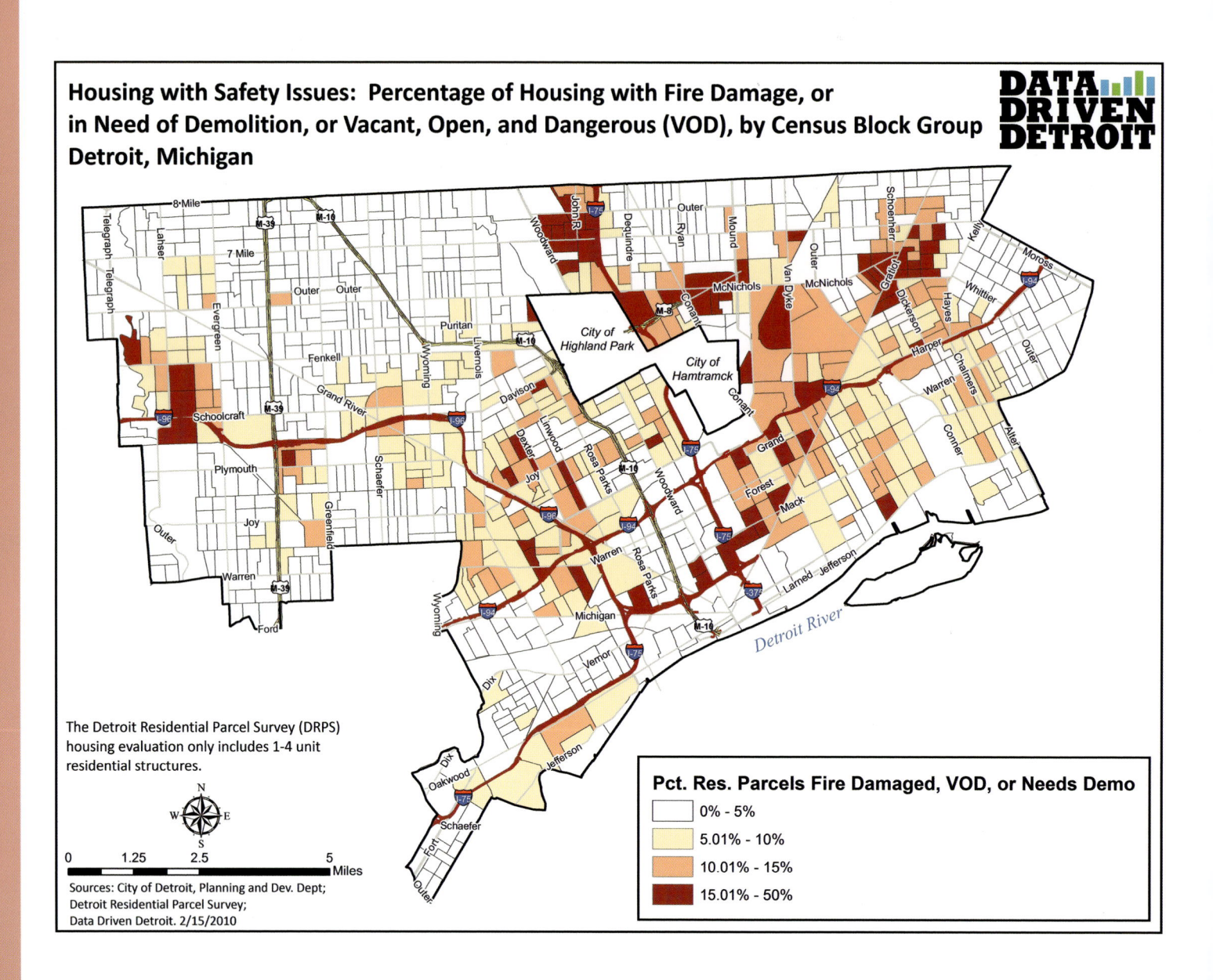

Housing with Safety Issues: Percentage of Housing with Fire Damage, or in Need of Demolition, or Vacant, Open, and Dangerous (VOD), by Census Block Group
Detroit, Michigan

The Detroit Residential Parcel Survey (DRPS) housing evaluation only includes 1-4 unit residential structures.

Pct. Res. Parcels Fire Damaged, VOD, or Needs Demo
- 0% - 5%
- 5.01% - 10%
- 10.01% - 15%
- 15.01% - 50%

Sources: City of Detroit, Planning and Dev. Dept; Detroit Residential Parcel Survey; Data Driven Detroit. 2/15/2010

第5章 グローバル化の時代 1900年−2000年代

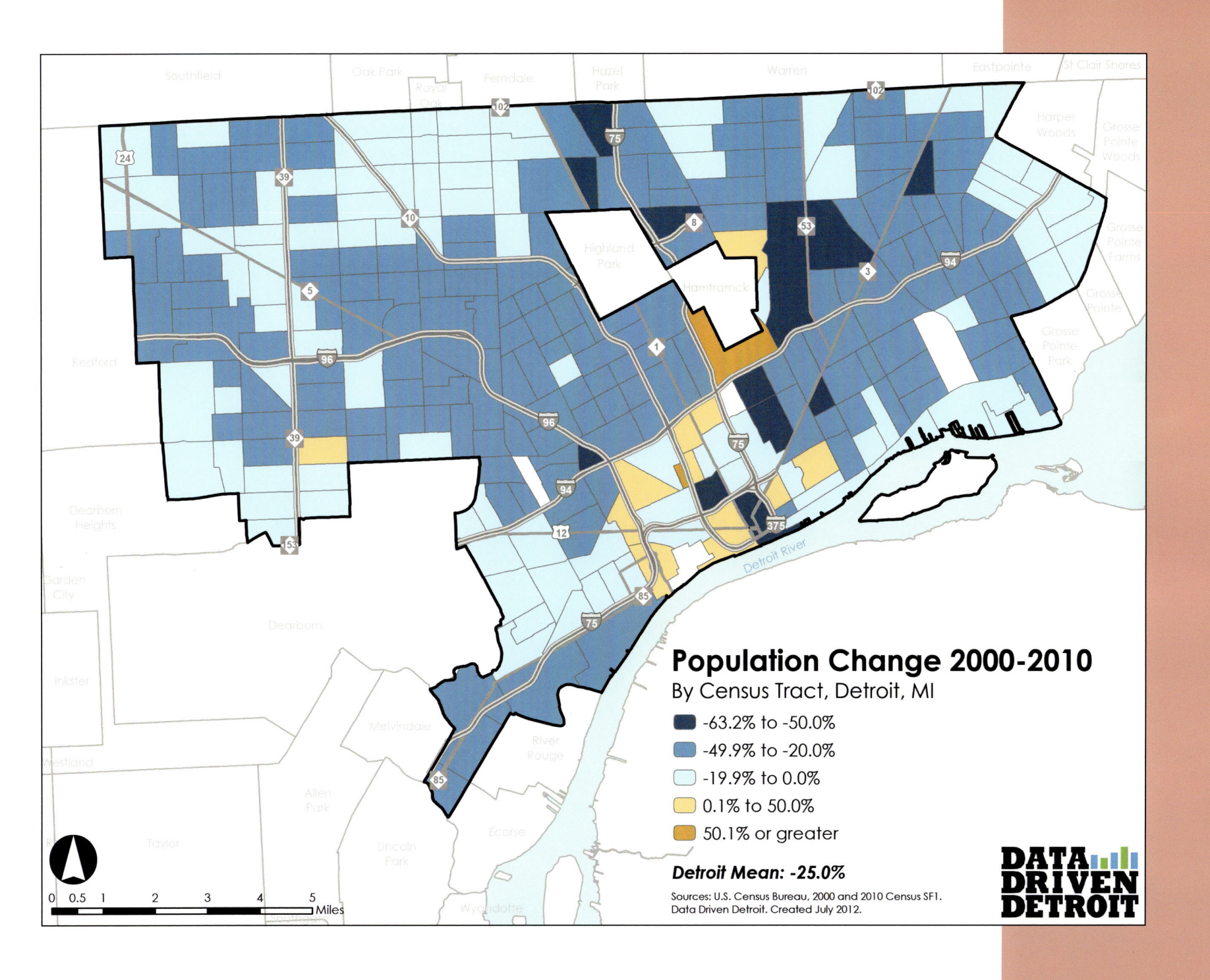

Population Change 2000-2010
By Census Tract, Detroit, MI

- -63.2% to -50.0%
- -49.9% to -20.0%
- -19.9% to 0.0%
- 0.1% to 50.0%
- 50.1% or greater

Detroit Mean: -25.0%

Sources: U.S. Census Bureau, 2000 and 2010 Census SF1.
Data Driven Detroit. Created July 2012.

DATA DRIVEN DETROIT

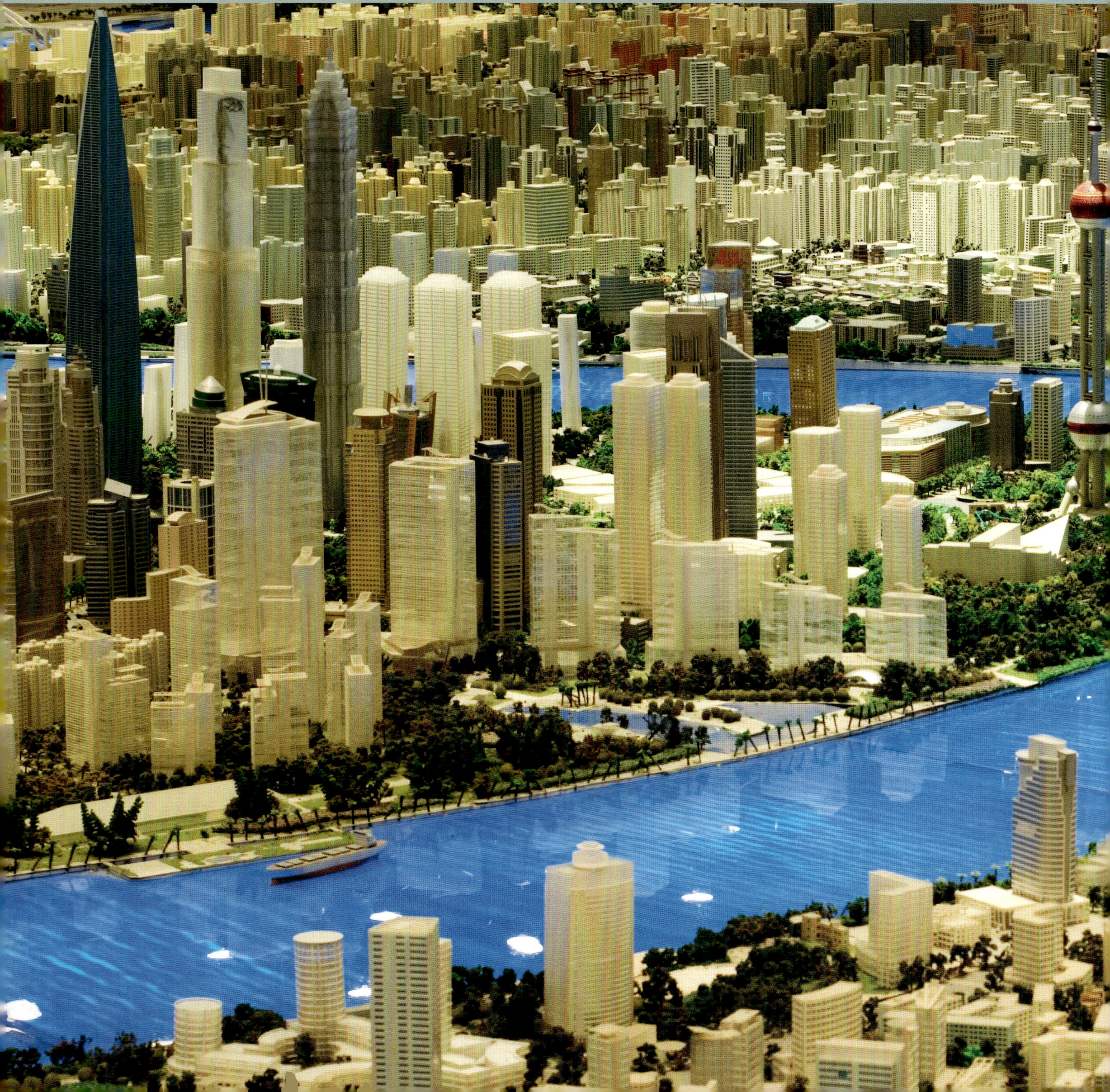

第6章　活版からピクセルへ──未来に向けて

[前頁] 未来の上海の縮尺模型、2010年
上海は、他に類を見ない速度で地域的な中心地から国際的なメガシティへと変化している。上海それ自体が、近代化と変化をもたらす主体としての都市を象徴しているのだ。1930年代のニューヨークには、世界中の超高層ビルの合計を超える約200の超高層ビルがあった。1990年以来、その倍以上の超高層ビルが上海の歴史地区に建設されており、都市全体では30階以上のビルが1000あまり存在すると考えられている。上海城市規画展示館にある1：1500の縮尺模型は2020年の上海の姿である。このような人口増加と都市開発によって、大規模な取り壊しがおこなわれ、数十万の市民が再定住を強いられてきたが、この模型はさらに大局的な視点を強調している。つまり、国際通商の歴史をもつ中国の一都市が未来をしっかり見すえているということである。

未来の都市はつねに市街図のテーマになってきた。現に、神の都である天国は全世界に向けた宗教的なサブリミナル・メッセージであり、聖アウグスティヌスの主著『神の都（神の国）』（412頃-426年）とともにキリスト教世界に最も広く伝わった。

1500年以降からは、都市について考えるさいに宗教と無関係の未来像が重視されるようになっていった。人びとは、都市計画という実際的な問題や、ユートピア的な理想とはいわないまでも、完璧さの概念を引き合いに出して、未来をわかりやすく提示した。その過程で、地図作りは、政府が情報管理を切望し、空想文学が書かれる時代と重なった。たとえば、ルイ・セバスティアン・メルシエのユートピア小説『二四四〇年』（1770年）では、未来のパリを意味する広い都市空間に充分な穀物が備蓄され、黒人の記念像が立っている。彼は12本の王笏の残骸にかこまれて誇らしげに両腕を広げており、その台座には「新世界の復讐者」と書かれている。

独裁主義の視点

歴史的に見て、独裁体制下での都市計画には、その時点での権力とイデオロギーが未来の都市景観に刻みこまれるという特徴があった。この特徴は、バロック時代のローマのキリスト教世界や、革命を経験した1790年代のフランスのような急進的な国家だけでなく、20世紀のソ連、ナチス・ドイツ、中国などの共産主義国にも見られた。アルベルト・シュペーアは、ヒトラーに敬意を表して来たるべき千年帝国に輝かしい首都を築くために、ベルリンをゲルマニアに改造しようとした。ベニート・ムッソリーニはローマの古くからの地域に幹線道路を通し、拡張されたローマへの玄関口となる記念碑的な都市の建造を計画した。1938年、ムッソリーニ政権20周年を祝う1942年のローマ万国博覧会にそなえて、E42の建設工事が始まった。工事は1950年代に完了し、現在E42はローマのエウル地区として存続している。また、1939年にフランコの率いる反乱軍がマドリードを占領し、スペイン内戦が終結したあとにも都市改造計画が立てられたが、戦争の余波で財政が逼迫したために実現しなかった。1965年から1989年までルーマニアの独裁者だったニコラエ・チャウシェスクはブカレストの大部分を再建し、中国の共産党政権は北京で大規模な再開発を進めてきた。

模範的な都市景観

政治的背景がもっと穏当なものであっても、とくに1561年のマドリードがそうだったように、新首都の建設には同じようなプロセスがつきものである。新首都の建設は、独立国が帝国にとってかわるにつれてよく見られるようになったが、それ以外の要因によっても新首都は建設された。アメリカのワシントンDC、オーストラリアのキャンベラ、ブラジルのブラジリア、ナイジェリアのアブジャなどがそうである。パンジャーブ州の新しい州都チャンディーガルは、ル・コルビュジエによって設計された。いずれの場合も、模範的な都市景観が作られる予定だったが、現実はかなりちがっていることが多かった。ブラジリアはブラジルの内陸におかれることで、国家の結束と、リオデジャネイロやサンパウロの政治からの脱却を象徴していた。新首都はル・コルビュジエの弟子であるオスカー・ニーマイヤーの手で機能的に作られたが、周囲の都市はスラム化しており、スラムの人口がブラジリアの運営に必要な労働力を供給している。

模範的な建築環境を追求する動きは20世紀のイギリスのニュータウン運動に発展し、公営住宅の供給にかんする議論につながった。さらに、適切な都市設備によって市民の物質的な要求が満たされるだけでなく、善良な市民にふさわしいライフスタイルが確立されると考えられた。政府の計画に沿った都市の急速な拡大は、20世紀の多くの国に共通する特徴となった。

増加する住宅需要を満たすために、わずかな土地があればできる安価な高層住宅を量産する方法がとられたが、頭上からの描写を重視する伝統的な地図作製法でそれをとらえることはむずかしい。

住宅の質と社会的結合をどう確保するのがベストか。現在もそれが重要なテーマになっているが、都市の人口の割合が世界的に増えつづけていることから、これまで以上に都市計画が重視されることはたしかだろう。現に、国連の発表によれば、2012年には70億の世界人口の半分以上が都市に住んでおり、その数字は2030年までに50億人以上

207

第6章 活版からピクセルへ——未来に向けて

【左】聖アウグスティヌスの『神の国』より、426年頃 410年にローマが西ゴート族によって略奪されたあと、多くの市民は自分たちの堕落した信仰がこの事態を招いたと考えた。聖アウグスティヌスは、歴史は地の国と神の国(神秘的な天上の新しいエルサレム)との対立であると論じた。神の国は都市生活の模範であり(挿絵の上部に描かれている)、そこへ昇っていけるかどうかは、キリスト教の七つの美徳を守るか七つの大罪の誘惑に負けるかで決まるという。挿絵はラウル・ド・プレールによる翻訳版(1469頃-1473年)より。

[右]モーゼズ・キングによる「キングのニューヨークの夢」、1908年 20世紀初頭、ジャーナリストたちはニューヨークの未来をくりかえし予言していたが、結局のところ、1808年以来、アメリカ最大のこの都市はすでにめざましい変化をとげていた。1908年、シンガー・ビル（左奥）は世界で最も高い建築物だったが、超高層ビルが林立するこの未来都市の風景のなかでは、さらに高いビル、ビル同士をつなぐ高架鉄道、空をふさぐ飛行機のせいでめだたなくなっている。

第6章 活版からピクセルへ——未来に向けて

[左] エベネザー・ハワードによる社会的都市、1902年 この図解は、ハワードの『明日の田園都市』にかんする自身の論文からの抜粋である。ハワードの主張は、恒久的な農耕地帯にかこまれた同心円状の都市を限定された規模で入念に計画し、共同開発することだった。この放射状の図解は、正確な平面図というよりもそれを導くためのアイデアだが、緑地帯（田園地帯、公園、庭園、市民農園）が住宅地のそばに維持されることや、地域間の「迅速な移動」の手段が提供されることを示している。彼は、規模を制限することによって、新しい都市が連なって増えていくと考えていた。21世紀のイギリスでは、社会と自然の融合という田園都市運動のヴィジョンが、新都市開発をめぐる議論にふたたび影響をおよぼしている。

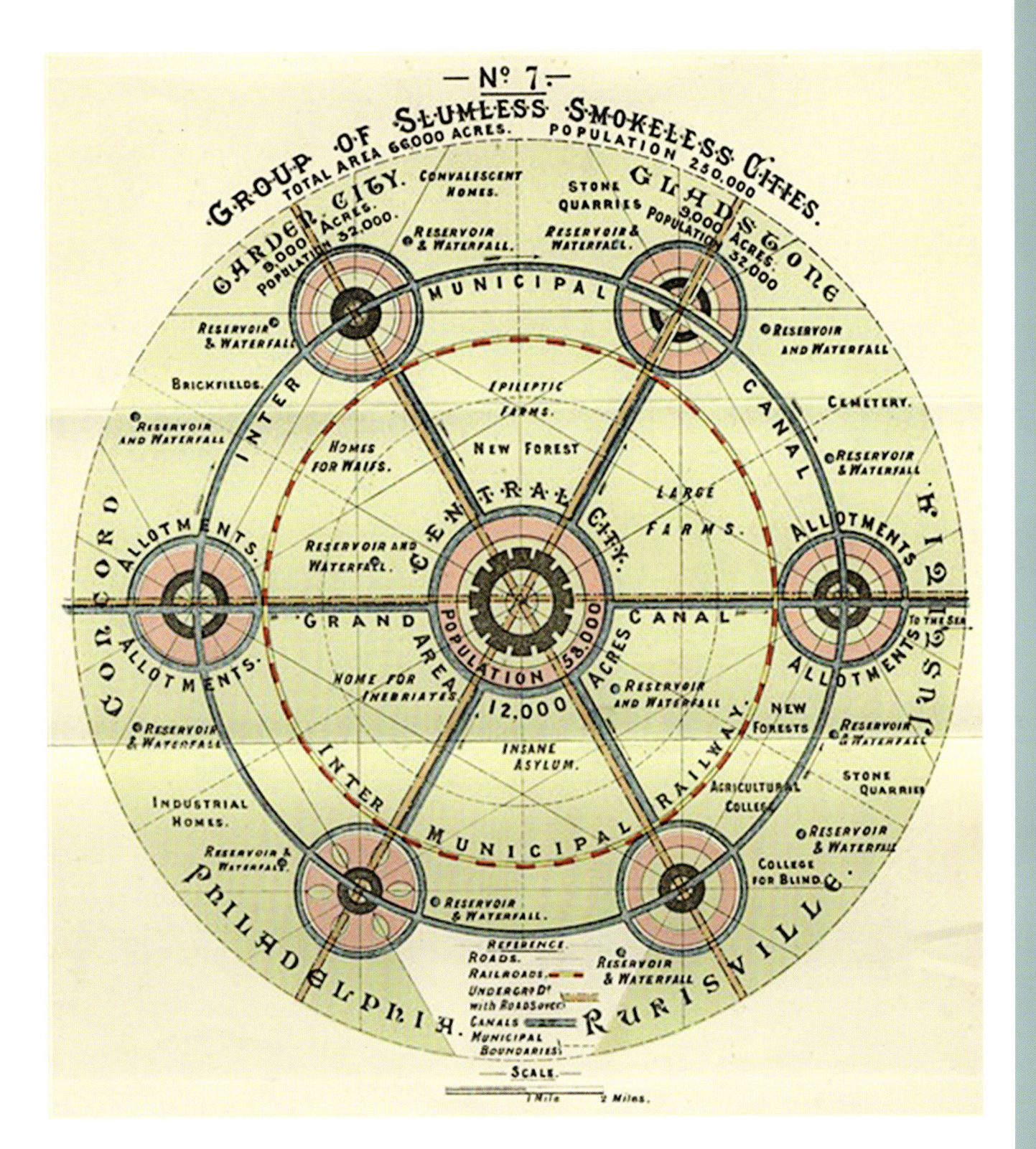

に達するという。2050年には世界人口の4分の3が都市に住み、この増加のほとんどがアジアとアフリカで起こると予測されている。

都市集積の観点——定義づけの差によってデータにばらつきが生じる基準——から見た2015年の20大都市は以下のとおりである。東京－横浜、ジャカルタ、デリー、マニ

SOUTH AUSTRALIAN GOVERNMENT
COLONEL LIGHT GARDENS

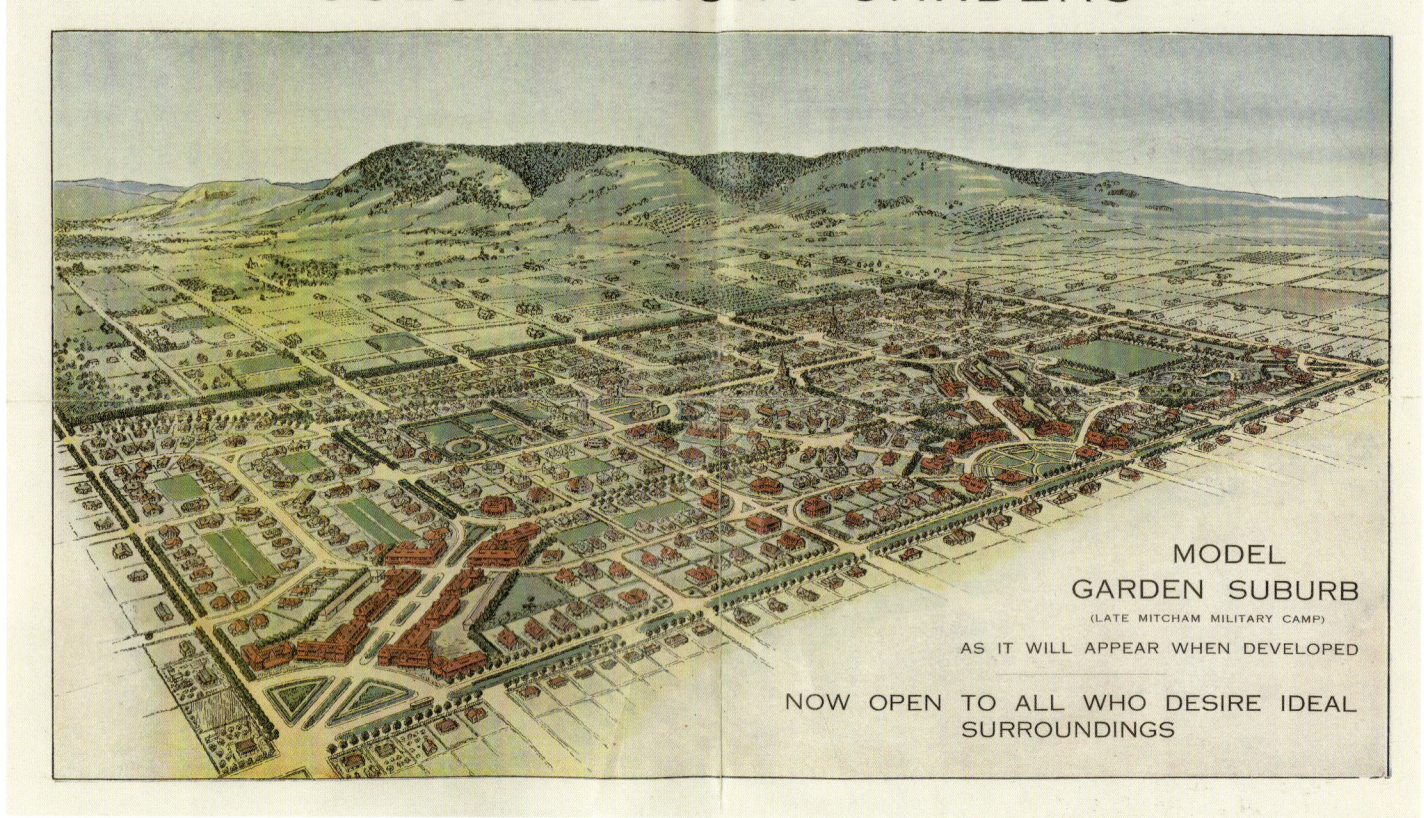

MODEL GARDEN SUBURB (LATE MITCHAM MILITARY CAMP)
AS IT WILL APPEAR WHEN DEVELOPED
NOW OPEN TO ALL WHO DESIRE IDEAL SURROUNDINGS

[右] カーネル・ライト・ガーデンズの販売用パンフレット、アデレード市ミッチャム、1921年　南オーストラリア州のこの郊外住宅地は、州の最初の測量担当官だったウィリアム・ライト大佐にちなんで名づけられた。ライトは州都アデレードの用地を選定し、1836年から翌年にかけて測量をおこない、1839年に結核で亡くなった。

1914年、南オーストラリアの都市計画家チャールズ・リードは、土地利用ゾーニングによるモデル田園住宅地を提唱した。1921年には、カーネル・ライト・ガーデンズという名称での開発計画が承認され、1927年までに900戸以上の住宅が建設されたが、政治的な事情で改訂された開発の規模は当初の予定を上まわっていた。1927年以降に拡大されたエリアはリード・パークと名づけられた。

ラ、ソウル－仁川、上海、カラチ、北京、ニューヨーク、広州－仏山、サンパウロ、メキシコシティ、ムンバイ、大阪－神戸－京都、モスクワ、ダッカ、カイロ、ロサンゼルス、バンコク、コルカタ（カルカッタ）。推計人口1600万人のモスクワは、ヨーロッパで唯一の都市としてランクインしている。1000の最大都市圏の約56％がアジアにある。現在、世界には34のメガシティ（人口1000万以上の都市）が存在する。農村からの人口移動に対処するために中国が数百の新都市を必要としているように、新都市の必要性は、より環境に配慮したかたちでの都市開発を推進する大きな要因となっている。

地図製作の現場は、新しい科学技術と増大する都市部のニーズの関係をよく理解することも含めて、この変化の速度がもたらす難題に対応しなければならない。たとえば、2012年、グーグルはアメリカで最速のインターネット速度を実現できる広帯域光ファイバーを敷設し、カンザスシティでサービスを開始した。グーグルはこの都市を204の地区（ファイバーフッド）に分割し、サービスの希望者に事前登録を呼びかけ、出費をいとわない消費者が最も集中している46のファイバーフッドにサービスを提供することに同意した。したがって、カンザスシティの市街図は新しい基準で作られることになる。

心の地図（メンタル・マップ）と都市計画図

都市は、前例のない拡大に対処する必要性を浮き彫りにしている。この問題が世界の未来を占う重要な要素になっているのはとくに、望ましくない拡大がもたらす社会的・政治的な影響が懸念されているためである。じっさい、ディストピア（暗黒郷）はいま、都市の混沌や無秩序な都市景観という意味にとらえられることが多い。このような都市景観は、映画『バットマン』シリーズに登場するゴッサム・シティ（ニューヨーク）のような架空の風景をもっと現実的な考察に結びつけるテーマである。都市──とりわけ都心部のスラム──は、多くのフィクションで重要な役

211

第6章 活版からピクセルへ──未来に向けて

【左】「長生きすれば見られるワンダー・シティ」、ハーヴィー・W・コーベット作、1925年 次世代（1950年）を予想するこのイラストは、『ポピュラー・サイエンス』誌（1925年8月号）に掲載された建築家ハーヴィー・W・コーベットの作品である。超高層ビルの屋上に「飛行場」があり、道路は歩行者用、低速・高速の自動車用、地下鉄用の4層に分けられ、螺旋状のエスカレーターで結ばれている。貨物がチューブの中を移動している。ますます多くの人間が都市空間にあふれることを見越して、歩行者と自動車を分離することが考えられたが、じっさいの都市開発はかなりちがってしまっている。

【右】**メトロポリス、フリッツ・ラング作、1926年**　高層建築が林立する未来の産業都市。未来の人間と機械を描いた脚本家テア・フォン・ハルボウの空想小説をもとにフリッツ・ラングが想像したものである。1920年代には、垂直都市のアイデアがアメリカの大衆文化に広まっていた。フリッツがのちに語っているように、彼は1924年、マンハッタンの空を背景にそびえ立つ大都市の夜景を初めて見た。停泊中の汽船「ドイチュラント」号から見た「まばゆい光と高層ビル」によって、彼は『メトロポリス』のイメージをつかんだ。

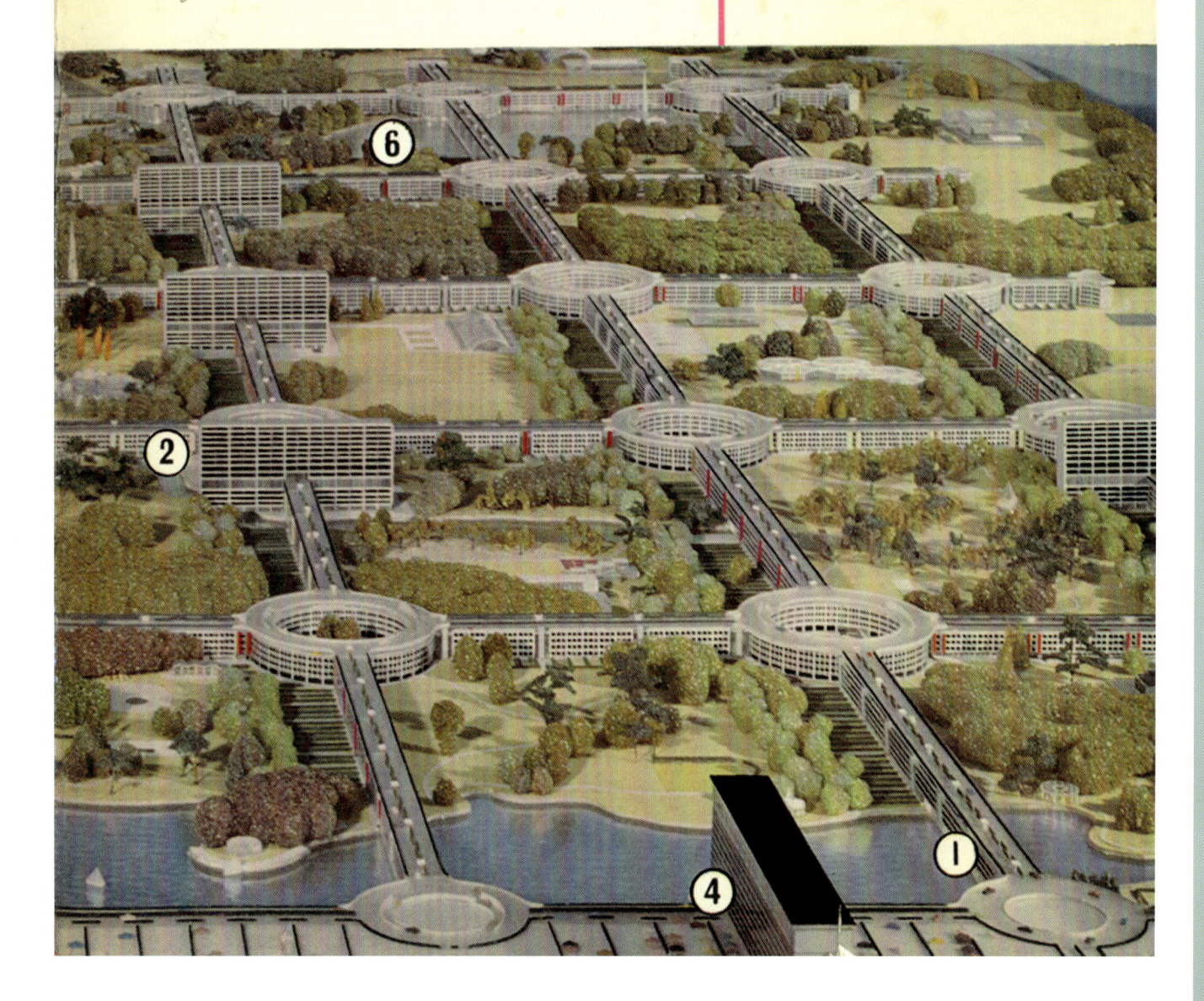

第6章　活版からピクセルへ——未来に向けて

【左】ジェフリー・アラン・ジェリコーによる、モートピア——都市景観の発達にかんする研究、1961年　1959年、オスカー・ニーマイヤーはルシオ・コスタが計画したブラジリアで建築の設計をしていたが、同じころイギリスの建築家ジェリコーは、自動車が空中を走る新しいタイプの層状都市を構想していた。この都市は、重工業のないベッドタウンとしてロンドンの西部に新規に建設される予定だった。計画では、自動車は建物を結ぶ碁盤目状の高架道路を走り、建物の屋上はロータリーになっていた。歩行者用の動く歩道が設置され、1階部分は公園として有効活用されている。ジェリコーは「生物学的な要素を機械的な要素から切り離す」ことを主張した。

割をはたしており、人間ドラマに最も強い影響をおよぼす変化も都市部で起こっている。そこでとくに問題になるのは2つの地図、つまり、都心部のスラムに代表されるディストピアの恐怖をあらわす心の地図と、都市計画家の地図である。後者は、生きた都市がつねに制作中の作品であることも示している。

　都市が大きく変化すると同時に、とりわけデジタル化の結果として地図製作の技術も大きく変化している。コンピューター技術の変革によって、地図情報をもっと自在に収集、保存、利用できるようになった。かつての地図は、全体をいくつかに分割したフラップペーパーからなる版下をもとに印刷されていた。対照的に、コンピューターには、あらかじめいくつかのフラップに分割された素材がデータベースに保存されているため、地図は多くのこまかいドットからなるビットマップ画像として印刷される。点、線、面といったそれらの記録シンボルと情報は画面に表示した

【右】クイーンズ美術館のニューヨーク市パノラマ模型、1964年　ニューヨークの基本計画を担当したロバート・モーゼズのアイデアにより、1964年の万国博覧会の展示品として作られたパノラマ模型（1：1200）。100人の模型職人が83万棟の建物を木とプラスチックで組み立て、3年がかりで完成させた。5つの独立区のすべてをカバーするこの企画の目的は、できるだけ正確な模型を作り、都市の環境や地域の全体像がわかるような計画ツールとして利用することだった。

【次頁】ハンブルクのグリーン・ネットワーク計画、2013年　ドイツ第2位の都市ハンブルクは、市域の約40％をカバーするグリーン・ネットワークを計画している。自然に親しめる住環境を作ることが目的のひとつである。図面には何種類かの緑地が描かれている。淡い緑色はオープンスペース（森林、農地）、黄緑色は特定用途地域（家庭菜園、墓地など）、濃緑色は市および地区の公園をあらわし、白地に緑色の縦線は緑化された住宅街、緑色の横線はレクリエーション地域をあらわしている。ハンブルク市内ではサイクリストと歩行者がさらに増えるだろう。

まま編集できるため、地図全体をひとつの工程で印刷することができる。地理的な基本図はデジタル画像として保存されており、保存された情報（デジタル・マップ）を抽出して表示することでデータの分析と提示はさらに自在になる。

したがって、デジタル化によって都市（または別のテーマ）の地図作りはずっと容易になる。あらゆる要素が容易に修正され、情報の更新や基本図の変更が簡単になり、さまざまな投影法、透視法、縮尺、中心点を手軽に使うことができる。非常に重要なのが、デジタル情報のジオコーディング（地理座標の付加）と地球のデジタル化であり、これによって、データファイルと地理座標ファイルと統計地図ソフトウェアを自動統計地図システムに統合することができる。

デジタル・システムに入力されるデータはますます増えており、グーグルは世界の主要都市の詳細な3次元映像を提供している。この機能は監視や抑圧への懸念を生むだけでなく、個人がグーグルのベースマップと他のデータを融合して「マッシュアップ」地図を作る可能性にもつながる。いずれの場合も、都市が活動の中心になるにしたがって、地図作りの多義性、重要性、多様性がきわだってくる。

215

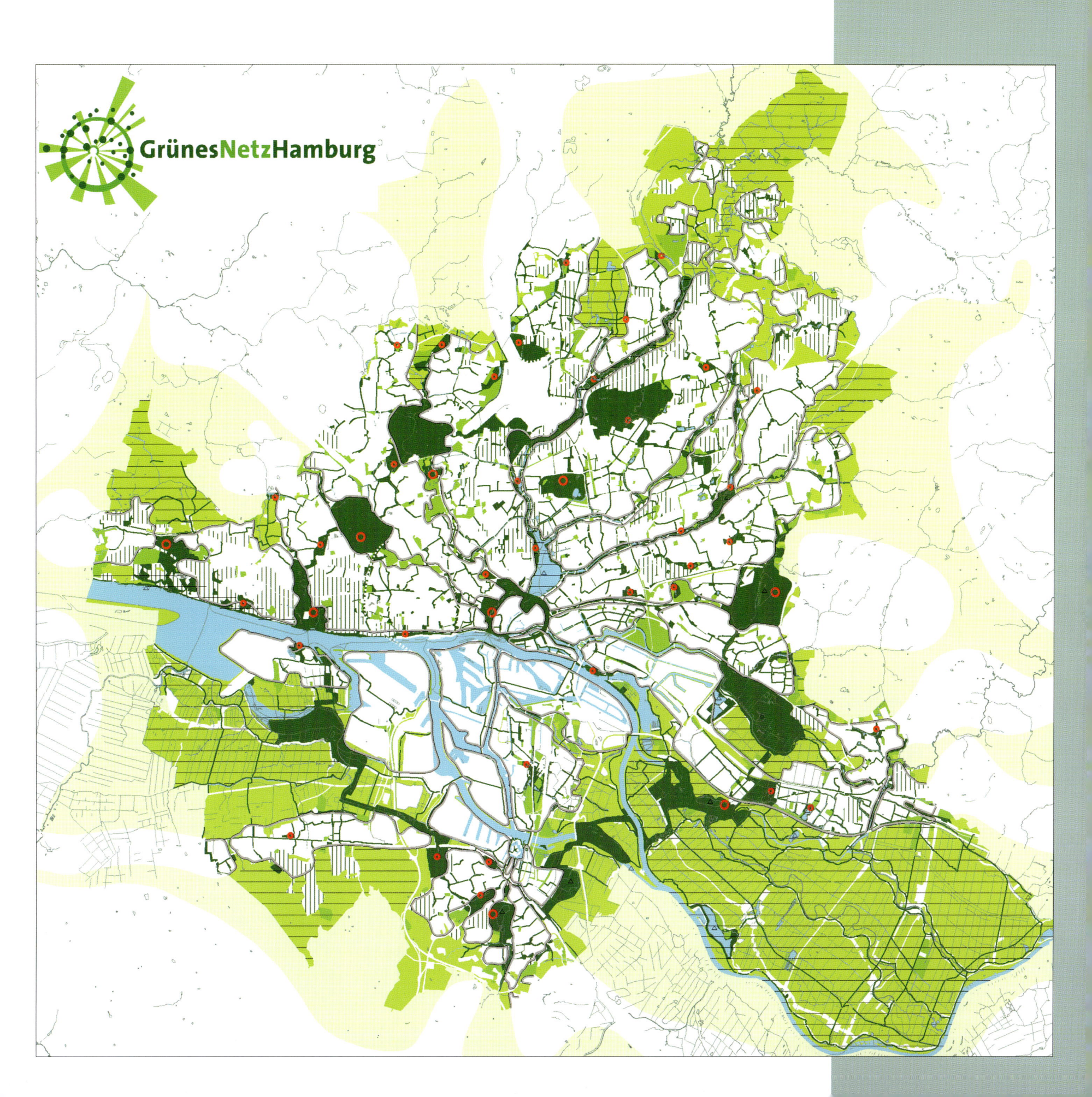

エコシティ──汚れのかわりに緑を

もっと持続可能な生活が求められ、高機能で二酸化炭素排出量の少ない住環境を実現する技術の発明──太陽光・風力発電や、電力と水の消費をおさえる「高性能」センサーなど──が求められた結果、近年では環境に配慮した理想的な都市景観がいくつも誕生している。このようなミニ・ユートピアについては批判的な意見もあるが、世界の古い都市もやがてその恩恵をこうむるかもしれない。

[下] 上海近郊の崇明島東灘地区の設計図、2005年 農村部からの移住により、中国は2020年までに3億人が住むための400の都市を建設しなければならない。東灘は中国の望む持続可能でエネルギー効率のよい総合的な都市開発地区になる予定だったが、2005年に立案された壮大な計画はまだ実現していない。

[右] アブダビのマスダール・シティの完成予想図、2010年 世界初のカーボンニュートラル都市といわれるマスダールは、砂漠で進行中の未来派のプロジェクトであり、再生エネルギー、持続可能性、クリーン・エネルギー技術の研究への産油国のとりくみをアピールしている。

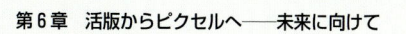

第6章 活版からピクセルへ──未来に向けて

【左・下】韓国の松島国際業務地区、2009年　松島は過密都市ソウルから約50km離れた干潟の埋立地に建設されている。学校、緑地、交通の便、整備された歩道、文化施設など、都市生活に必要なものを完備したアジアのスマートハブである。仁川国際空港と橋で接続しているこの都市は、環境に配慮した次の6点をおもな設計目標としている。広々とした緑地、輸送手段、水の消費と再利用、炭素放出とエネルギー利用、物流とリサイクル、持続可能な都市経営。

地図のリスト

まえがき

10. The Rainbow Bridge in a small section of the Qingming Scroll, c.1126 CE

13. Terracotta fragment, Nippur, c.1250 BCE

14. The location of cities in Northern Iraq, 11th century

15. Fragment of the *Forma Urbis Romae*, third century CE

16. Map of the city of Jerusalem, before 1167

17. Medieval map of Jerusalem

19. London to Beauvais section of an itinerary, from *Historia Anglorum*, (c.1200–59)

20. The Portolan chart known as the *Catalan Atlas*, 1375

22. A map of Sicily, c.1220–1320

23. Detail of Cathay, from Fra Mauro's *Mappa Mundi*, 1448–1453

25. Plan of Constantinople, by Cristiforo Buondelmonti, Vellum, mid-15th century

26. A small section of the Qingming Scroll, c.1126 CE

28. Tenochtitlán in the *Codex Mendoza*, 1541

29. Tenochtitlán, c. 1524

第1章 ルネサンスの都市 1450-1600年

30. *The Ideal City,* by Piero Della Francesca, late 15th century

33. Lisbon, 1598, volume V of *Civitates Orbis Terrarum* by Braun and Hogenberg

34. Map of Goa, India, by Johannes Baptista van Doetechum the Younger, 1595

35. Seville, Cádiz and Malaga from volume I of *Civitates Orbis Terrarum*

36. Genoa in 1481, by Cristoforo De Grassi

38. Santo Domingo by Baptista Boazio, 1589

39. Hand-drawn map of Southwark, c.1542

40. Aerial view of Venice, 1500, by Jacopo De' Barbari (c.1440–1515)

42. Cambridge street map 1574

43. Drawing of the city of Imola by Leonardo da Vinci, 1502

44. The *Carta Della Catena* showing a panorama of Florence 1490

46. A bird's-eye view of the German city of Augsburg, 1521

48. Venice from the *Liber Chronicarum* by Hartmann Schedel, 1493

48. Venice from *Civitates Orbis Terrarum* by Braun and Hogenberg, 1574

49. Venice in the *Kitab-i Bahriya* by Piri Reis, c.1525

50. Cairo by Sienese mapmaker Matteo Florimi, c.1600

51. Cairo, from Piri Reis's *Kitab-I Bahriya*, c.1525

52. Map of Algiers from *Civitates Orbis Terrarum* by Braun and Hogenberg 1575

53. Circular map of Vienna by Hans Sebald Beham, 1530

54. Constantinople from *Beyan Menazil* by Matraki Nasuh, 1537

54. Constantinople from *Civitates Orbis Terrarum* by Braun and Hogenberg, 1576

55. Constantinople from the *Liber Chronicarum* by Hartmann Schedel, 1493

56. The Seven Churches of Rome, after Antonio Lafreri, 1575

55. Map of Vatican area, by Bartolomeo Faleti, 1561

第2章 新たな地平と新しい世界 1600-1700年

58. Seville, c.1588, from volume IV of *Civitates Orbis Terrarum*, by Braun and Hogenberg

61. Map of Milan and canals

62. Map of Malacca, Malaysia, c.1620s

63. *The Seventeen Provinces of the Netherlands*, 1648, by Joannes van Doetecum

64. Map of Batavia, 1682, published by Amsterdam mapmaker Jacob van Meurs

65. The siege of Québec, 1690

66. New Amsterdam, 1660, by Jacques Cortelyou

67. New Amsterdam, September 1664

68. Map of the city of London by Wenceslaus Hollar, 1666

69. Christopher Wren's proposal for London and Hollar's view before and after the Great Fire of 1666

70. Madrid in 1622, copy by Emilio de la Cerda in 1889

71. Area of San Juan, Madrid, by Pedro Teixeira Albernaz, 1656

72. Map of Moscow, 1662

74. Amsterdam bird's-eye view, 1544, by Cornelis Anthonisz

75. Amsterdam, 1649, by Joan Blaeu

75. Amsterdam, c.1690, by Frederick de Wit

76. Views in and around Kyoto, c.1616–1624

77. Map of Kyoto, c.1690

78. Map of Edo (Tokyo) c. 1690, by Engelbert Kaempfer

79. Edo, 1682

80. Nagasaki Harbour, woodcut originally produced in 1680

地図のリスト

第3章　帝国の時代
1700 – 1800 年

82. An east prospect of Philadelphia, c.1768, by George Heap and Nicholas Scull

85. The palace of the Margrave of Baden-Durlach in Karlsruhe, 1739, after Johann Jacob Baumeister

86. Plan for Marseille, 1754

88. Hughly River extending from the town of Calcutta to the village of Ooloobareah, 1780–84

90. Plan of Liverpool, 1765, by John Eyes

91. Plan of the capital city of St Petersburg with the depiction of its most distinctive views, 1753, by the Imperial Academy of Sciences and Arts

92. Savannah, 29 March 1734, by Peter Gordon

93. A new plan of *Ye Great Town of Boston*, 1743, by William Price

93. Montréal, 1734, by Joseph-Gaspard Chaussegros De Lèry

94. Different views of the major cities in Persia, 1762, by Johann Baptist Homann

96. Plan of the fort and town on the Promontory of Good Hope, 1750, by Jacques-Nicolas Bellin

97. Plan of New Orleans, 1744, by Jacques-Nicolas Bellin

97. Plan of Kingston, Jamaica, by Michael Hay, c.1745 1737–52

98. London, by John Rocque, 1746

100. New York, 1766–1767, by Bernard Ratzer

102. Edenbourg (Edinburgh), 1582 by Braun and Hogenberg

103. Edinburgh, 1836, by James Kay

104. Sketch map of the New Capital District, by Thomas Jefferson, 1791

105. Pierre Charles L'Enfant's plan of Washington, 1792, by Andrew Ellicott

106. The 1734–1736 map of Paris, 1739, by Louis Bretez

108. Paris and its principal buildings, 1789, by Jacques Esnauts and Michel Rapilly

110. Mexico city plan, 1794, based on Ignacio Castera

111. A plan of the city of Munich, published by J. Stockdale, London, 1800

第4章　新機軸の温床
1800 – 1900 年

112. The Red Fort of Delhi, by Mazhar Ali Khan, November 1846

115. The Jagannath Temple, Puri, 19th century, artist unknown

116. Panoramic view of the Noted Places of Edo, by Kuwagata Shoshin (or Kesai) 1803

117. George Stephenson's map of the Liverpool and Manchester Railway, 1827

118. Bird's-eye view of the city of Baltimore, by Edward Sachse, 1869

120. Pocket map of the city of Houston, issued by Wm. W. Thomas, 1890

121. The old portion of the city of Los Angeles, by A.G. Ruxton, 1873

122-123. Plans for London improvements, by John Nash, 1812

124. The Vienna Ringstrasse plan, by Martion Kink, 1859

125. Copenhangen, lithograph by Emil Baerentzen, 1853

126. Map of Liverpool, by John Tallis in 1851

128. Bird's-eye view of the Chicago Packing Houses & Union Stock Yards, by Charles Rascher, 1890

128. Kansas City, by Augustus Koch, 1895

129. Chicago bird's-eye for Rock Island and Pacific Railway, by Poole Brothers, 1897

130. An epidemic in Glasgow, by Robert Perry, 1844

130. Sanitary map of the town of Leeds, by Dr Robert Baker, 1842

131. Part of Charles Booth's 'Maps Descriptive of London Poverty', 1889

132. Development plan for the environs of Berlin, by James Hobrecht, 1862

134. A leisure information map for the 'twin cities' of Minneapolis–St Paul, 1897

135. Central Park development, New York, Board of Commissioners, 1867

136. Chicago, bird's-eye view, by James Palmatary and Christian Inger, 1857

138. Boston and Washington, DC, Sanborn Fire Insurance Maps, 1867 and 1888

140. A view of walled Nanjing, 1850–1853

141. Hangzhou, 1867

142. Madras town and suburbs, Survey of India Office, 1861

142. Victoria, British Columbia, by Eli Glover, 1878

143. Calcutta, by Frederick Walter Sims, 1857

144. Plan of the city of Rio De Janeiro, by E. & H. Laemmert, 1867

146. New Monumental Paris, by F. Dufour, 1878

147. Paris in 1871, by Louis Wuhrer

148. Shanghai, by the Dianshizhai Studio, 1884

148. Tianjin treaty port, by Feng Qihuang, 1899

149. Foo-Chow (Fuzhou), by J. Lesgasse, 1884

150. San Francisco, by Charles R. Parsons, 1878

151. Vice in Chinatown, San Francisco, 1885

152. The National Capital, Washington DC, 1884

154. City of Washington, annual report, 1880

156-157. New York in 1865 and 1884

158. 'Pictorial Illustration of the Nikko Mountains', by Ueyama Yahei, c.1800s

159. 'Kyoto Famous Places', by Tatsunoshin Kabai and Shozaemon Kazatsuki, 1887

160. New York tenement house committee maps, by Frederick E. Pierce, 1894

161. Baltimore elevated building map, by J.T. Lloyd, 1894

162. Plan of Barcelona and its surroundings in 1890, by D.M. Serra, 1891

164. Los Angeles, by H.B. Elliott, 1891

第5章　グローバル化の時代 1900－2000年代

166. Satellite image of Los Angeles, California

169. Bombay, from the Gazeteer, by S.M. Edwardes, 1909

170. Community settlement map for 1900; city of Chicago, 1976

171. Chicago's gangland mapped, 1925

172. Phnom-Penh, by Albert Portail Publishing, 1920

173. Racial zoning in Birmingham, Alabama, 1926

174. San Antonio, Bexar County and the suburbs, by Nicolas Tengg, 1924

175. Macao tourism map, by Hong Kong Printing Press, 1936

176. Kobe: municipal water supply distribution, February 1945

179. Map of the subway system of New York, by Stephen J. Voorhies, 1940

180. The estimated effect of a nuclear bomb on Portsmouth naval dockyard, 1947

182. Urban development model of Beijing, 2006

183. Berlin, city of diversity, 2012

184. A view of Boston Harbor and Cape Cod Bay, Massachusetts, by the Union News Co., Boston, 1920

185. Robinson's aeroplane map of Sydney, by H.E.C. Robinson, 1922

186. Deutsche Lufthansa summer flightplan, 1 April–5 October 1935

188. Plan of Canberra, by Walter Burley Griffin, 1927

189. Design for Les Quartiers Modernes Fruges, Pessac Estate, Bordeaux, sketch from *L' Architecture Vivante* journal, 1927

190. Shanghai, by V.V. Kovalsky, 1935

192. Ragsdale's movie guide map, 1938

193. Hollywood Starland, by Don Boggs, 1937

194. Brasilia, 1960, based on Lúcio Costa's pilot plan

195. Brasilia during the dry season, 2001

196. Greater Los Angeles: the wonder city of America, by K.M. Leuschner, 1932

198-9. Zone maps of Berlin, Air Ministry, UK, 1944–1945

200. *The Island* (detail), by Stephen Walter, 2008

202. Data Driven Detroit, 2010

第6章　活版からピクセルへ ——未来に向けて

204. A scale plan of Shanghai of the future, 2010

207. From the *City of God* by Augustine of Hippo, c.426

208. 'King's Dream of New York', by Moses King, 1908

209. Social City, by Ebenezer Howard, 1902

210. Colonel Light Gardens sales brochure, Mitcham, Greater Adelaide, 1921

211. 'The Wonder City You May Live to See', by Harvey W. Corbett, 1925

212. *Metropolis*, by Fritz Lang, 1926

213. *Motopia: a study in the evolution of urban landscape*, by Geoffrey Alan Jellicoe, 1961

214. Queen's Museum Panorama of New York, 1964

215. Hamburg's Green Network Plan, 2013

216. A model of Dongtan, Chong Ming Island, near Shanghai, 2005

216. An artist's impression of Masdar, Abu Dhabi, 2010

217. Songdo International Business District, South Korea, 2009

索 引

【ア行】

アイ 74-75
アイデンティティ 173-175
『アイランド』 200-201
アイルランド 5
アヴァ王朝 84
アウクスブルク 46-47
アガス,ラルフ 39
アグン,マタラム王国スルタン 64
『明日の田園都市』 209
アダムズ,ロバート 121-122
アデレード 210
アナポリス 86
アブダビ 216
アフリカ 19, 20-21, 168
アムステルダム 60, 63, 74-75, 84, 86
アメリカ
　文明初期 16
　ルネサンス期 32
　17世紀 60
　18世紀 86-89
　19世紀 114
　20世紀 168, 178, 180-181
アラバマ州 173
『アルシテクチュール・ヴィヴァント』誌 189
アルベール・ポルタイユ社 172
アルベルティ,レオン・バティスタ 35
アレクサンドリア 122
『アングリア人の歴史』 18, 22-23
アントニス,コルネリス 74-75
イギリス航空省 198-199
『イギリスの労働者階級の衛生状態にかんする報告』 130
移住 170-171
イスラム世界 25-26
イタリア 62-63
イモラ 43
イラク 13, 14
『イラン・イラク遠征記』 54
『イングランド年代記』 38-39
印刷 26
インダス峡谷 13
インド 60, 84, 168
「インド総務庁」 32
ヴァチカン地区 57
ヴァンクーヴァー 125
ヴィクトリア 143
ウィツィロポチトリ（守護神） 28
ウィリアムズバーグ 86
ヴィルヘルム,カール3世（バーデン＝ドゥルラハ辺境伯） 84-85
ウィーン 53, 124
ヴェスコンテ,ピエトロ 22
ヴェネチア 37-38, 40-41, 48-53, 63
植山彌平 158
ウォルヴァーハンプトン 86
ウォルター,スティーヴン 200-201
ウッド中佐,マーク 88-89
ヴューラー,ルイス 147
ヴーリーズ,スティーヴン・J 179
ウル 13
ウルビーノ 38
衛星写真 168
衛星測位システム 181
エコシティ 216-217
エディンバラ 102-103
江戸 78-79, 116
エドワーズ,S・M 169
エノー,ジャック 108
エラトステネス 16
エリオット,H・B 165
エリコット,アンドリュー 104
エルサレム 16, 17, 19-23
オグルソープ将軍,ジェームズ 92
汚職 171
オスマン帝国 173
オランダ 63
オルテリウス,アブラハム 33

【カ行】

絵画 35
海上貿易 26, 84
開発のかたち 177-178
開封 12, 16
「回復の文学」 22
『海洋の書』 49, 51
カイロ 50-51, 122
科学技術
　ルネサンス期 32-35
　18世紀 90-91
　19世紀 117-120
　20世紀 181-182
カクストン,ウィリアム 38-39
革命（1848年） 116, 183
火災保険図 138-139
カサブランカ 173, 176-177
カステッロ・プラン 66, 67
カステラ,イグナシオ 110
カタルーニャ図 21
カディス 35
カーネル・ライト・ガーデンズの販売用パンフレット 210
樺井達之輔 159
『神の都（神の国）』 206, 207
家紋 78
カラー印刷 117-119
カラカス 89
カラチ 168, 171
カールスルーエ 84, 85
『カール大帝伝』 19
カルタ・デッラ・カテナ 44
カルタヘナ 84
変わりゆく都市世界 121-125
カーン,マザー・アリ 114
カンザスシティ 128
環状道路の平面図 124
神田上水 79
干ばつ 168
カンボジア 172
キタイ＝ゴロド 73
「ギニア・インド倉庫」 32
「ギニアおよびミーナ総務庁」 32
喜望峰 96
キャセイ（中国） 23
ギャング 170-171
キャンベラ 188
宮殿 84-85
共産主義 176
京都 76-77, 159
『京都区組名所新図』 159
居住空間 175-177
キンク,マルティオン 124
キング,モーゼス 208
キングストン 96-97
『キングのニューヨークの夢』 208
クアラ・ルンプール 124
クイーンズ美術館（ニューヨーク） 214
グーグル 210, 214
クスコ 89
グラヴァー,イーライ 143
グラスゴー 114, 130
『グラスゴーの衛生状態にかんする事実と所見』 130
グリフィン,ウォルター・バーリー 188
クレムリン 73
クロウ,カール 190-191
クロフェニースバーグワル 74-75
鍬形紹真（惠斎） 116
クワトロチェントの社会価値観 35
ケイ,ジェームズ 103
経済 13-15
　17世紀 60, 66
　18世紀 84
　19世紀 114
　20世紀 168
経済成長 84
ケープコッド湾 184
ケープタウン 60, 96
ケベック 60, 65
ゲルダースカデ 74-45
建設許可 171
ケンブリッジ 39, 42
ケンペル,エンゲルベルト 76-77, 78-79
権力 84-86
ゴア 34, 81
小石川上水 79
コヴァルスキー,V・V 190-191
杭州 15, 84, 141
公衆衛生 171-173
高層団地 177
交通網 114-115
神戸 176
港湾都市 26
心の地図（メンタル・マップ） 181-182, 213-214
コスタ,ルシオ 194-195
コスモポリタン主義 89-90
古代文明 12-13
国家 62-64
国家統制 175
国家のアイデンティティ 173-175
コッホ,アウグストゥス 128
ゴドゥノフ,ボリス 73
コートルユー,ジャック 66
ゴードン,ピーター 92
コーブリッジ,ジェームズ 86
コーベット,ハーヴィー・W 211
コペンハーゲン 124
コルカタ（カルカッタ） 60, 84, 88-89, 89-90, 124, 142
コンスタンティノープル 24-25, 54-57, 64, 84, 124

【サ行】

サイクリング 134
サヴァナ 86, 92
サクストン,クリストファー 42
ザクセ,アドルフ 5, 152-153
ザクセ,エドワード 118-119
サザーク 39
サヌード,マリノ 22
サラーフッディーン（サラディン） 16
サンアントニオ 174
三角測量 34
産業化 114
参観交代 78
サンクトペテルブルク 84, 85, 90-91
サン・ジョルジェ城 32-33
サント・ドミンゴ 38
サンパウロ 168, 171
サン・フアン地区 71
サンフランシスコ 125, 150-151, 178, 180-181
サンボーン地図出版社 138-139
シェーデル,ハルトマン 48
ジェノヴァ 36-37, 63
ジェファソン,トマス 104
ジェフリーズ,トーマス 84
ジェリコー,ジェフリー・アラン 213
シカゴ 114-115, 128-129, 136-137, 170-171
シチリア 22
シドニー 185
『市の展望』 75
ジム・クロウ法 173
シムズ,フレデリック・ウォルター 143
社会的都市 209
ジャガンナート寺院 114
シャム（タイ） 84
ジャヤカルタ（ジャカルタ） 64
ジャンヌレ＝グリ,シャルル・エドゥアール→＝コルビュジエ 177, 189
上海 148, 168, 190-191, 206
周王朝 15

十字軍　22
『十字軍年代記』　17, 22
『十字信仰の秘密の書』　22
住宅　175-177, 209-210
主題地図　120-121, 130, 182-183
首都　206
シュリーランガパトナ（セリンガパタム）　84
商王朝（殷）　15
蒸気動力　116-117, 125
情報化時代　120-121
ショスグロ・ド・レリ, ジョゼフ＝ガスパール　92-93
『諸国と道のりの書』　14
『諸島および群島の本』　25
秦王朝　15
シンガポール　124
シンゲル運河　74-75
人口
　18 世紀　84
　19 世紀　114
　20 世紀　168
　未来　210
新首都の建設　206-209
人種別居住地設定　173
新世界の植民地　60, 86-89
シンボル表現　26, 28, 34-35, 40-41
数学　35
スカル, ニコラス　84
スクリュープレス（印刷）　34
スクールキル川　84
スティーヴンソン, ジョージ　117
ストイフェサント, ピーター　67
ストックデール, J　111
ストレルツカ・スラボダ　73
スフォルツァ一族　62-63
スペイン　32
スペイン艦隊　35
スマトラ島　62
聖アウグスティヌス　206, 207
政治体制　176
製造業　180-181
『清明上河図』　12, 16, 26
セウェルス朝大理石のローマ地図　15
セオドライト（経緯儀）　34
『世界都市図集成』　5, 32-33, 64
　アルジェ　52
　ヴェネチア　48
　カディス　35

コンスタンティノープル　55
セビリア　35, 60-61
マラガ　35
『世界の舞台』　33
石版印刷　117
セビリア　32, 35, 60-61
ゼムリャノイゴロド　73
セラ, D・M　162-163
セルダ, イルデフォンス　162
セルト, ホセ・ルイス　177
世論形成　86
繊維産業　23-25
戦争　13-15, 168, 183
セントポール大聖堂　23
セントポール　134
セントラル・パーク　135
宋王朝　15
蘇州　84
松島国際業務地区　217

【 タ行 】

第1次選挙法改正（イギリス）　116
「タイバーン・ツリー」　98-99
ダ・ヴィンチ, レオナルド　43
ダッカ　168
タリス, ジョン　126-127
チェンナイ（マドラス）　84, 143
チャイナタウン（サンフランシスコ）　151
チャドウィック, エドウィン　130
中国
　都市化　15-16
　17 世紀　60
　18 世紀　84, 90
　20 世紀　168, 176, 177
チュニス　52
鳥瞰図　6-37, 38, 40-41
超高層ビル　178
張澤端　12, 16
『地理学』　35
『珍奇の書』　22
ツァーゴロド　73
通商院　32
通商の中心　89-90
デ・アルブルケルケ, アフォンソ　62
抵抗運動　183
テイシェイラ・アルベルナス, ペドロ　71

テイラー, アイザック　86
デ・ウィット, フレデリック　71, 75
デ・グラッシ, クリストフォロ　36-37
デジタル情報　214
出島　81
データ　182-183
データ・ドリヴン・デトロイト　202
データベース　213
テッサロニキ　173
鉄道　114-115, 128-129
デッラ・フランチェスカ, ピエロ　32
デトロイト　178, 202-203
テノチティトラン　28-29, 32
デ・バルバリ, ヤコポ　36, 40
デ・ヘスース・デ・アギラ, マヌエル・イグナシオ　110
デモ（抗議行動）　183
デ・モーラ, フアン・ゴメス　71
デュフール, F　146
テュルゴー, ミシェル＝エティエンヌ　106
テュルゴーの地図　106-107
デラウェア川　84
デ・ラ・セルダ, エミリオ　71
デリー　84, 112-113
天津　148
『点石斎画報』　148
点石斎工房　148
デンマーク　74-75
唐王朝　15
ドゥカーレ宮殿　32
東京　76, 78-79, 122, 210
道三堀　79
透視画法　38
銅版（印刷）　34
「銅版地図（カッパープレートマップ）」　39
徳川将軍家　78
独裁体制　206
都市
　地球規模の現象　15-25
　定義　60-62
　――と国家　62-64
　――のアイデンティティ　173-175
都市「改良」計画　115-117
都市計画図　213-214
都市の景観
　変化　178-179

模範的な　206-210
都市の発展
　古代文明　12
　17 世紀　60-62
　18 世紀　84
　19 世紀　114
　20 世紀　168
土地取引　171
トマス, W・ウィリアム　120
トラクイロ（書記）　28
トリアナ橋　61
奴隷売買　84, 121-122
東灘地区（崇明島）　216
トンブクトゥ　121-122

【 ナ行 】

『長生きすれば見られるワンダー・シティ』　211
長崎　5, 81
ナスーフ, マトラクチュ　54
ナッシュ, ジョン　122-123
ナポリ　84
南京　84, 122, 140
西インド商館　32
虹橋　12
『二四四〇年』　206
『日光御山之絵図』　158
ニップル　13
日本　78, 81, 122, 158, 159, 173, 176, 190
『日本誌』　76, 78
ニューアムステルダム　60, 66, 67
ニューオーリンズ　60, 97
ニューカッスル　86
ニューヨーク
　17 世紀　67
　18 世紀　100-101
　19 世紀　135, 156-157, 160
　20 世紀　178, 179, 180-181
　未来　208, 214
ニューヨーク地下鉄路線図　179
ニュルンベルク　85
『ニュルンベルク年代記』　48, 55
二里頭　12
ヌエバ・グラナダ　89
ネーデルラント　63
「ネーデルラントの獅子像」　63

『年代記』　55
農業　114

【 ハ行 】

パガーノ, マッテオ　50
パーソンズ, チャールズ・R　150
バタヴィア　64, 90
ハドソン, ヘンリー　60
パナマ　32
ハバナ　32, 84, 177
バビロン　13-15
『バビロンの諸都市』　50
『パブリック・オカレンセス・フォーリン・アンド・ドメスティック』　89
パーマタリー, ジェームズ　136-137
バーミングハム　173
パリ　25
パリ
　17 世紀　65-66
　18 世紀　84, 86, 106-107, 108-109
　19 世紀　116, 146-147
パリス, マシュー　16, 18, 22
バルセロナ　162-163
パレルモ　22
ハルツーム　122
バレンシア　
ハワード, エベネザー　209
犯罪　171-173
ハンブルク　85, 214-215
ピアース, フレデリック・E　161
ピアンタ・デッラ・カテナ　44
ヒヴァ　121
ヒエラコンポリス（ネケン）　12-13
ヒープ, ジョージ　84, 89
ヒューストン　120
馮啓風　148
ピョートル大帝　85
ファレティ, バルトロメオ　57
ファン・デン・ケーレ, ピーテル　39
ファン・ドゥエテクム, ヨハンネス　63
ファン・メウルス, ヤーコプ　64
フィッセル, クラース・ヤンス　63
フィラデルフィア　84, 86, 178
フィレンツェ　35, 44-45
フィレンツェのピアンタ・デッラ・カルタ（「鎖の地図」）　35, 44-45
風月庄左衛門　159
フェニックス　178

ブエノスアイレス 168
フォーブール・サン・ジェルマン 84
『フォルマ・ウルビス・ロマエ（都市ローマの形）』 15, 16
フォン・ザルム，ニクラス 53
ブオンデルモンティ，クリスティフォロ 24-25
福州 149
フーグリー川 88-89
ブース，チャールズ 120, 131
フッガー家 46
プトレマイオス，クラウディオス 16
プノンペン 172
ブラウ，ヨアン 73, 75
ブラウン，ゲオルク 5, 32-33, 48, 50-51, 102
ブラジリア 194-195
ブラジル 121
ブリー 115
フリュジェ，アンリ 189
ブルネレスキ，フィリッポ 35
プール・ブラザーズ社 128-129
ブレテ，ルイ 106-107
ブレンナー峠 46-47
フロリミ，マッテオ 50
ヘイ，マイケル 96-97
平板測量 34
北京 84, 122, 176, 182
ベーハム，ハンス・ゼーバルト 53
ヘフナゲル，ゲオルク（ヨリス） 33, 35
ベラクルス 84
ベラム（羊皮紙） 16
ベラン，ジャック＝ニコラ 96, 97
ベリー，ロバート 130
ベルゴロド 73
ペルシャ 94-95
ベルリン 121, 132-133, 183, 198-199
ベルリン市文化事業団 183
ベレンツェン，エミール 125
ペンシルヴェニア 86-89
ボアジオ，バプチスタ 38
『ポイティンガー図』 19
貿易港 122
ボストン 138-139, 184
『ボストン・ニューズ・レター』 89
ボッグズ，ダン 193
ポーツマス 180
ポート・ロイヤル 60

ホープレヒト，ジェームズ 132-133
ホーヘンベルフ，フランス 5, 32-33, 48, 50-51, 102
ホラー，ウェンセスラス 68-69
ポーランド 61
ボルジア，チェーザレ 43
ボルティモア 86, 118-119, 161
ボルドー 189
ポルトガル 32, 84
香港 124-125, 177, 178
香港印刷出版社 175
ボンベイ→ムンバイ
『ボンベイの都市と島』 169

【マ行】

マイソール王国 84
マウロ，フラ 23
マカオ 175
マスダール 216
「マッシュアップ」地図 214
『マッパ・ムンディ』 17, 19, 23
マドリード 70-71, 206
『マドリード市の地形図』 71
マニラ 32, 60, 90
マホメット，ディーン 89
マラガ 35
マラッカ 60, 62
マルセイユ 84, 86-87, 177
マルセリ，アントニオ 71
マレー半島 62
マンチェスター 117
ミヌイット，ピーター 66
ミネアポリス 134
ミュンヘン 111
ミラノ 60-61, 62-63, 84
ムーサ王，マンサ 19, 21
ムラーノ島 48
ムンバイ（ボンベイ） 84, 168, 169, 171
明暦の大火 78
メガシティ 210
メキシコシティ 84, 110, 168
メソポタミア 12-13
メッカ 21, 25
『メトロポリス』 212
メルシエ，ルイ・セバスティアン 206
メルダーマン，ニクラス 53
「メンタル」・マップ 181-182, 213-214

『メンドーサ絵文書』 15, 28
木版（印刷） 34
木版地図 37, 38-39, 44-45
モスクワ 73
『モスクワ・クレムリン地図』 73
モーゼズ，ロバート 214
モートピア 213
モントリオール 92-93
モントレゾール，ジョン 100-101

【ヤ行】

ユニオン・ニューズ社 184
ユニテ・ダビタシオンの集合住宅 177
ヨーク公ジェームズ 67
ヨーロッパの海洋帝国 32

【ラ行】

ライト大佐，ウィリアム 210
ライン，リチャード 39, 42
『ラヴェンナ地理学』 19
ラウシュナー，K・M 196-197
ラグズデール，アルバート 193
ラグズデールの映画ガイドマップ 193
ラクストン，A・G 121
『洛中洛外図』 76-77
ラゴス 168, 171-172
ラサ 122
羅針盤 34
ラッシャー，チャールズ 128
ラッツァー，バーナード 100-101
ラビイ，ミシェル 108
ラフレーリ，アントニオ 56
ラメルト社，E・アンド・H 144-145
ラング，フリッツ 212
リヴァプール 90, 114, 117, 126-127
リオデジャネイロ 122, 144, 168
リオ・デ・ラ・プラタ 89
リーズ 130
リスボン 32-33, 60, 84
理想の都市 32
リッチモンド 86
リマ 84
リヨン 114
「ルカリー（カラスの巣）」 116
ル＝コルビュジエ 177, 189

ルフトハンザドイツ航空の夏季飛行計画 186-187
ル・モワン，ロベール 17
レイース，ピーリー 49, 51
レスガッセ，J 149
レン，クリストファー 65, 69
ロイド社，J・T 161
ロサンゼルス 121, 164-165, 166-167, 196-197
ロシア 61
ロシア科学アカデミー 90
ロック，ジョン 86, 98
ロッセリ，フランチェスコ・ロレンツォ 44-45
ロビンソン社，H・E・C 185
ローマ 15, 16-19, 56, 57, 206
ローリングプレス（印刷） 34
ロンドン 23, 84, 200-201
　ルネサンス期 38-39
　17世紀 60, 65-66, 68-69
　18世紀 84, 85, 86, 98-99
　19世紀 114, 122-123, 131
『ロンドン、ウェストミンスターとサザークの測量』 98-99
『ロンドン市民の生活と労働にかんする調査』 120
ロンドン大火 65, 68-69
「ロンドン貧困地図」 120, 131
ロンバルディア地方 84
ワシントンDC 5, 104, 138, 152-155

図版出典

The author and publishers are grateful to the following for permission to reproduce images. While every effort has been made to contact the copyright holders, if any credits have been omitted in error, please do not hesitate to contact us.

2 Library of Congress; 6 R. Merlo/De Agostini/Getty Images; 8 Universal History Archive/UIG via Getty images; 10 Werner Forman, Universal Images Group/Getty; 13 Dea Picture Library. De Agostini/Getty; 14 The Art Archive/Alamy; 15 De Agostini Picture Library/Getty; 16 www.BibleLandPictures.com/Alamy; 17 Gianni Dagli Ortis/Corbis ; 18 PBL Collection/Alamy; 20 The Art Archive/Alamy; 22 Bodleian Library; 23 De Agostini Picture Library/Getty; 24 Italian School, Getty; 26 Werner Forman/Universal Images Group/Getty; 28 Gianni Dagli Ortis/Corbis ; 29 Newberry Library Chicago, Bridgeman; 30 Alinari Archives, Florence/Mary Evans Picture Library; 33 Historic Cities Research Project © Ozgur Tufekci; 34 Private Collection/The Stapleton Collection/Bridgeman Images; 35 British Library; 36 The Art Archive/Alamy; 38 Library of Congress/Jay I. Kislak Collection; 39 The National Archives; 40 Lifestyle pictures/Alamy; 42 British Library; 43 Alinari Archives/Corbis; 44 Museo de Firenze Com'era, Florence, Italy/Bridgeman Images; 46 Mary Evans/Interfoto; 48t Private Collection/Bridgeman; 48b D'Agostini/R.Merlo/; 49 Images and Stories/Alamy; 50 The Stapleton Collection/Bridgeman; 51 Islamicarts.org; 52 The Stapleton Collection/Bridgeman; 53 Wien Museum Karlsplatz, Vienna, Austria/Ali Meyer/Bridgeman; 54 D'Agostini/Getty; 55t D'Agostini/Getty; 55b Historical Picture Archive/Corbis; 56 De Agostini Picture Library/Bridgeman; 57 Bettman/Corbis; 58 De Agostini/Getty; 61 De Agostini/Getty; 62 De Agostini/Getty; 63 De Agostini/Getty; 64 AKG Images/Historic Maps; 65 AKG Images/Universal Images Group Archive; 66 New York Public Library; 67 PBL Collection/Alamy; 68 Hulton Archive/Getty; 68 Heritage Images/Hulton Archive/Getty; 69 Hulton Archive/Getty; 70 Mary Evans/Iberfoto; 71 Classic Image/Alamy; 72 Heritage Image Partnership/Alamy; 74 AKG/British Library; 75 AKG/Historic Maps; 75 AKG/Historic Maps; 76 Brooklyn Museum of Art, USA/Gift of W. W. Hoffmam/Bridgeman; 77 SSPL/Getty; 78 SSPL/Getty; 79 Library of Congress; 80 British Library/Robana; 82 NDF/Alamy; 85 AKG Images; 86 Buyenlarge Archive Pictures/Getty; 88 British Library; 90 British Library; 91 Hulton Archive/Getty; 92 British Library; 93 British Library; 93 Biblioteque Nationale de France; 94 Library of Congress; 96 Paul John Fearn/Alamy; 97 AKG Images/Historic Maps; 97 Library of Congress; 98 British Library; 100 Library of Congress; 102 De Agostini/Getty; 103 National Library of Scotland; 104 Corbis; 105 Library of Congress; 106 Wikipedia Commons; 108 AKG Images/Historic Maps; 110 Library of Congress; 111 AKG Images/Historic Maps; 112 British Library; 115 D'Agostini/Getty; 116 University of British Columbia, Beans Collection; 117 SSPL/Getty; 118 Library of Congress; 120 Library of Congress; 121 Library of Congress; 122 British Library; 123 British Library; 124 Austrian Archives/Corbis; 125 Library of Congress; 126 Mary Evans Picture Library/Mapseeker Publishing; 128t Library of Congress; 128b Library of Congress; 129 Library of Congress; 130t University of Glasgow Libraries; 130b British Library; 131 British Library; 132 Wikipedia Commons; 134 Library of Congress; 135 Getty/Historic Map Works; 136 Library of Congress; 138 Library of Congress; 139 Library of Congress; 140 Library of Congress; 141 Library of Congress; 142 Library of Congress; 142 British Library; 143 British Library; 144 Library of Congress; 146 Library of Congress; 147 Private Collection/Archives Charmet/Bridgeman Images; 148 Library of Congress; 149 Library of Congress; 149 Library of Congress; 150 Library of Congress; 151 Library of Congress; 152 Library of Congress; 154 Library of Congress; 154 Library of Congress; 155 Library of Congress; 155 Library of Congress; 156 Library of Congress; 157 Library of Congress; 158 Sainsbury Instit Cortazzi; 159 University of British Columbia, Beans Collection; 160 Library of Congress; 161 Library of Congress; 162 Library of Congress; 164 Library of Congress; 169 Public domain; 170 Chicago History Museum/Getty Images; 171 Chicago History Museum/Getty Images; 172 Library of Congress; 173 AP/Press Association Images; 174 Library of Congress; 175 Library of Congress; 176 Library of Congress; 179 The Granger Collection NYC/Topfoto; 180 The National Archives/HIP/Topfoto; 182 Claro Cortes IV/Reuters/Corbis; 183 Sebastian Kahnert/dpa/Corbis; 184 Library of Congress; 185 Library of Congress; 186 The Royal Aeronautical Society (National Aerospace Library)/Mary Evans; 188 Library of Congress; 189 Bibliotheque des Arts Decoratifs, Paris, France/Archives Charmet/Bridgeman Images; 190 Boston Public Library; 192 Library of Congress; 193 Library of Congress; 194 Library of Congress; 195 © NASA/Corbis; 196 Library of Congress; 198 The National Archives; 199 The National Archives; 200 Stephen Walter; 202 Data Driven Detroit; 203 Data Driven Detroit; 204 Christian Kober/Robert Harding World Imagery/Corbis; 207 Bibliotheque Nationale, Paris, France/Archives Charmet/Bridgeman Images; 208 Mary Evans Picture Library; 209 Public domain; 210 Colonel Light Gardens Historical Society; 211 Mary Evans Picture Library; 212 Mary Evans Picture Library; 213 Studio Books, London; 214 ontheinside.info; 215 Hamburg's Grünes Netz, created by Behörde für Stadtentwicklung und Umwelt (BSU), Kartengrundlage: Landesbetrieb Geoinformation und Vermessung, Hamburg 2013; 216t Foster + Partners; 216b NIR ELIAS/Reuters/Corbis; 217t Topic Photo Agency/Corbis; 217b Topic Photo Agency/Corbis.

世界の都市地図 500 年史
2016 年 5 月 30 日　初版発行

著　者	ジェレミー・ブラック
訳　者	野中邦子／高橋早苗
装　幀	岩瀬聡
発行者	小野寺優
発行所	株式会社 河出書房新社
	〒151-0051　東京都渋谷区千駄ヶ谷 2-32-2
	電話　03-3404-1201（営業）　03-3404-8611（編集）
	http://www.kawade.co.jp/
組　版	株式会社キャップス

Printed in China
ISBN978-4-309-22656-9

落丁・乱丁本はお取替えいたします。
本書のコピー、スキャン、デジタル化等の無断複製は著作権法上での例外を除き禁じられています。本書を代行業者等の第三者に依頼してスキャンやデジタル化することは、いかなる場合も著作権法違反となります。